U0183270

量子世界

—— 通俗量子物理简史 ——

LIANGZI
SHIJIE

李海涛◎著

文化发展出版社
Cultural Development Press

图书在版编目（CIP）数据

量子世界 / 李海涛著．—北京 ： 文化发展出版社
有限公司，2019.5
ISBN 978-7-5142-2632-4

Ⅰ．①量… Ⅱ．①李… Ⅲ．①量子力学－普及读物
Ⅳ．① O413.1-49

中国版本图书馆 CIP 数据核字（2019）第 083995 号

量子世界

著　　者：李海涛

责任编辑：侯　铮
产品经理：杨郭君
监　　制：白　丁
出版发行：文化发展出版社（北京市翠微路 2 号）
网　　址：www.wenhuafazhan.com
经　　销：各地新华书店
印　　刷：三河市文通印刷包装有限公司

开　　本：700mm×980mm　1/16
字　　数：338 千字
印　　张：23
版　　次：2019 年 6 月第 1 版　2019 年 6 月第 1 次印刷
Ｉ Ｓ Ｂ Ｎ：978-7-5142-2632-4
定　　价：49.80 元

目　录

001　欢迎词

第一篇　旧量子力学

010　第一章　量子革命的第一枪

022　第二章　惊世骇俗的光量子

036　第三章　鬼怪式的跃迁

054　营地夜话（1）

第二篇　新量子力学

058　第四章　梦幻金三角

070　第五章　王子的物质波

085　第六章　矩阵力学诞生

101　第七章　波动力学登场

113　第八章　波粒之乱

125　营地夜话（2）

第三篇　哥本哈根诠释

130　第九章　上帝之鞭和上帝之手

148　第十章　一个绝对的奇迹

163　第十一章　确定性的终结

180　第十二章　波粒共和

194　第十三章　月亮和骰子

219　营地夜话（3）

第四篇　原子世界的量子幽灵

224　第十四章　征伐原子世界

240　第十五章　罗马军团

258　第十六章　盗火者

274　第十七章　二次紫外灾难

294　营地夜话（4）

第五篇　量子翱翔宇宙

298　第十八章　呜咽的黑洞

316　第十九章　灵动的宇宙

333　第二十章　归来兮以太

351　**道别词**

358　**主要参考书目**

360　**后　记**

量子世界

LIANGZI SHIJIE

欢迎词

女士们、先生们：

欢迎大家参观量子共和国。我们将一起度过一段愉快或不愉快、美好或不美好，但一定兴趣盎然和惊心动魄的时光。

诸位来自美丽的牛顿王国。这个王国，是牛顿国王以简洁优美的伟大宪法——《自然哲学的数学原理》（简称《原理》）来构建的。中国有句古话：知己知彼。为了能更好地领略量子国的异国风情，有必要把牛顿王国的基本国情做一个简单的概括。

在《原理》这部宪法的序言中规定了两项基本原则："绝对空间"和"绝对时间"。

所谓"绝对空间"，牛顿形象地比喻为一个"空箱子"。它是绝对静止的、无限延伸的、匀质的，与时间无关的独立存在。绝对空间的性质跟具体的物体和运动也是无关的，哪怕是空无一物，它也是一样。绝对空间给物体和运动提供量度，比如物体的长、宽、高多少多少米，位移了多少多少公里。

所谓"绝对时间"，我们可以想象为一条匀速流淌的空河流，它跟空间以及占有空间的物体没有任何关系，不管"河"里有没有"水"，它都会不舍昼夜地流逝。但这条"河"却为一切"水"提供了一个绝对精准的时钟。一个物体，不管是静止还是运动，是运动得快还是运动得慢，时间都是以同样的速度流逝的。

绝对空间和绝对时间还有一个性质——连续性，这是牛顿可以使用微积分这个数学工具的客观基础。比如，速度是距离和时间的比率（V=S/T）。我们这车一小时走 80 公里，叫"时速"；我可以继续问：半小时走多少？ 10 分钟走多少？ 10 秒钟走多少？ 1 秒钟走多少？ 0.1 秒走多少？一直到我知道了足够短（趋于 0 但不等于 0）的时间内车走的距离，我就知道了"瞬时速度"。求瞬时速度的客观前提是，距离（空间）和时间都是可以无限分割的。

　　牛顿《原理》就是给物体的运动立法，这么一个三维的空间和一维的时间就是一切运动的场景舞台，有了这个舞台，我们才好定规矩。最根本的规矩，也就是我们的宪法条文有三条：

　　第一条：如无外力作用，物体将永恒静止或永恒做匀速直线运动。我们这辆车，只要不点火启动，它就会永远待在这里，直至生锈腐烂，它都不会动一丝一毫。但一旦我们把它加速到每小时 80 公里，然后关掉发动机，它就会一直保持这个速度，永远向前方奔跑下去。但实际为什么不是这样呢？注意我刚才讲了"无外力作用"这个条件，实际上行驶时车轮跟地面有摩擦力，空气有阻力，爬坡有地球引力，如此等等。只要我们加速到了 80 公里每小时，只要我们不想更快些，我们的汽油就都是耗费在克服这些阻力上面的。比如月球，没有我们这车那么复杂的阻力，创世之初上帝把它推动到这个速度，几十亿年了，它就一直保持着这个速度围绕着我们这个地球转，让我们夜夜都有一轮明月。

　　第二条：运动的改变，与物体的质量成反比，与外力作用成正比。旁边这个手推车比较轻（质量小），任何一个人都可以把它推起来，但这辆汽车重（质量大），我们就得齐心协力了。而且我们三十个人一起推，就可以把它推得快一点，十个人推就会很慢。

　　第三条：作用力和反作用力大小相等，方向相反。推车的话，我们给车一个向前的推动力，车同时也给我们一个向后的阻力，这两个力是一样大的，因为方向相反，所以二者的和恒等于零。

　　这三条律令叫"牛顿运动三定律"。

哦，那位小姐说了，我在讲第一条时举例不对——月亮如果是做直线匀速运动的话应该是飞离地球，怎么会绕着地球转呢？这得补充一下。在讨论天体运动时，牛顿又增加了一个宪法修正案（在《原理》第三卷）——万有引力定律。这条定律说的是任何物体都有对外物的吸引力，两个物体间的引力与两个物体的质量乘积成正比，与距离平方成反比。就是说越重的东西引力就越大，反之越小。距离越近引力越大，远了就小。好学生拿笔算一下：月球的运动受两种力作用，一个是第一推动的直线匀速运动的力，另一个是垂直向地球下落的引力。两种力的合力使月球运动既不水平向前，也不垂直向下，而是向前下方，这样无数个向前下方运动的点的积分，正好就构成了一个围绕地球运动的椭圆形的轨迹。当然不只是月球，太阳系的八大行星，都有这样的围绕太阳的椭圆形轨迹。噢，太完美了！

哇，牛顿国王真是伟大！就凭着这四条宪令（三大定律加一条万有引力定律），就把天上人间的一切运动都规范得井井有条——斗转星移、朝晖夕阴、潮起潮落、风霜雷电。当然也不像我吹得那么简单。"牛四条"相当于欧几里得几何学的五条公理，还要从公理推出许多定理、定理体系。牛顿自己就推演了不少，他的徒子徒孙又接着推。比如，牛顿的《原理》还是质点力学，就是说不管是西瓜大的太阳，还是芝麻小的地球，都当作一个只有质量没有大小的"质点"来研究。后来的科学家又建立了把西瓜当西瓜，把芝麻当芝麻的刚体力学，还有许多芝麻合谋运动的流体力学。但不管怎么折腾，统统都是"牛四条"长出的枝枝蔓蔓，而且都可以还原到"牛四条"。就像一个国家，它不仅有《宪法》，还要有《刑法》《民法》《刑事诉讼法》《民事诉讼法》等具体的法律，但是后者是从前者推演出来的，并且不能与前者相矛盾。

到 19 世纪下半叶，《原理》问世（1687 年）二百年之际，随着电磁学和热力学理论体系的建立，牛顿帝国的旗帜就已经插遍了全世界，放眼望去，当时就觉得再也没有待发现的新大陆啦。

哎，那位先生问了，怎么不在牛顿王国老老实实地当良民，又折腾一个什么量子共和国？我不幸学过美国历史，记得不少美国人的先辈在 1620 年甘冒艰险乘"五月花"号奔赴美洲大陆，又是为何？不就为一个简单的信念——"到一个能够容忍我们的地方去"？这里也有异曲同工之妙，接下来，"牛四条"就容不下我们了。还是听我慢慢道来吧。

电磁学和热力学这最后的两个殖民地还有一点点问题，就是学科的力学基础。

首先是电磁学的客观基础。麦克斯韦把电、磁和光都统一为波动现象，并发明了美丽的波动方程。但是波是怎样传递的呢？比如光（电磁波的一种），牛顿认为是粒子，我之所以能看到大家，就是因为光源（比如电灯）发射出许多"光子"打到了你们的身上，又反射到了我的眼睛。这事有点麻烦。比如，我说话大家能听到，并不需要我发出很多"声子"击中大家的耳膜，而是我的声带振动了就近的空气分子，然后分子们接力式地互相振动，一直把振动传递到你们的耳膜，就像我在这儿推倒了一块多米诺骨牌，然后一块块的骨牌连锁式地倒下，最后一块砸中了你的耳朵。这里空气就是传递声波的介质——多米诺骨牌。在没有空气的地方，我就是喊破嗓子，你们都会把我当哑巴的。那么电磁波是否也在一种介质中传递呢？如果是，我们就可以想象电磁波的传递是介质中无数质点的运动形式——瞧！这不就完美地还原到了"牛四条"？对，这种介质就是传说中的"以太"，它充满在广袤的宇宙空间。尽管以太还没有被发现，但前景还是很美妙的。

其次是热力学的客观基础。我们可以合理地设想热现象是微小的空气粒子（原子或分子）的运动形式——运动激烈时，温度就高，反之就低；它们密集时，压力就大，反之压力就小。如果有一个"麦克斯韦妖"（麦克斯韦设想的一种能控制到单个分子的装置）能一览无余地看到每个分子（或原子），我们就可以用"牛四条"计算每个分子的运动轨迹，以及它们合在一起的合力，从而发现热变化的铁的必然性。不过现在，分子和原子都还只是个假说呢。

然而以太和原子这最后的两个城堡藏着的却是上帝的最后秘密。两千多年前古希腊哲学家就指出世界无非二物——原子和虚空，由原子构成的万千事物在虚空中存在和运动变化。一幅多么简洁优美的图画啊！只要拿到这两件宝物，人类认识世界的任务就在我们的手里全部完成，剩下的事情就是如何按照我们的意愿控制这个世界，使它变得尽善尽美。现在我们猜想虚空城堡藏着的是以太，电磁光赖它以传播。那咱们就去一探究竟。遣一路精兵强将进去，却是白茫茫的一片，真干净，铆足了劲但无妖可擒。唉，英雄无用武之地！原子城堡估计没有什么货，无非就是组成万物的性质单一的材料，古老的圣殿金碧辉煌，拆开了残砖烂瓦会有啥看头？可是进得门去却傻了眼——那是什么妖孽呀？时而青烟缕缕，时而金光万点，出没无常，飘忽不定。从《原理》诞生以来二百年，所有宝典翻烂，竟找不到一招伏魔良法。唉，用武之地无英雄！

　　我们的故事将从这里开始。大家将会看到，不是成心造反，实在是没辙。"牛四条"尽管明快悠扬，但已是遥远的田园牧歌。经典物理学搭建得最蔚为壮观的时候，基础处却暗流涌动，吱吱呀呀。尽管不乏忠勇之士，拾遗补阙，严防死守，挽狂澜于既倒，扶大厦之将倾；无奈原认为坚如磐石的基石，却是似是而非的幻象，不明就里的迷雾，越探明真相越感觉到它的脆弱。

　　一场洪灾发过，大水淹没了田园屋舍，大人们正为一辈子的心血打了水漂而痛不欲生，孩子们却欢天喜地于一个全新的世界。广袤的田野已经汪洋一片，巍峨的建筑竟似零落的孤岛。打捞上游漂来的浮木，搭建自己的无敌战舰，以自家露出水面的屋顶为假想的敌岛，发动有声有色的跨海战役。唉！商女哪懂亡国恨，少年安知愁滋味？一部人类历史，每每皇宫贵胄和元老权威占据着舞台，轰轰烈烈地书写春秋；平头百姓无名小卒，只能在幕后平平淡淡地生生灭灭。而我们将要游历的这个物理学乱世，完全颠覆了历史的纲常。少年天才，不是一个两个，而是成批成批地涌现。经常冷不丁地就冒出个黄口小儿，单枪匹马闯进科学圣殿，狂剑乱枪，捣毁神器如摔打玩具一样无所顾忌。也许应了中国的老话：乱世出英雄，英雄出少年。奥地利物理学家泡利说过，量子物理学是"男孩物理学"（Knabenphysik）。此言不虚。来看一看我们量子共和国的元勋名单和他们成名时的年龄——爱因斯坦（26岁）、玻尔（28岁）、海森堡（24岁）、泡利（25岁）、约尔当（22岁）、狄拉克（26岁）、德布罗意（31岁）、奥本海默（26岁）、费米（25岁）、朗道（19岁）、费曼（21岁）、钱德拉塞卡

（25岁）、霍金（28岁）……

这个名单还可以一直开列下去，直到大家不胜其烦为止。这就奇了怪了！牛顿力学二百年，大学研究所里多少老教授、老权威，饱读经典，学富五车，怎么就让这些乳臭未干的年轻人建功立业，自己却甘愿充当陪衬红花的绿叶？其实道理也很简单。

刘谦在央视春晚于众目睽睽之下让一枚硬币"穿"过玻璃，不会有人信以为真。"魔术是假的"，这是常识。科学家还可以用力学原理分析一枚硬币要穿过玻璃需要多高的硬度，即便硬度足够，它也必须留下穿过的痕迹——一个洞，因为空间是连续的，这是科学。在这个例子中，我们都宁可相信"常识"和"科学"，而不相信眼见的"事实"，这是对的。魔术行家会告诉我们"事实"会有第二枚硬币，"穿"的过程无非是巧妙地让第一枚硬币由显变隐，第二枚硬币由隐变显。问题在于，在量子世界，我们将会看到很多"硬币穿过玻璃"之类违背常理的"事实"。大多数科学家特别是老权威会根据"常识"本能地拒斥，并根据"科学"去寻找"第二枚硬币"。等到大家折腾得筋疲力尽时，会有个毛头小伙子跳出来说："没有第二枚硬币。"他会"愚蠢地"相信硬币穿过玻璃是真的，并创造出一套"如何"（how）穿过玻璃的新"科学"。之所以大多是年轻人，是因为这类人缺乏对老科学的感情和信仰，创新的冲动又过于充沛。当然，还有未被岁月洗磨掉的、无忌的童真。当满朝文武和街市百姓都在盛赞皇帝的新衣奢华美丽的时候，只有小孩会喊出："皇帝没有穿衣服！"

啊，这是一个青睐年轻人的时代！一旦闯进了量子世界，个中天地奇幻迷离、波谲云诡，过去赖以生存的常识和理论往往都成了累赘。在这里睿智当然必要，但更需要的是信马由缰的敏思、清澈澄明的洞察和初生牛犊不怕虎的勇气。遥看量子百年战事，一大批相当于我们现在"80后"，甚至"90后"年龄的孩子前赴后继，披坚执锐，攻城拔寨，叱咤风云，令人不由得唏嘘感叹，自惭形秽！

朋友们都在下面说小话，不耐烦了吧？磨刀不误砍柴工。我这通唠叨，只是希望大家准备一颗天真无邪的童心，把你们的"常识"和"科学"都暂时收在行囊里。无论将看到什么，哪怕是穿墙遁地、乾坤挪移，你都要相信自己的眼睛。当然，这样的世界，我会通过一架电子显微镜，一个盖革计数器，一个宇宙空间站，一个粒子加速器，或者其他什么科学仪器（当然它们都会呈现眼能见、耳能闻、手能触的感性现象）呈现给你们。科学仪器是人类的"眼睛"，相信它们。跟牛顿同时代的他的一个老乡，英国哲学家贝克莱说过："存在就是被感知。"翻成大白话就是：眼见为实，看见的是"什么"（what），它就是什么，看不见的就"什么"都不是。

哦，那位老先生说了，我这像是宣扬迷信和主观唯心主义。这话有道理。科学不是巫婆神汉，不能指天画地地说东道西。科学不仅要告诉你是"什么"，还要告诉你"如何"（how）成为"什么"的内在机制。而且这个"如何"还不能用似是而非的概念来讲。近代科学之父伽利略说过："自然这本大书是用数学写的。"这个"如何"必须使用精确的数学语言，让你能定量地观察到是或者不是"什么"。这个"如何"我是一定会让大家看到的，否则我落个江湖骗子的名声也不划算。

这还没完呢。这个"如何"的背后还有一个"为什么"（why）。如果说"如何"是科学的话，"为什么"就是哲学了。这一百多年来，科学家们也俨然是哲学家，为这个"为什么"伤肝上火，唇枪舌剑，大打出手。如果大家不讨厌，我也会带你们去看他们打架、听他们吵架的。

哎，别别别，别闹退团呀！这小伙子一定跟我一样：小时候不好好读书，看见公式就头疼，听到哲学就瞌睡。我只是说有这些道道，并不是要大家都成为科学家和哲学家。为了喝牛奶，难不成还得自己吃草料当奶牛？量子世界是"什么"，已经由疑似哲学家的科学家们制造出来了，我们只需要去看就是啦。我只是要说明这个"什么"是很扎实地制造出来了，不是信口开河的产物。至于这个"如何"和"为什么"，我会尽量用大白话说。万一出现数学公式和外文词什么的，尽可看作漂亮或怪诞的装饰。瞧一瞧它们的模样，能产生美感或神秘感足矣。或者干脆跳过去，不搭理它们，也不会影响我们的旅程。根据"霍金定律"，科普著作出现一个公式，读者就会减少一半。我又不傻，当然希望各位轻松愉快，犯不着故弄玄虚吓唬大家。要犯傻，今后生意还做不做？

　　废话少讲，我们出发。安全第一，头莫探，手莫伸，晕车的吃药，有心脏病的准备好硝酸甘油。

量子世界

LIANGZI SHIJIE

第一篇 | 旧量子力学

Number

1

第一章　量子革命的第一枪

一

我们现在看到的德国，是个边界明晰的国家，它位于欧洲中北部，面积35万平方公里，人口八千余万。但要说到历史上的德国，那就像我们将要见到的"波函数"，边界模糊，飘忽不定，似有似无，忽大忽小。直到19世纪初，1806年，德国诗人阿恩特还提出了一个很诗意的问题："德意志的祖国在哪里？"这一年，法国皇帝拿破仑的铁蹄踏进了德意志第一帝国最大的一个邦——普鲁士，国王威廉三世被迫割地赔款，德意志名存实亡。

令人惊讶的是，四年之后（1810年），柏林大学在一片战争废墟中建成。已经被战争赔款压得喘不过气的威廉三世国王可是拼尽最后一点家底，为了省下建筑费用，他捐出了豪华的王子宫作为校舍。他说："这个国家必须以精神的力量来弥补躯体的损失。正是由于穷困，所以要办教育。我从未听过一个国家办教育办穷了，办亡国了。"普鲁士教育大臣洪堡在创建柏林大学时提出的"学术自由""大学自治""教授治校"等办学思想成了现代大学制度的思想滥觞，柏林大学因此被誉为"现代大学之母"。

仅仅一个甲子的时间，柏林大学就给予德国丰厚的回报。1871年，在普鲁士被法国攻陷65年之后，俾斯麦金戈铁马横扫法国，在巴黎南郊的凡尔赛宫宣布德意志第二帝国建立。这是德国历史上第一次真正意义的统一。与其说这是俾斯麦武力征讨的胜利，不如说这是德国的教育制度，特别是大学教育制度的成功。而德意志第二帝国的第一任首相俾斯麦本人，就是柏林大学的学生。

岂止回报德国，全世界都受惠于她！看一看柏林大学的明星榜——

诗人海涅，哲学家费希特、谢林、黑格尔、费尔巴哈、叔本华，政治家俾斯麦、马克思、恩格斯、李卜克内西……

数学和自然科学领域的更是数不胜数，物理学的：亥姆霍兹、赫兹、基尔霍夫、迈克尔逊、维恩、普朗克、爱因斯坦、薛定谔、玻恩……

光诺贝尔奖得主就有 29 位。不过我还是遏制住列名单的冲动吧，否则就有为柏林大学做广告之嫌啦。

注意到了吧，上面的名单里出现了一个名字——普朗克，他就是本章的主人公。1858 年春天，德国北部城市基尔的普朗克教授家诞下了一个漂亮的男婴，起名马克斯·普朗克（Max Planck）。他的曾祖父和祖父是神学教授，父亲是法学教授，算是个知识分子家庭。在他 9 岁时举家迁往慕尼黑。中学时的普朗克可算是标准的好学生，数学、物理和音乐方面的才能尤为突出。在小普的一张报告单上写着这样的评语："为老师和同学们所喜爱。他在班级里年龄最小，虽然有些稚气，但头脑非常清醒，逻辑性也强。他很有出息。"

到中学毕业，小普为专业的选择就烦恼甚至是痛苦上了——是音乐还是物理和数学，这是个问题！还好，小普在中学尝试作曲，但他自己沮丧地发现，模仿痕迹太重而创意不足。如果这个阶段他就像日后那样撞了个大运，写出一首好曲子，那世界上就会多个不大可能改变音乐史的音乐家，而物理学史则一定会改写。总之小普最后一咬牙一跺脚就考进了慕尼黑大学攻读物理，这年（1874 年）他才16 岁。物理学教授祖利（Philipp von Jolly）挺喜欢这个聪明乖巧的孩子，因此为他误入歧途而惋惜。他跟普朗克说，物理学"这门科学中的一切都已经被研究了，只有一些不重要的空白需要填补"。但这孩子看来也不是个有志青年，他说："我并不期望发现新大陆，只希望理解已经存在的物理学基础，或许能将其加深。"

德国的大学，入学后可以选专业、选老师，甚至是跨校选老师。贪玩的学生，可以利用这种政策在大学期间游历各个城市。不过小普可不是那种人。到大四，他就选了柏林大学（那个拼老命的国王创立的大学）的亥姆霍兹（Hermann Ludwig Ferdinand von Helmholtz）教授和基尔霍夫（Gustav Robert Kirchhoff）教授的课。这二位是当时科学最前沿的热力学和电磁学的泰斗（比如亥姆霍兹，是热力学第一定律的提出者）。到了这儿，小普才感觉到自己原先不过是井底之蛙，慕尼黑大学教授给他的只是地方性的学问，而柏林大学则是世界性的。不过很可惜，小普选的两位物理界大佬尽管思想很深邃，但讲课却烂得可以，用小普的话说，讲课的和听课的同样无聊。不过理论的先进性摆在那儿，师父引进门，修行在自身嘛。普朗克认真自学了热力学的著作特别是克劳修斯的《力学的热理论》，并立志去寻找像热力学定律那样具有普遍性的规律。1879 年，他拿出的博士论文就是《论热力学第二定律》，提出了后来被命名为"开尔文 - 普朗克表述"的热力学第二定律的第二种表述方式（第一种是"克劳修斯表述"）。普朗克在慕尼黑大学获得博士学位后，先后在慕尼黑大学和基尔大学任教。1888 年基尔霍夫逝世后，柏林大学任命 30 岁的小普为他的继任人和理论物理学研究所主任。1894 年，普朗克成为普鲁士科学院院士。有次他应邀做一个演讲竟忘了教室的房号，于是找到了系办公室，可是他得到的回答是："别去了，年轻人。你太嫩，肯定理解不了我们资深的普朗克教授所做的演讲。"

在提出热力学定律的普朗克表述时，非但不被接受，还激起一片反对声。郁闷的小普说的一句话日后成了名言：

"一个新的科学真理取得胜利并不是通过让它的反对者们信服并看到真理的光明，而是通过这些反对者最终死去，熟悉它的新一代成长起来。"

这就是著名的关于科学发展的"普朗克定律"。

现在，前辈们已经陆续乘鹤归西，该轮到小普们建功立业啦！

二

基尔霍夫不仅给普朗克留下一个教位，还留下了一笔巨额遗产。不过不是一笔可以立马花出去的现钞，而是一把打开一个蕴藏无限宝库的钥匙。但也不只是一把钥匙，还有藏着这把钥匙的一个问题——"黑体辐射"问题。这话有点绕。

"黑体辐射"？我们首先弄清楚这里的"辐射"。这说的是，任何有温度的物体，都会辐射出一定频率的电磁波；而根据热力学第三定律，绝对零度是不可能的，所以也可以说任何物体都会有电磁辐射，这种由物体温度决定的电磁辐射就叫热辐射。

接下来我们将不断地跟"电磁""光""辐射""波动"这些东西打交道，所以这里稍微说开一点。这么说吧，正如我们生活在空气中，但谁也没有见过空气一样。"电磁辐射"也像空气一样，是我们生活于其中却基本不谋面的一个朋友。电磁辐射的范围很广，从无线电波、红外线，到可见光、紫外线、X 射线等都是。描述电磁辐射常常要使用三个概念：光速（c）、波长（λ）和频率（f）。所有的电磁辐射的传播速度都是光速，即在真空中每秒 30 万公里。这三者的关系是：光速 = 波长 × 频率，即 $c = \lambda f$。如果我们把光速比作电磁波 1 秒钟要走的路，就可以把波长比作步幅，频率比作 1 秒钟要走的步数。迈的步子小（波长短），要走的步数就多（频率高），反之亦然，所以波长和频率成互为倒数关系（图 1.1）。

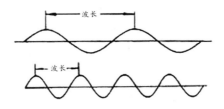

图 1.1　频率与波长关系图

频率和波长成互为倒数关系，上图波长长频率低，下图波长短频率高。

再回到"电磁波"或"电磁辐射"这个概念。我刚才说"基本不谋面"，因为波长在 0.4 ~ 0.7 微米这一段的电磁波我们还是可以看见的，这就是可见光。只不过可见光在电磁波这个大家族中只是一个很小很小的成员。比如说你有 37 摄氏度的体温，这时你发出的辐射，在月黑风高之夜我是看不到的。但只要有个红外探视镜（现在军队里已经有了），就可以看到红红的一团物体在翻墙入室。那是因为你身上发出了红外线。再如你的身体是用钢铁做成的，我把你加热（就像铁匠铺里烧铁），加到一定温度，你的辐射频率就开始进入可见光的范围发出红光，继续升温你就会渐次发出黄光、白光、紫光，再热一点你发出的紫外线我又看不到了。在可见光中，红光是波长最长的电磁波，紫光是波长最短的电磁波。

再说"黑体"。物体不仅辐射电磁波，同时也接收电磁波。接收到的电磁波，一部分吸收掉了，另一部分反射掉了。一般来说，颜色浅的物体吸收得少，反射得多，颜色深的吸收得多，反射得少。这就是冬天穿深色衣服，夏天穿浅色衣服，在微弱的光线下，我们看得见浅色的东西，看不见深色的东西的道理。"白体"和"黑体"是物理学家构想出来的两种理想物体，前者完全反射而不吸收，后者完全吸收而不反射。

"黑体辐射"是基尔霍夫于 1859 年提出的一个问题，假想存在着一个对入射的辐射全部吸收而完全不反射的"黑体"。为什么要提出这个概念呢？这是科学研究的一个很重要的方法——理想方法。在现实中，总是各种因素纠结在一起相互影响、相互作用，这就是我们哲学教科书里讲的"普遍联系原理"。但在普遍联系的条件下是产生不了物理规律的，科学研究必须切断这个普遍联系链，只保留我们所关心的因素，研究它们之间的作用机制，找出普适的运动方程。在我们这个例子里，由于现实的物体都是既吸收又反射的，所以辐射既跟物体的温度有关，又跟物体的材质有关，而我们关心的只是温度与辐射的关系。比如，我们测到一个物体辐射的能量和频率，就一定是由两种因素构成的：一是物体温度的贡献；二是物体反射的贡献。但如果存在一个"黑体"，情况就不同了，外来的辐射全部被吸收而转化为物体的温度，物体反射的贡献没有了，这个物体的辐射就只与物体温度有关，而与物体的材质没有一毛钱的关系，那么我们就可以单纯地研究温度与辐射（能量与频率）之间的关系，找出普适规律。这大概属于祖利教授（小普的导师）说的牛顿体系中需要填补的"不重要的空白"。但这个问题后来变得"重要"起来，倒不是问题的解决能给老祖宗脸上增添什么光彩，而是问题不解决已经成了牛顿体系的"灾难"！

前面我说"黑体"是一种"理想"的物体，到 19 世纪末它就变成了现实。科学家设计出一种叫"空腔"的实验设备，实际上就是一密封的箱子，内壁涂成黑色，开一小孔接收外来的辐射。这么个箱子，就算一只苍蝇飞进来也难以飞出去，射入的辐射，在反复的反射过程中就基本上被吸收了，还能从进来的小孔再反射出去的就少到可以忽略不计了（图 1.2）。想一想，白日里从远处看去，大楼上黑洞洞的窗户，就是这个"空腔"原理的作用。这就给黑体辐射理论提供了检验的客观条件。

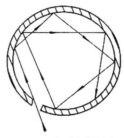

图 1.2　空腔原理图

光线从小孔射入后，通过腔壁的反复吸收，不再能从小孔逃逸出来，故可用空腔代表理想的"黑体"。

空腔的设计思想是德国帝国技术物理研究所的科学家维恩（W. Wien）于 1895 年提出的。这东西想出来不易，做出来却不难，很快就可以投入使用。可是这时维恩跟新来的所长合不来，一拍屁股就走人了。维恩是东普鲁士农场主的儿子。本来维恩老老实实待在家里也可以过得很滋润，不过碰到了经济危机，加上他自小物理天赋就好，二者的合力就把他推上了成为物理学家的道路。在研究所里，他是理论和实验俱佳的业务骨干。

维恩跟新所长的恩怨咱管不着，空腔造出来了总要找个方案来做实验呀。实际上辐射规律是德国迅猛发展的钢铁和化学工业急需掌握的。有了这个公式，比如说炼钢，我只要测量钢水发出的光谱，就可以计算出钢水的温度，而不需要做一个温度计插进钢水里去测量。社会需要是科学发展的强动力，所以辐射公式当时已经有了 N 个。比如，维恩在 1893 年就提出过一个，就是这个模样——

$$\omega（\lambda，T）=b（\lambda^{-5}）（e^{-a/\lambda T}）$$

（其中，λ 是波长，T 是绝对温度，e 是自然对数的底，a、b 是常数，ω 表示由波长 λ 和温度 T 决定的能量分布的函数。）

说过了，看看模样就行，不必去深究。近水楼台先得月，尽管维恩已经离开了这个楼台，但人走茶不凉。就先试这个。维恩的前同事们把空腔加热到 800 ~ 1400K，所测波长为 0.2 ~ 6 μ m，得出的能量分布曲线与维恩的公式十分吻合。维恩大获成功，因此这个公式名噪一时。但也就"一时"而已。很快，他们的测量往长波方向扩展到 8 μ m 时，发现理论与实际开始背离，而且温度越高背离越严重。这个公式在短波方面挺管用，长波方面不行。长波，即比红光波长更大的辐射，所以我们可以称维恩公式是出了点"红外事故"。

维恩的公式虽然在实践上算是成功，但这是"拼凑"出来的，而科学理论严格要求严密的推导。根据这个要求，很快，两位英国物理学家瑞利（Rayleigh）和金斯（Jeans）推出了一个"瑞利 – 金斯公式"，这个模样——

$$\omega（\upsilon，T）=\frac{8\pi\upsilon^2}{c^3}KT$$

（其中 υ 是频率，K 是玻尔兹曼常数，c 是光速，ω 是由频率 υ 和温度 T 决定的能量分布函数。）

挺好！实验一比对，"红外事故"给解决了，长波方面很符合。可就是顾此失彼，短波方面又不对了。再把公式找回来看看吧。这不看不知道，一看吓一跳！内行看门道，外行看热闹吧。看这个式子，分母项的光速的 3 次方是个不会变的常数，问题是分子里的那个频率（υ）。我们知道频率是波长的倒数（波长越短，频率越高），当波长趋向于无穷小时，频率就会趋向于无穷大，得出能量密度（ω）也趋向无穷大。如果这个公式是真的，原子弹的试爆就可以提前整整半个世纪！瑞利和金斯犯的错误跟维恩比可是高出 N 个数量级，错误犯在紫外波段，所以史称"紫外灾难"。

三

话说维恩 1895 年闹意见离开了研究所，这个所一下子就失去了顶梁柱，像掉了魂似的。事有凑巧，所里一个科学家鲁本斯（H. Rubens）正好是普朗克的好朋友。当时普朗克在热力学研究领域已经是声名赫赫，因此鲁本斯很自然就想到把他请来做理论顾问。而普朗克呢，也正在致力于热辐射的研究，现在全世界最好的热辐射实验室向他开放，那不是瞌睡碰到了枕头吗？好事儿！一拍即合。

普朗克可是根正苗红的知识分子，走的是牛顿以来的经典路线——公理方法。向经典学习，麦克斯韦 – 玻尔兹曼分布（图 1.3）就是一个很成功的案例。

在经典力学中，可以把气温、压强这类宏观可观察现象假设为成千上万的微观粒子——原子或分子——合力运动产生的综合效应。比如说在分子数量给定的条件下，分子运动的平均速率越高，温度就越高，压强就越大。

我们能想到的最简单的方法，就是测量每一个分子的运动速度，然后加权平均，得出分子运动的平均速率，但这至少在技术上不可能。

1870 年，奥地利科学家玻尔兹曼根据麦克斯韦关于分子运动的基本假设建立起一个分子运动模型，并用自己发展出来的一套数学方法对这个模型进行运算，得出了一个关于分子运动速率概率分布的公式，即前面提到的"麦克斯韦 – 玻尔兹曼分布"。尽管这个定律在他去世后的 1920 年才得到实验证明，但由于理论的严密和优美，在当时就得到了科学共同体的公认。玻尔兹曼由此成为统计力学的创始人。

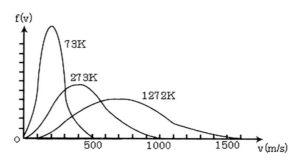

图 1.3　麦克斯韦 – 玻尔兹曼分布曲线图

每条曲线的峰值处代表某个温度（K）下分子的平均速率。

现在我们还用这个模型，只不过把玻尔兹曼的分子换成吸收和发射能量的"谐振子"（当时假设的一个东西，现在可以理解为在原子外层的电子），把分子运动的速率换成谐振子振荡发射的频率，再用经典的数学方法，这不就可以把辐射公式推导出来了吗？

实际上瑞利和金斯就是这个思路，但造成了"紫外灾难"。普朗克也尝试用这种方法，同样也逃脱不了灾难结果！

黑体辐射！基尔霍夫提出的这个问题跟普朗克的年龄几乎一样老，普朗克本人也为它从小普熬到了老普。怎么就这么难呢？普朗克和他科学界的同人们把牛顿武器库十八般兵器通通用上了，愣是攻不下这个城堡！拿着维恩和瑞利的两个方案，就像相对象的老光棍拿着两张玉照——这个相貌挺好，但身材丑陋；那个亭亭玉立，芳容却惨不忍睹。唉，真是急死人哪！常言道，狗急跳墙，猫急上房，人急上床，到了 1900 年这个当口，熬不住的老普（42 岁啦！）就打算"孤注一掷"（普朗克原话），放弃一贯坚持的严密推导的经典路线，anything goes（什么都行）。手头不是有两张玉照吗？拿到电脑上 PS 一下，把这个的头接到那个的身子上，搞一个人造美女抚慰一下受伤的心灵。老普真就这么干了。他使用所谓数学的"内插法"，把两个公式很机巧地拼接在一起，使得在短波范围，维恩干活而瑞利歇着，一到长波范围，维恩又会自动通知瑞利换班。PS 来的嘛，所以这是一个半经典半经验的公式——

$$\omega\,(\,v,\ T\,)=\frac{8\,\pi\,hv^2}{c^3}\,\frac{1}{e^{hv/kT}-1}$$

普朗克是在 1900 年 10 月 19 日柏林物理学会上提出上述公式的。还是"近水楼台"之利呀。翌日清晨，好友鲁本斯就兴冲冲地跑到普朗克家报喜——处处都与实验结果符合，相当满意！实验继续进行，研究所的同事们也有过虚惊，但最后都发现是计算错误所致。再接下去，做得越精密就越符合（图 1.4）。

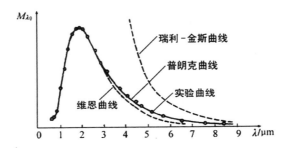

图 1.4　维恩、瑞利－金斯和普朗克黑体辐射公式与实验结果比对图

维恩公式在长波段有小的误差，瑞利公式在波长趋短时误差趋向于无穷大，普朗克公式则与实验曲线严格相符。

捷报频传！可是普朗克却高兴不起来。忠贞不贰地辛勤耕耘了六年却一无所获，放纵一回就生下了这聪明漂亮的孩子，他的亲爹到底是谁，俺又怎么给他报户口呀？现在普朗克捧着这成功的公式，却莫名地生出缺乏归宿感的惶恐。普朗克毕竟是理论物理学家，他的使命要求他必须为这个公式找到在物理学的公理体系中的位置，发现这个公式的物理学意义。

普朗克一生中最具划时代意义的工作从现在起才真正开始。经过"一生中最紧张的几个星期"（普朗克原话），老普发现奥秘就在于在他的公式中存在着一个诡异的"作用量子"（Quantum of action），长这个样子——

E = hυ

（E，能量；h，普朗克常数；υ，频率。）

这个公式包含了两个本质特征或假设。第一点，能量 E 与 pinlv（希腊字母，念"拗"，现在物理学多用英文字母 f 表达）呈正相关关系，也就是说，pinlv

越大，能量越大。第二点最为诡异，普朗克常数 h 不能为 0，一旦等于 0，他的辐射公式的普适性就会遭到破坏。

这就意味着，能量的分割存在着一个极限——hυ，分到这个份儿上就不可能再分了。因此，"谐振子"吸收或辐射能量都必须一份一份地来，每一份都必须是 hυ 的整数倍。就像做馒头，要么一个 1 两，要么一个 2 两、3 两、N 两，没有半两、一两半或 N 两半的。

这种跳跃式的能量变化听起来怪怪的。就好比天气预报说明天气温会从 40 摄氏度降到 0 摄氏度，上班时你就会带上几件衣服，因为你相信气温会从 40 摄氏度经过 39 摄氏度、38 摄氏度直到 2 摄氏度、1 摄氏度最后才到达 0 摄氏度，所以有机会一件一件地加衣服而不至于感冒。但普朗克现在要告诉你的是，气温会在某一瞬间，没有任何中间过程，直接从 40 摄氏度跳到 0 摄氏度。那我们就只好在 40 摄氏度的高温下穿着棉袄等待这一恐怖时刻的到来（这得感谢普朗克，他给出的 h 非常小，如果 h 足够大，情形还真会是这样）。

"紫外灾难"的原因终于找出来了。原来"谐振子"吸收能量是分立式的，一份至少也要达到 hυ。问题还在于，这一份能量（或称一个量子）还可以天差地别，一个低频量子因为 υ 值小所以能量也小，反之高频量子能量就可能很大。如果低频量子是 1 克重的馒头，高频量子也可能是 1 吨重的。小于 1 吨重的馒头高频"谐振子"吃不下，大馒头又数量有限，吃不到馒头，吸收不到能量，自然也就振荡不起来，因而就不能辐射能量。按照经典力学的套路，不同 pinlv"谐振子"的正态分布，所有可能的高频"谐振子"都激荡起来，确实会辐射出趋于无穷大的能量（一杯黑咖啡也能晒黑你的皮肤），但由于普朗克量子公式的限制，能够吸收到能量的高频"谐振子"是有限的，而且越来越向高频段限制就越大。如此这般，"紫外灾难"就被"吸收"或"收敛"了。

可是牛顿的经典世界可不是这样的！集腋成裘，积水成河，100 万个 1 克重的小馒头等于 1 个 1 吨重的大馒头，任何变化都可以用一条连续的曲线来表征。在微观世界，难道经典理论和方法就不管用啦？宏伟的牛顿大厦，难道就装不下一个小小的量子？

普朗克不是愤青，也不是一个爱标新立异的人，但也是被逼无奈呀！除此之外，没有其他的解释。多少年后，普朗克在总结当年的心态时说："我是一个性情平和的人，不喜欢吉凶未卜的冒险。但社会上和科学界都很需要这么一个公式，而且我自己被折磨了整整六年。科学嘛，要奋斗就会有牺牲。所以除了热力学第一定律和第二定律，我打算牺牲任何一条我原先信以为真的物理学定律，无论付出什么代价，都要把黑体辐射的新公式拿下。风萧萧兮易水寒，壮士一去兮不复还！"

1900 年 12 月 14 日

本来一个平平常常的日子，与其他的日子拥有着同样的时间，却由于普朗克这一豁出去，就被赋予了伟大的深度！1919 年，由量子理论先驱者之一的德国物理学家索末菲提议，把这一天定为"量子理论的诞辰"。这一天，普朗克在柏林物理学会上宣读了论文《正常光谱能量分布律理论》，公布了自己的研究成果，得出一个革命性的结论：

整个计算中最为关键的一点——能量是由确定数目的、彼此相等的、有限的能量包构成的。

砰！在静谧安详的牛顿夜空，响起了反叛的第一枪。

第二章　惊世骇俗的光量子

一

普朗克度过少年时期并完成高等教育的慕尼黑是巴伐利亚邦的首府。1866年的普奥战争，巴伐利亚被俾斯麦武力征服，1871年被宣布并入德意志第二帝国版图。自12世纪以来，历代巴伐利亚国王多酷爱文学和艺术，所以慕尼黑被建设成了德意志南部最瑰丽的文化中心，城内外哥特式、巴洛克式等各种风格的建筑如凝固的音乐美不胜收、交相辉映，被誉为"伊萨尔河畔的雅典"。16世纪在德国发源的宗教改革运动被巴伐利亚国王坚决抵制，所以到19世纪末慕尼黑有85%的居民还是信奉天主教，是德国最保守的一座城市。直到现在已经有一百多万人口的慕尼黑依然保存着古朴的民风，被称为"百万人的大村庄"。

这座城市有世界闻名的一年一度的"慕尼黑啤酒节"。1885年，啤酒节第一次使用电灯。庞大的安装工程由一家"爱因斯坦电气公司"承包，公司的老板是犹太人爱因斯坦兄弟赫尔曼和雅各布。兄弟俩于1880年来这里创办了这家电气公司。哥哥赫尔曼年少时酷爱数学，中学毕业后因找不到接收犹太人的大学只好辍学经商。弟弟雅各布稍微幸运点，读完了大学取得了工程师的资格。在迁往慕尼黑的前一年，1879年，赫尔曼家生下了一个男婴，起名阿尔伯特·爱因斯坦（Albert Einstein）。这孩子生下来就长着魏延式的反骨——后脑勺奇大且呈菱形。年轻的母亲忧心忡忡地看着这个怪模怪样的婴儿，以至于接生的医生不得不好言相劝："放心吧，是个健康的孩子。"孩子健康倒是健康，但性格孤僻。沉默寡言和不合群是他幼时的特点，不喜欢跟同龄人玩，而惯于自个儿玩深沉。在他5岁时曾给他请了个家庭女老师，当爱因斯坦意识到这意味着自由自在的生活结束时，就愤怒地举起了小板凳，吓得女老师仓皇而逃。

爱因斯坦5岁的时候有次生病，爸爸送他一个罗盘。无论怎么摇晃，罗盘的指针永远指着固定的方向，爸爸告诉他，那是"场"的作用，"混乱现象背后的神奇的秩序让这孩子激动得发抖"。在他很小的时候就能很着迷地倾听母亲的钢琴演奏，所以在他五六岁的时候母亲就开始教他拉小提琴。母亲是一个粮商的女儿，从小接受过很好的教育。对现象背后的秩序的好奇和对音乐蕴藏的和谐的着迷，这种思维定式影响着他的一生。这大概是爱因斯坦与同样在慕尼黑接受早期教育的普朗克的唯一共同之处。

难道真的有"大智若愚"？从学龄前家里的女仆，到中小学老师的嘴里，每每听到的是"笨瓜""迟钝""没出息"一类的词。直到爱因斯坦上高中，父亲从中学训导主任那儿听到的评价依然是："头脑迟钝。将来做什么都行，反正都是一事无成。"

1894年，爱因斯坦一家因公司破产迁往意大利北部。挤垮"爱因斯坦电气公司"的是现在依然赫赫有名的西门子公司。为脱离德国，爱因斯坦找到一个医院办"病退证明"。一位读书时十分痛恨数学的医生，出于对这个他误以为同样痛恨数学的孩子的同情，给爱因斯坦出具了"神经衰弱"的医生证明。小爱拿到证明后才告诉这位好心的医生："我的数学是全校最优秀的。"他拿着这张证明去学校办理退学手续，学校恰好也打算劝退这名破坏校风校纪的学生，于是双方一拍即合，前所未有地意见一致。

性格叛逆的小爱接受不了德国学校军训式的管理，机械记忆的教学方式让他觉得愚不可及，加上孤僻的性格使他与同伴们格格不入，当然犹太人的身份也是使他陷于孤立的因素之一。所有这些为他营造了一个令人窒息的生存环境。从心理学上说，小爱因斯坦的"系统化能力"（确定支配系统的规律的能力）远胜于"移情能力"（体察和在乎他人的感受的能力），他会不自觉地沉溺于自己构建的世界，而不容易去顺应生活于其中的环境。

在意大利自学了几个月后，爱因斯坦赴考瑞士苏黎世联邦工业大学（让我们按中国的语言习惯简称为"苏工大"吧）。数学和科学的成绩特好，但综合考试没有通过，因为要背的东西太多。但这孩子的奇才还是引起了该校校长和头牌物理学教授韦伯的注意。前者亲自给他写介绍信到阿劳中学补习，后者邀请他听自己的课。阿劳中学自由的风气，师生平等的做派，对这个"军营"里逃出来的孩子，那就是改天换地式的解放。小爱从此变得开朗，开始学会与同伴友好相处。这所学校遵循的是瑞士教育改革家裴斯泰洛齐的哲学，提倡形象思维，尊重个性，培养孩子的"内心尊严"，机械的背诵和填鸭式的教学被视为应尽量避免的。课堂教学生动活泼，还有许多半玩半学的实验课，这一切使爱因斯坦受益终身。

一年后，1896 年，爱因斯坦以全校第二名的成绩从阿劳中学毕业，被苏工大免试录取，就读于教育系。当一名教师是小爱的理想。但这个似乎并不算很宏伟的理想，爱因斯坦将实现得很艰难。小爱的心理特征（或毛病）还是顽强地表现了出来。他把系统目标确定为新物理学（电磁学和热力学），其他一切偏离目标的动作都被当作无用功被无情地删掉，极少（如果不是完全没有）去体察和顺应别人的感受，哪怕是恩师、恩校。按说数学是爱因斯坦的强项，但数学教授闵可夫斯基却骂他是"懒狗"，因为数学课堂上极少见到他的身影，在他看来，"对于物理学来说，过于高深的数学是无用的奢侈品"。实验物理教授也是一肚子火。小爱经常缺课不说，偶然上课，也完全不顾操作规程，我行我素。有次实验由于违反规程毁坏了实验设备还炸伤了自己的手。所以教授给小爱的分数是最低的 1 分。

爱因斯坦跟普朗克完全不同，他把造反写在脸上，以叛逆者的姿态示人，什么传统他就反什么，什么时髦他就追赶什么。这位逃课大王一点也没有闲着，他大量阅读麦克斯韦、基尔霍夫、玻尔兹曼、赫兹等人的物理学新成果，在"都会"咖啡馆里大谈马赫、庞加勒、休谟和斯宾诺莎这些反牛顿的、怀疑主义的和自然神论的哲学。把诸葛亮对魏延的评价用到爱因斯坦身上一点都不会错——脑后有反骨，日后必反。后来在伯尔尼专利局的日子里，朋友见他面露喜色就会问："是不是把牛顿推翻啦？"看来朋友们也认为，颠覆牛顿就是爱因斯坦的唯一乐事了。

毕业考试，爱因斯坦是班里倒数第二名，没能实现留校任教的理想。此后的两年求职也十分不顺。为了生存，小爱不断地降低身价，却只找到了一些家教、中学补习班之类的差事，但都干不长。小爱甚至发狠，再找不到工作就上街拉小提琴挣钱啦！倒数第一名是米列娃——爱因斯坦的女朋友。毕业没多久，她就怀孕了，才 22 岁的小爱得负起父亲的责任，这也是他急于找工作的一个原因。现在考证出来的，他俩称这个私生女"莉色儿"，生于 1902 年，被人收养在米列娃的家乡塞尔维亚，1903 年得了猩红热，之后生死不明。这件事，一开始因爱因斯坦的家庭不同意他俩的婚姻，之后为了维护公务员的形象，之后又为了伟大科学家的形象，所以被很严密地屏蔽了。随着爱因斯坦档案的解密，它才浮出水面。

尽管爱因斯坦的命运依然多舛，但他还是深深地感激瑞士这个国家，它给了他自由、友善和做人的尊严。1901 年，他取得了瑞士的国籍，他把这个国籍保留了终身（当然不妨碍他后来先后入了奥匈帝国籍、德国籍和美国籍）。从小他对军队和军人就有仇视和蔑视的心理，他曾对母亲说军队是"杀人的妖怪"，蔑称机器般的军人是"因为误会才长了脑袋"。但为了瑞士，他居然报名参军。无奈体检出"汗脚、平足、静脉曲张"，招兵官"啪"地在审查表上盖了个"不合格"的大印。这也许是瑞士军队做出的最具有伟大历史意义的正确决定。

格罗斯曼，这个瑞士籍的同学，是爱因斯坦生命中的一个"贵人"。大学时小爱靠小格的课堂笔记度过无数次考试危机，流浪两年后又靠他谋到了瑞士伯尔尼专利局国家公务员的职位。当上公务员后，他很快跟米列娃结了婚，并生下了他们的第一个儿子。为了养活老婆孩子，他在街上贴出小广告招收物理补习生，不料却招来了一帮分别学数学和哲学的"狐朋狗友"，办起了他们自封的"奥林匹亚科学院"，重新营造出在苏工大时"都会"咖啡馆的神侃氛围。学费没赚到，却倒贴了不少咖啡钱。小爱这种做派，其实已埋下了多年后与米列娃离婚的伏笔。专利局的工作不算繁忙，一般半天就可以完成一天的工作。这给了爱因斯坦干私活的空间。他潜心做他的物理演算，耳朵却倾听着门外的脚步声，一旦有人进来就把自己的私货扫进抽屉或用送审的图纸盖住，做鞠躬尽瘁状。哈勒尔局长为人和善，但不是傻瓜，小爱那点猫腻他岂能不知？但从小格父亲那儿了解到爱因斯坦的抱负后，也就睁一只眼闭一只眼啦。

至此我们可以松口气了。爱因斯坦现在生活安定，而且正逼近成功。中国俗话说，"三岁看大"。但 3 岁的小爱绝不会有人预言他将成为伟人，中学训导主任的"一事无成"的断语是极具代表性的。有人问过爱因斯坦，为什么那么多专家教授都没有成功，却把这个幸运留给了一个小专利员？爱因斯坦反问道，关在笼里的豹子和野生的豹子，哪个生命力更强？爱因斯坦叛逆的性格和坎坷的遭遇，客观上给了他一个远离陈词滥调、创造力自由发挥的环境。问题是，社会得让"野豹"活着。

二

倒数第一名的米列娃没有拿到毕业证书，1901 年夏季又回到苏工大补考。这时她发现自己怀了孕，爱因斯坦却没来陪考，而是跟家人到阿尔卑斯山脉度假。诸事烦心，米列娃连考两次都通不过，就断了走科学道路的念想，回塞尔维亚老家养胎去了。其实爱因斯坦也很难，父母坚决不同意他俩的婚事，他也得安抚家人。两人只得鸿雁传情。在爱因斯坦的情书中，不仅有疯狂的爱情，还有念念不忘的物理学。米列娃发现，爱因斯坦表现出了对德国物理学家勒纳德（Philipp Lenard）的"光电效应"实验的极大兴趣。

勒纳德曾是伟大的德国实验物理学家海因里·赫兹（Heinrich Hertz）的助手，而赫兹最伟大的一个实验，就是 1887 年证实麦克斯韦电磁理论的实验。在这个实验中，赫兹发现电磁波的接收器在紫外光的照射下会变得更容易产生火花。当然，相对于证实麦克斯韦关于电磁波的伟大预言，这只是实验的一个小小的弦外音，大家都没太在意。赫兹只比普朗克大一岁（1857 年生），却于

1894 年 37 岁的时候就过早地去世了。赫兹去世的时候，勒纳德还是赫兹的助手。乘赫兹之威，加上自己的聪明和努力，勒纳德在阴极射线研究领域一路猛进，1905 年因此获得了诺贝尔物理学奖。关于赫兹发现的那种现象，勒纳德进行了最系统的实验研究，证明了是一种金属表面的电子因光照而逃逸的现象，并将此命名为"光电效应"（图 2.1）。

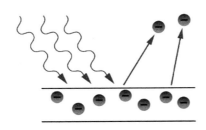

图 2.1　光电效应原理图

光照会使金属表面带负电的电子摆脱带正电的原子核的束缚而逃逸。现在宇宙飞行器就是利用这个原理用太阳光来产生飞行器所需要的电力。

我们知道，原子是由一个带正电的原子核和一个或多个带负电的核外电子组成的，电子之所以不会飞离原子核，是因为二者电性相反，异性相吸。电子像风筝一样在核外飞舞，风筝线却攥在原子核手里。当然风筝也有断线的时候，那就是风太大，拉力超出了线的承受力。在光电效应中，光线就是那吹断风筝线的风——电子从光线（一种电磁波）那儿获得了额外的能量，当大到超出了原子核的牵引力时，电子就会脱离原子，逃逸到空中。大而化之地说说还可以，再精细一点地分析就出问题了。光电效应里有两个情况很费解：

第一个，光电效应似乎与光强无关，只跟频率有关。风筝断不断线，自然跟风力有关，风大会断，风小却不会断。"电子风筝"却完全不是那么回事，有时微风吹拂它就断了线逃逸出来，有时候狂风劲吹它却纹丝不动。吹动电子风筝的"风"是光，从视觉上说，光强就是光的亮度，500 瓦的灯泡就是 50 瓦的亮度的 10 倍。光是一种电磁波，光强用振幅来表征，也就是波峰的高度，强光波峰就高，弱光波峰就矮（图 2.2）。可是光电效应似乎只跟光的频率有关。比如，用频率很低的红光照射金属表面，任多强的光都打不出电子，而很微弱的高频紫外光却能轻而易举地打出电子。勒纳德的实验发现，当照射光的频率提高时，逸出电子就产生了。

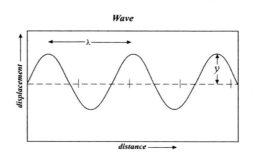

图 2.2　振幅示意图

振幅是在波动或振动中距离平衡位置或静止位置的最大位移，符号为 A。本图以 y 代表振幅，λ 为波长。

第二个费解之处在于，按说电子从光线中吸收能量到足以摆脱原子的束缚，应该有一个能量积累的时间，就像人造卫星加速到逃逸速度需要有一个时间过程一样。可是光电效应却很奇怪，要么打不出电子，一百年也不行，要么瞬间反应，反应时间大约是 10^{-9} 秒（一百万分之一秒），电子砰地就迸出来了。

在经典物理学家的心目中，光强就代表着光的能量，频率则跟能量没有一毛钱的关系。既然光电效应只跟光线的频率有关，那电子的逃逸只能凭借自己的能量，跟照射光线的能量就没有关系。勒纳德和其他科学家按照这个思路提出了不少的解释。比如说，光线只是光电效应的一个诱因，它引起了电子的共振。就好比一支军队的重量根本就不足以压垮一座桥，但这支军队整齐的步伐引起了桥梁结构的共振，以至于达到了振垮桥梁的能量。可是各种解释要么不能逻辑自洽，要么被实验所否定。

谁说频率跟能量无关？不是 E = hυ 吗？这个 E 就是能量，υ 正是频率啊！此刻爱因斯坦坐在伯尔尼专利局的办公室里，眼前摊开着一张大大的、送审的专利图，抽着一支劣质雪茄，思绪已经飞到了九霄云外。我们在以后将见识到，爱因斯坦是科学史上首屈一指的思想实验大师。现在就让我们随他做第一个思想实验吧——

让我们想象，照射向金属表面的那束光线是由千千万万个微小的粒子组成的光粒子流，正如高压水枪喷出的水柱是水分子流一样。每一个光粒子都满足普朗克的量子公式：$E = h\upsilon$，即能量是普朗克常数与频率的乘积。因此我们可以把光粒子称为"光量子"。量子公式规定，单个光量子的能量是由频率 υ 决定的，因为 h 是一个常量，频率高的光量子能量就高，频率低的光量子能量就低。这么一想，光电效应实验的一切诡异就都烟消云散了。为什么光电效应只跟光线的频率有关呢？金属电子有一个自能，这个自能只能保证电子不会坠落到原子核，而不能使它飞离原子。要逃出原子，还必须有一个增加的最低极限能量 $W = h\upsilon_0$，光量子的能量 $h\upsilon_0$ 必须大于 W，换言之，频率 υ_0 必须大于某个极限值。紫外光的频率很高，就决定了紫外光的光量子能量可以大到足以超过电子自由化所需的增加能量，于是光电效应产生了。而红光呢，因为频率很低，红光的光量子的能量就很小，远达不到极限能量 W，当然就不会有光电效应的产生。按照量子假说，能量的吸收是一份一份地进行的，因此达不到最低能量限度（W）的光电子核外电子就不会吸收，于是不会有慢慢积累能量然后再逸出的现象发生，一旦接触到达到最低阈值的光电子，电子就会在吸收能量的瞬间逸出。就像原始人跟现代人作战，用砍刀砍坦克多少下都没有用，而换成现代人用反坦克导弹，一枚足矣。

瞧瞧，把光电效应实验的一切结果都解释得清清楚楚，逻辑严密而自洽，无懈可击！而解释者正是这个正抽着劣质烟的小公务员。1905 年 3 月 14 日，爱因斯坦在德国的《物理学纪事》杂志上发表了《关于光的产生和转变的一个启发性观点》，公布了他的"光量子假说"。这一年，爱因斯坦 26 岁。

"启发性的观点"？好谦虚哟！这好像不是爱因斯坦的性格呀！

三

你那一向调皮捣蛋的儿子哪天回到家对你毕恭毕敬，不用想，他一准是在外面闯祸了。爱因斯坦这次把祸给闯大发了。1905年是科学史上属于爱因斯坦的"奇迹年"，这一年里他连续发表了五篇论文，论题分别是：光量子假说，原子的测量，证明分子存在的布朗运动，狭义相对论，质量关系式。在当年爱因斯坦给朋友的信中，对现在与爱因斯坦齐名的相对论，他只是淡淡地说"它修正了时空理论"，而对光量子假说，他用了"是非常革命性的"这个评语。

1905年的物理学世界，天下已经大定，广袤天空飞逝于无形的电磁现象，交由麦克斯韦统辖。詹姆斯·克拉克·麦克斯韦（James Clerk Maxwell），伟大的英国物理学家。人们常常有这样的类比：1687年，牛顿的《原理》统一了天上的运动和地上的运动；1873年，麦克斯韦的《电磁学通论》统一了电的运动和磁的运动。有如天赐的麦克斯韦方程勾画出优美的电磁统一的运动流形（图2.3），使人们不得不怀疑麦克斯韦是否进过上帝的密室。

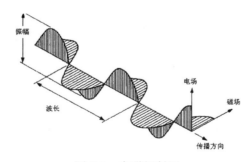

图2.3　电磁辐射图

电场、磁场与电磁波传播方向互为直角，构成一幅严格对称的优美图形。

麦克斯韦于1879年48岁时英年早逝，这一年爱因斯坦出生。这是不是上帝的又一次刻意的安排？上一次是1642年，伽利略和牛顿在同一年去世和出世，出世者最终完成了去世者未竟的伟业。1887年，赫兹的伟大实验验证，宣告电磁学大厦的最终竣工验收通过。没有人怀疑这幢大楼的质量，轰轰烈烈地在里面开张营业。1894 年，英国科学家马可尼（G.Maconi）研制成功无线电接收装置，并在英国邮电总局的支持下成立了"无线电报与电信有限公司"，实现了跨洋通信，开启了人类无线通信的时代。理论与实践的结合同样完美。麦克斯韦的航船欢畅地奔赴前方，根本没有想到会在光电实验上翻船。这只是一个普通的实验，并不是万众瞩目的那种。理论解释的暂时困难在科学活动中实属稀松平常，一蹶而就倒是罕见。哪怕理论的潜力已充分发掘，理论的修改和修补仍大有可为，这是科学发展的常态。这种情形下就轻率地重起炉灶、另辟蹊径，恐怕也只有爱因斯坦这种离群索居的"民科"、头长反骨的年轻人才干得出来。

　　爱因斯坦并不否定麦克斯韦方程，他说过这种以连续空间函数描述电磁传播现象的方法，已经证明十分卓越，恐怕很难有更好的方法可以替代。光量子假说的锋芒所指，并不是电磁理论耸立于地面上的巨构，而是这个巨构深扎的基础。无怪乎他自己也意识到"是非常革命性的"。这已经不是对自己出生那年去世的麦克斯韦不敬的问题了，他是向全世界科学家安身立命的经典力学体系宣战！

　　力学体系，核心概念就是"力"。对于不相接触的物体的力的传递，比如地球对月球的吸引、磁石对铁针的吸引是牛顿体系长期悬而未决的一个问题。从 17 世纪起，以牛顿为代表的"超距作用"派和以笛卡儿为代表的"媒递作用"派就开始了 PK。前派认为作用力以无限大的速度超空间传递，后派则认为力的传递必定借助一定的媒介，正如声音的传递必须借助于空气。法国人笛卡儿，现代哲学之父、解析几何的创立者，同时也是现代科学的先驱，他提出，隔空作用力通过"以太"传递。超距作用固然不可思议，以太同样虚无缥缈。电磁学的建立似乎给以太说提供了支持。英国实验物理学家法拉第用以太做预设，提出了"场"的概念，认为电磁力是通过以太这种连续的介质传播的。麦克斯韦正是发展了法拉第的思想，建立起了严密完整的电磁学体系。电磁学在理论和实践上的巨大成功，使人们对以太的存在不再怀疑，问题仅仅是如何用实验来证明。可是 1887 年美国科学家迈克尔逊和莫雷的"以太风观测实验"零结果，给科学界又蒙上了一层阴影，与"紫外灾难"一起并称为牛顿力学天空的"两朵乌云"。难道蔚为壮观的电磁学大厦居然没有基础，是一个豆腐渣工程？如果是这样，那这座大厦的居民可就悬喽！

就算我们依了爱因斯坦，光的本质是粒子流，电磁运动不需要以太这个介质，光量子自己给自己构造电磁场，可是看这个怪模怪样的光量子，它能服从"牛四条"的管束吗？在经典物理中，物质的本质是质量，呈现是广延（长、宽、高），你看看这个光量子，它以 E（能量）的面目示人，剖开来一看——$h\upsilon$！刚刚说完光是粒子，可是粒子怎么用只有波才有的 υ（频率）来定义呢？所以爱因斯坦的光量子说一开始遭到普遍的冷遇和反对，这没有什么奇怪。奇怪的是"量子之父"普朗克也站到了反对者的行列，不，前列，这倒是令人诧异的。爱因斯坦的光量子假说一提出，普朗克马上就表示这个年轻人"走得太远了"。在普朗克的心目中，量子只是写在纸上的一个符号，是为了解释热辐射做的一个假设，是热辐射的吸收和释放的一种方式，而不是一种客观的实在。普朗克把量子定格在稿纸上，囚禁在"空腔"里，可是这个头长反骨的年轻人却把量子释放出来，让它充斥整个宇宙，普朗克从内心里生出莫名的恐惧，如果让小爱得逞，牛顿世界从此将不得安生！

爱因斯坦依然当着他的专利员，每周六天，每天八小时。1906 年，他从三级技术员提升到二级技术员，工资也涨了不老少。但升职的理由不是他那几篇革命性的文章，而是因为他取得了博士学位。米列娃不擅长做家务，年轻时的科学梦由于跟爱因斯坦的恋爱、结婚、生子而渐行渐远，不免时有怨言，爱因斯坦不得不分担部分家务。有位青年学者慕名探访偶像，见到的却是被炉子弄得狼狈不堪的爱因斯坦。后者苦笑着说："我在研究热辐射，但这只炉子却辐射不出热能。为了巩固量子论的阵地，我正重新推导普朗克的辐射公式呢。"

与光量子说遭到普遍反对的境遇相比，相对论的命是好多了。人们逐渐理解、接受并热议。1919 年，广义相对论得到了以爱丁顿为首的英国科学家的"伟大的验证"，相对论更是如日中天。1896 年，爱因斯坦刚入苏工大时立下的当教师的"伟大理想"也实现了，他先后在苏工大、布拉格大学和柏林大学任教。与此同时，他与米列娃的婚姻也走到了尽头。他俩讨论过"（第一次）世界大战和我们的婚姻，哪一个结束得更早"的问题。结果他们的家庭大战与世界大战同时结束，他们于 1918 年办理了离婚手续，随后爱因斯坦又与自己的堂姐兼表姐（我懒得去想这两个头衔怎么能安在同一个人的头上）爱尔莎结婚。爱因斯坦似乎有"恋姐情结"，他的第一个恋人是在阿劳中学时寄宿房东的女儿，比他大两岁，米列娃比他大三岁，爱尔莎同样比他大三岁。大概这时的小爱还没长大，需要一个姐姐的照顾。

在与米列娃离婚时爱因斯坦有一项承诺，如果自己能获得诺贝尔奖，奖金归米列娃所有。唉，爱因斯坦被这诺贝尔奖折腾得也是够久的了，足够打 N 次世界大战。从 1910 年起，就被以相对论的名义提名，但每次都是议而不决。诺奖委员会重实验轻理论是一个原因。因此普朗克的量子假说也是直到 1919 年才获奖。另一个原因是，德国一股反"犹太物理学"的暗流兴起，一些反犹科学家不断以各种莫名其妙的理由贬低相对论的价值。勒纳德就是得力干将之一。他的实验是光量子说的直接诱因，爱因斯坦一再表示"感谢勒纳德前驱性的工作"。可是政治的狂热可以烧坏科学家的良心，勒纳德把爱因斯坦的学说贬得一文不值，诬为胡说八道。由于这种压力，1921 年又一次议而不决，这一年的诺贝尔物理学奖干脆空着。同时，诺奖委员会的道德压力也十分沉重。有人提出了一个问题："如果 50 年后人们发现爱因斯坦没有获得诺贝尔奖，我们将如何解释？"这让委员们汗颜！ 1922 年，有人出了个怪招，以"光电效应实验的理论"为由，既不提相对论，也不提光量子假说。委员们以这个名义投票通过，把 1921 年的诺贝尔物理学奖颁给爱因斯坦。同时投票通过的还有，把 1922 年的诺贝尔物理学奖授予丹麦科学家玻尔（我们下站就要拜访他啦）。不管怎么说，爱因斯坦终于可以兑现承诺把奖金交给前妻。而米列娃很有头脑地投资房地产，在苏黎世买了三套住宅用于出租。

四

由于知音难觅，加上相对论也占去了爱因斯坦的大部分时间和精力，爱因斯坦慢慢就很少谈论光量子说了，以至于许多真心爱戴这位相对论大师的同人以为他已经放弃了这一理论，都暗暗地为他的迷途知返而高兴。爱因斯坦可以沉默，量子精灵可不会甘于寂寞。1923 年，美国实验物理学家康普顿（Arthur Holly Compton）的一篇实验报告又唤醒了人们沉睡的记忆。

从 1920 年起，康普顿就从事 X 射线的散射实验（图 2.4），有一种现象让他百思不得其解。康普顿将 X 光投射到石墨（靶物质）上，然后在不同的角度测量被石墨分子散射的 X 光强度。当角度不变（θ =0）时，只有等于入射频率的单一频率光。当角度发生了变化（θ ≠0，如 45°、90°、135°）时，发现存在两种频率的散射光。一种频率与入射光相同，另一种则频率比入射光低。用物理学家的行话说，光线"变软"了。入射光的角度发生了偏转，表明光线穿越靶物质时遭遇到了原子的核外电子，部分能量交换给了电子，从而能量减小。但用经典辐射理论无论如何都不能把能量的减小跟波长变长（频率变低）联系到一块儿。康普顿为此思索了几年，直至引进爱因斯坦的光量子说，一切才迎刃而解了。

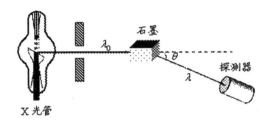

图 2.4 康普顿实验装置图

用探测器观察 X 射线透射靶物质（石墨）所发生的角度偏转及频率的变化。

大伙儿也悟出一二了吧？还是那个频率和能量的关系。射线是由有限多个光量子组成的，倒霉的光量子碰上了强悍的电子，被打劫了部分能量。比如说，打劫前它是个大 E 大 N（υ 的大写）的光量子 E=hN，打劫后就已经是一个能量比大 E 小的小 e，为了使等式平衡，h 是个常数（普朗克常数），咱动不了，只好相应地削减 N（频率），变身为 e=hυ。频率变小，不就是波长变大吗？哈！射线，更确切地说是光量子，就"变软"啦！把 h 套进去一算，正好符合一份份增减的规律。根据这条思路，康普顿列出了一个方程式，计算散射前后的波长差，然后拿去跟实验一比对，哈！符合得严丝合缝（图2.5）！

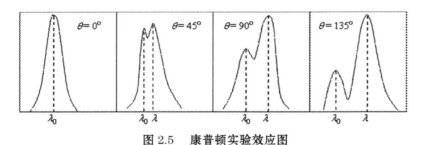

图2.5　康普顿实验效应图

散射角度越大的光子波长越长（频率越低）。

可是还有波长不变的光量子呢。角度不偏转的还好理解——没有和电子发生碰撞。怎么偏转的散射光也有保持了入射光的频率呢？康普顿的解释是，这部分的光量子是击中了内层电子，由于位于内层，这种电子与原子核结合得十分紧密，撞上它们就像撞上了整个原子，蚍蜉撼树啊。这种碰撞物理学上叫"弹性碰撞"，像充满气的皮球打在坚实的大地上一样，不发生能量交换，故频率不会变低。这种解释也得到实验的支持，原子序数高（电子数多）的靶物质，这种偏转而不变频的现象就多，反之则少。

在1923年5月美国的《物理评论》上，康普顿以《X射线受轻元素散射的量子理论》为题，发表了他所发现的效应，并用光量子假说做出解释。康普顿的结论是："现在谁也不能怀疑，伦琴射线（X光）是一个量子化的过程。"这话等于说，光，或更广义一点，电磁辐射，都是量子化的，具有分立间断的粒子性。这一效应后来被称为"康普顿效应"，康普顿实验也成为爱因斯坦的光量子说成立的判决性实验。从此科学界就普遍认同了"光量子"，1926年，美国物理学家刘易斯把它命名为"光子"（Photon），它也就有了正式的"学名"。康普顿比爱因斯坦幸运得多，很快于1927年就获得了诺贝尔物理学奖。

普朗克在纸上画了一个美丽的量子精灵，爱因斯坦和康普顿吹了一口仙气，嘿，它现在活喽！

第三章　鬼怪式的跃迁

一

在哥本哈根维德海滨 14 号一所古老的大宅子里，玻尔夫妇先生下了女儿詹妮，1885 年生下了大儿子尼尔斯·玻尔（Niels Bohr），过两年生下了二儿子哈拉德。玻尔教授是个很开明的父亲。在尼尔斯童年时，有次家里自行车的链盘出了问题，他竟大卸八块地"修理"。那年代，自行车就是现在的"宝马""奔驰"的概念。有人希望父亲能阻止孩子这种暴殄天物的行为，但玻尔只是淡淡地说了一句："别管这孩子，他知道自己在做什么。"描述尼尔斯和哈拉德兄弟的关系，"亲密无间"是最确切的用语，而且是终身的。有次大人看见尼尔斯在屋子的四周着急地乱窜，问他怎么回事，他说别人给了他一个面包，得分一半给哈拉德。

中小学时的尼尔斯，学习成绩还算好吧，不过很难用"出类拔萃"一类的词来形容他。丹麦文是他最烂的一科，文章的引言和结语让这孩子很头疼。一篇叫《自然力在家中的使用》的文章，尼尔斯的引言是："我们家不使用自然力。"一篇论金属的作文，尼尔斯写下了这样的结语："至于结论，我想提到铝。"尼尔斯从小有一特点，喜欢琢磨事物之间的关系，并试图精确地把握它。他有很强烈的倾诉欲，必须通过交谈推动思考。从后来给哈拉德的信中可以看到，有时他都会为自己的唠叨不好意思，在后面加括号写道："（请原谅我的废话，说这些是为了使我自己满意）。"在外人的眼里，弟弟哈拉德比哥哥尼尔斯更聪明，但父亲莫名其妙地觉得尼尔斯会更有成就。果然，到了大学，尼尔斯的物理天赋逐渐显露了出来。热爱哲学的父亲跟几个有同样爱好的朋友有一个哲学沙龙，从小尼尔斯兄弟俩是被允许旁听的。因此尼尔斯的理性思维能力在同学中是鹤立鸡群的。同时父亲自己还有一个生理实验室，经常在里面做实验的尼尔斯还有一个大部分理论物理学家所不具有的优势——实验的动手能力很强。不过大学里哈拉德的名气还是比哥哥大，因为他是一个优秀的足球运动员。他随 AB 足球俱乐部出征 1908 年的伦敦奥运会，为丹麦赢得了一块银牌。英国媒体对这个"头发蓬乱的青年人"有很好的评价。尼尔斯也在这个俱乐部踢球，但只是一个候补门卫，踢过几场不重要的比赛。

1911 年，26 岁的尼尔斯以题为《金属电子理论的研究》的论文在哥本哈根大学取得博士学位。这事在当地还引起了轰动效应，报纸做了报道。其中说道："（答辩的）三号小礼堂挤得满满的，连室外的走廊都站满了人。"但同时又说，"在丹麦，几乎没有人能了解有关金属的电子理论并能对其做出评价。"因此，尼尔斯的论文答辩在创纪录的短时间内就通过了。同年，尼尔斯获得一个基金会的资助，将赴英国剑桥继续深造。长风破浪会有时，直挂云帆济沧海。我们的小尼尔斯要拔锚起航啦！

玻尔将师从卡文迪许（Cavendish）实验室主任 J. J. 汤姆逊（J. J. Thomson）教授。"卡文迪许实验室""J. J. 汤姆逊"，物理学史上两个同样熠熠生辉的名字，简单地介绍一下，大家就知道玻尔该有多幸运！卡文迪许实验室，创建者和首届主任是电动力学泰斗麦克斯韦，第二任主任是前面说过的提出黑体辐射公式的瑞利。1884 年，汤姆逊接任第三任主任，当时年仅 28 岁。J. J. 汤姆逊一生硕果累累，仅就"电子发现"一项，就足以让他彪炳物理史册。

汤姆逊接任实验室主任时，阴极射线研究激战正酣。阴极射线是什么？当时形成了"粒子流"的英国学派和"波动说"的德国学派。波动派的主将是大名鼎鼎的赫兹，仗着麦克斯韦理论之威，此派明显占据着战场主动。处于弱势的粒子派在汤姆逊的指挥下，通过睿智的理论构思、精巧的实验设计和严密的实验操作，测定了射线的速度、偏转、电极、荷质比，终于在 1897 年取得决定性的胜利，证明所谓"阴极射线"是一种粒子流，这种粒子速度远低于光速，带负电，质量约为氢原子的二千分之一（现在的标准答案是质子的 1/1836），是所有物质共有的组成部分，并把这种粒子命名为"电子"。这是人类认识的第一种基本粒子。J. J. 汤姆逊因此获得 1904 年的诺贝尔物理学奖，1909 年被授予英国勋爵称号。

玻尔于 1911 年 9 月到达剑桥，很快就去拜访了自己的偶像汤姆逊教授，以表达自己的敬意。来到这个有着灿烂文化传统且是当时世界第一强国的英国，玻尔也就一农村来的乡巴佬，加之年少，英语太烂，玻尔不免局促和腼腆。这样挺好，会显得他谦虚可爱。可是偏偏这小家伙有太强的倾诉欲，且不知英国侯门深似海。他用他磕磕巴巴的英语介绍那还没有翻译好的毕业论文，但同时犯下了个致命的错误。话说在一个女人面前不要夸另一个女人漂亮，在一个科学家面前不要夸另一个科学家聪明，特别是汤姆逊这种功成名就的科学家。玻尔却毫不掩饰他对普朗克和爱因斯坦量子理论的热烈追捧，大揭经典理论其短。这也就罢了，这个不知天高地厚的小玻尔居然傻乎乎地把自己论文中对汤姆逊的批评也和盘托出。汤姆逊很绅士，心中的不快一点也没有表露出来，甚至表示："我恨不得马上看到你的论文。"天真的玻尔信以为真，反正这次接见让他很兴奋。但接下来的情况就不对了。汤姆逊对这小家伙的想法在各种场合提出批评并表现出不屑，却不给机会当面交谈（汤教授确实也忙），重大的实验不安排他做，安排做的又是根本出不了结果的，只能"很高兴地"做安玻璃一类的活儿。论文最终弄好后送去，直到 12 月，汤教授也没看，原来当初的话只是客套。大好的机会和时间似乎就这样白白地浪费掉了，这心理落差也忒大了！

吉人自有天相，1911 年 10 月，在卡文迪许一年一度例行的聚餐会上，玻尔遇上了卢瑟福。虽然没有机会接触，但卢瑟福的个人魅力一下就把玻尔给迷住了，境遇不顺使他立刻产生了投奔的念头。出生于新西兰的欧内斯特·卢瑟福（Ernest Rutherford）该算是穷苦人出身了，父亲是一手工业者，母亲是低级知识分子——小学教师。他 23 岁在新西兰修完大学，申请英国的奖学金。1895

年收到剑桥大学的录取通知书时，他正在家里刨土豆呢，随即兴奋地丢掉锄头，大叫："这是我挖的最后一个土豆！"那一年，他 24 岁。在剑桥他师从汤姆逊，进入卡文迪许实验室。手工业家庭出身的他在实验室那是得心应手，从此一路顺风顺水。因放射性射线的研究，他获得了 1909 年的诺贝尔化学奖。他说在射线实验中见过许多怪异的变化，但最怪异的变化莫过于他变成了化学家！现在他当曼彻斯特的物理系主任已经四年。按说跟汤教授一样，卢教授现在也是功成名就、地位显赫，但他整个儿还一新西兰老农民的形象——身材魁梧、声如洪钟。其声音之大足以影响精密的实验。在曼彻斯特实验室内挂着一块大大的警示牌"Softly Talks Please"（请轻声说话），显然是针对这个实验室主任的。据说有次英国广播公司邀请他去做个广播讲话，同事们开玩笑道："何必浪费电波？升上发射塔让他吼就是了。"

次年 3 月，春光明媚的日子，玻尔就转到了曼彻斯特实验室，开始了他的光辉篇章。

二

希腊人以"不可分割的"（atom）来定义想象中的构成物体的基本粒子是有道理的。我们说物体的软硬，可以合理地理解为物体中原子的疏密。柔情似水，是因为水中的原子很稀疏；坚强如钢，是因为钢中的原子很致密。金刚石很硬吧？致密的原子可以构成如此坚硬的东西，可想而知原子本身一定要比金刚石更硬 N 倍。现在汤教授发现了电子，但电子显然还不是原子。因为电子太轻，只有计算值的约二千分之一，而且还带着负电（而原子是电中性的）。那么我们就可以合理地想象还有一个"原子本身"，它比电子重两千倍，且带着正电，正好和电子的负电平衡。电子只是这个原子本身的一部分。原子什么模样呢？"不可分割"就免谈了，它已经分出了电子，但至少也是个扎扎实实的东西吧？于是汤姆逊提出了一个叫作"葡萄干布丁"的原子模型——原子是一块大大的蛋糕（布丁），电子是嵌在蛋糕上的一颗小小的葡萄干。

现在小小的电子倒是看到了，原子本身这个大家伙还没人见过呢。科学家在微观世界"看"东西的方法是"投石问路"，找一块能看见的"石头"向对象投过去，看看"石头"的路径会不会发生偏转。现在卢瑟福有了这块"石头"，就是他的放射性射线研究中发现的 α 粒子（实际就是失去了电子的氦原子核）。1909 年，他做了一个用 α 粒子轰击金箔的实验。α 粒子很重，带两个正电。"原子本身"虽也带正电，但在偌大的空间中均匀分布而被摊薄，按照汤姆逊的预言，α 粒子应像一颗子弹打穿一张纸一样，轻易通过，只会被电子的负电牵引有小角度的散射（图 3.1）。卢瑟福也坚信这一点。

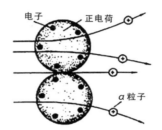

图 3.1　关于 α 粒子轰击金箔实验的汤姆逊预言图

汤姆逊预言 α 粒子都会透射原子。

可是实验一开始就让卢教授惊得一愣一愣的——比让他变成化学家更怪异的事儿发生啦！绝大部分的炮弹（α 粒子）如预料般打穿金属原子，但不可思议的是，少数炮弹（1/8000）被散射的角度如此之大，有的甚至反转了 180 度，犹如"海军用 15 英寸巨炮射击一张纸，但炮弹却被弹回而打到自己"（图 3.2）。他为这事儿琢磨了很久，经过周密思考、严密计算，卢瑟福认为只能是这样：正电部分不是在原子大的空间（10^{-10} 米半径）均匀分布的，而是集中在原子中 $10^{-14~-15}$ 米半径的核心内（缩小到原来的十万分之一至一万分之一）。打个不确切的比方，如果说汤姆逊的正电部分是个西瓜的话，卢瑟福的顶多是一粒芝麻，体积差异如此巨大的东西，质量和电荷却是一样的，可想而知这粒芝麻该有多"硬"（电荷的斥力大）。当 α 粒子与这粒芝麻的距离逼近时，斥力会指数化地增长，表现为 α 粒子散射角度大幅度增加，正面击中甚至会反弹回来。

现在原子模型就变成这样：正电部分是一居于中央的"原子核"，负电部分是围绕原子核旋转的电子。电子不断地做加速运动，与原子核对电子的引力达成平衡，就像地球围绕太阳公转一样。也就是说，蛋糕咱们是吃不成了，原子在演空城计，只有一颗颗葡萄干围绕着另一串葡萄干转。1911 年，也就是玻尔到英国的这一年，卢瑟福在杂志上发表论文，公布了实验结果，并提出了这个"行星 – 太阳"的原子模型。

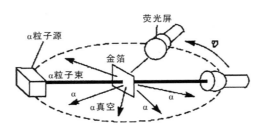

图 3.2　α 粒子轰击金箔实验实际结果图

卢瑟福做的 α 粒子轰击金箔的实验结果，有的粒子被反弹了回来！

　　这位憨厚的新西兰农民抛出的这个"行星模型"给同人们提供了卖弄经典物理学问的机会。原子可不比太阳系，电子和原子核的关系靠电磁力维系，电子为维持它绕核运行的轨道，就要不断地做加速运动，就要发射电磁力，这又必定要消耗自己的能量而使速度减慢。其结果，必定是在不到一眨眼的工夫就螺旋式地坠落到原子核——原子坍缩。哈哈哈！这是电动力学的 ABC！玻尔到曼彻斯特实验室时，卢瑟福正处在备受攻击的风口浪尖。卢教授挺喜欢这个丹麦青年。一方面，老卢本人作为一个实验物理学家，小玻的实验能力是挺讨巧的。最重要的是，他本人长期浸淫于英国经验主义传统，黑格尔邻国的小玻身上的那种理性思辨能力对他就具有了异样的吸引力。而且这孩子还不是书呆子，足球场上、滑冰场上，经常有他生龙活虎的身影。有次有人问卢瑟福 β 射线从原子的哪一部分发出，老卢随口就说："问玻尔。"有人不无醋意地说："你对玻尔真是另眼相看。"老卢说："没错，人家玻尔是足球运动员哪。"不知老卢的潜台词是不是：人家好歹也踢过世界亚军队，不服你也踢一个？为朋友们两肋插刀，何况为恩师？小玻把解释行星模型确定为主攻目标。不过，困难是实实在在存在的。

稳定性！不可思议的稳定性！从你身上提取任一个原子，它都可能拥有几十亿年甚至上百亿年的历史，也许目睹了地球的形成，见过恐龙，经历过冰川纪，参与组装过柏拉图、秦始皇和牛顿。什么东西可以经受得起以亿年计的时间的折腾？如果说是一不可分割的坚硬无比的东西，我信。就算如汤姆逊发现的，它是由两种东西组成的，让这俩东西紧密地团结在一起，也还好理解。就像葡萄干嵌在蛋糕上，就算葡萄干被贪嘴的孩子偷吃了，那蛋糕毕竟还占着那么大的广延（长、宽、高）。但上帝偏偏不采纳这些我们认为可靠的方案，搞出一个假大空的东西来。然而卢瑟福的"行星模型"又是那么诱人！如果这个方案成立，人类几千年追寻的和谐统一的大业眼看就要完成了。原子－太阳系－宇宙，完美的同构！这种现象背后的绝对秩序，美如天籁的和谐韵律，不仅可以使小爱因斯坦，我敢发誓，而且可以使全世界的科学家，乃至每一个地球人，全体"激动得发抖"！

但是令人痛苦的是，靠经典物理肯定无法完成这最后的一跳。太阳系模式，行星的维系靠着两种力，一种是匀速直线运动的力（离心力），另一种是引力（向心力）。作为一种机械运动，牛顿把这两种力解释得妥妥帖帖。但原子的行星模型，作为一种电磁运动，何来的匀速直线运动力？就算你解决了这个问题，更大的困难还在后头。对比太阳系的行星，离心力和向心力是精确的因而也是脆弱的平衡，一旦有个外来星球的撞击，其运行的轨迹就一定会改变，绝不可能一如既往。微观世界多么错综复杂啊，磕磕碰碰时时刻刻都在发生，可是原子却像不死的精灵，外来的打击可以让它变形，但它永远会顽强地恢复原样。稳定性，百思不解的稳定性！

在曼彻斯特实验室的四个月，玻尔透不过气似的忙碌着。7月到了，小玻出国留学的期限已到，未婚妻玛格丽特在哥本哈根急切地等待着他回国完婚。玻尔只好急匆匆地把自己的工作成果和心得写成提纲留给导师卢教授，史称"卢瑟福备忘录"。从这份备忘录可以看出，玻尔此时只有一些抽象混沌的想法。

大致是，经典物理学肯定是搞不定了，一定要引进量子假说，还提出了一些诸如"基态"之类的未经论证的概念。

大家歇一歇吧，就算你们不累，也留点时间让我们的玻尔完成人生的一件大事——洞房花烛夜。

三

玻尔的结婚吉日定在 1912 年 8 月 1 日，本打算去挪威度蜜月，但玻尔惦记着在曼彻斯特写的一篇关于 α 粒子的论文，于是改道去了英格兰。卢瑟福夫妇热情地接待了这对新婚小两口，留下了两对夫妻其乐融融的合影。

关于原子模型的探索依然在黑暗中挣扎，思绪万千织成密不透气的雾霾，混混沌沌，恍恍惚惚，仿佛有光，趋之却不得其妙；似乎有路，转弯又歧途万千，无边的山穷水复，何处寻觅柳暗花明？直到 1913 年 2 月，玻尔的同窗好友汉森不经意地说了一句："你该注意一下巴尔末的研究成果。"

巴尔末是瑞士的一位数学老师，他信仰宇宙被一种"统一的和谐"所统治，他的人生目标就是寻找这种和谐关系的数学表达式，直到耳顺之年他才完成了一件名垂青史的工作（当然还要靠玻尔实现意义的升华）。当时科学家把不同的气体弄进玻璃管，然后对管子放电，发现会激发起不同颜色的光线，记录一种气体发出的各种光的光谱就是它的"谱系"。正如每一首歌都有一个歌谱，每一种物质的谱系就是它的识别系统，就像超市里各种商品的条形码。实际上，我们现在的宇宙观察，就是靠着这种谱系来判定天体含有什么物质。大部分元素的谱系都很复杂，但有一共同点：每一个谱系的各个谱线之间都是间断的，而不是连续的，这首歌不能"1、2、3、4、5、6"这样唱下去，而是这首"1、3、5"，那首"2、4、6"。相比之下，氢的谱系是最简单的，咱们就从最简单的开始。1885 年, 60 岁的巴尔末弄到了别人测定的氢的四条光谱的频率数据（图3.3），琢磨它们之间的关系，结果得出一个"巴尔末公式"：

$$\lambda = (364.57) \, n^2 / (n^2 - 4)$$

（λ——波长，n——正整数，取 3、4、5、6。）

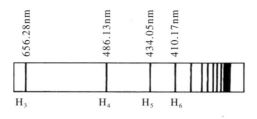

图 3.3　氢原子光谱图

巴尔末研究的有四条谱线的氢原子光谱。上方数据是以纳米（nm）为单位的波长。有心的朋友可用巴尔末公式算一算，从左到右，n 分别取 3、4、5、6。

玻尔后来说："我一看到巴尔末公式，就一切都明白了！"你明白了吗？反正我没明白。要不人家怎么是伟大的玻尔呢？看看人家玻尔是怎么"明白"的吧——

我们现在有一个氢原子，它由一个带正电的原子核和一个带负电的电子构成，电子像行星一样绕着原子核做圆周运动，自然它需要能量，这个能量就是脱离原子核的离心力，与核正电和电子负电之间的吸引力（异性相吸）平衡。

我们先用经典电动力学来解释它的运动方式吧。当电子从外部吸收到能量（管子里放电），它就会越跑越快（离心力越来越大），圈子就越转越大（当然也不能无限大，大到一定程度，强悍的电子就会脱离原子核）。而当没有外部的能量补充，电子就会越跑越慢，能量一点点地减少。记住喽，能量是守恒的，上帝不会贪污那减少的能量，而是让它转化为光向外辐射，从而被我们观察到，这就是光谱。能量增加的过程相当于我们乘电梯从底楼升上高楼，势能连续地增加；辐射的过程相当于我们乘电梯从高楼降到底楼，势能连续地减少，连续减少的势能应该转化为连续变化的辐射，那么光谱应该也是连续的，而不是现在看到的分立的谱线。也就是说，波长 λ 应该可以取任何值，巴尔末公式中的 n 应该可以取任何自然数，我在小数点后面写上一百位、一千位、一万位都是合法的。但是不行！巴尔末，不，上帝，只规定了有限的几个正整数！为什么呢？

哼、哼、哼！玻尔幸灾乐祸地从皮包里拿出一套预先准备好的方案——经典物理不灵了吧？来看我的。电子的能量是量子化的，e=hυ 嘛。能量的吸收和辐射都是一份一份的，每份都必须是 hυ 的整数倍——nhυ。楼？好，我们就拿楼来打比方。电子绕核轨道只能是有限多个圆圈，就像一栋楼的楼层只能是有限的。比如，氢大厦总共有5层，n=1、2、3、4、5。也就是一栋6层高的楼。因为我们这是英式的说法，我们中国人说的1楼是 ground floor（底层），那是原子核，是严禁电子到达的。电子能入住的最低一层楼是1楼（相当于我们说的2楼了），叫"基态"，也就是电子最小的一种能量态，再小是不允许的。每一层的楼面都代表一个能量态，叫"定态"，每个定态的能量值都是固定的，不能多一分也不能少一寸。楼层越高，能量就越大。现在我把各层楼的楼高（轨道能量）标出来。尽管是比喻，但我试图使各轨道间的能量差通过高差的方式大约地反映出来——

1楼——13米，2楼——23米，3楼——24.5米，4楼——25.3米

（层数不是精确值，但再高几层，那能量可能就高到足以让电子飞离原子核了。）

这楼挺奇怪哈，各层楼的层高都不一样。甭问为什么，接受下来就是了。还有更奇怪的等着你呢！电子只能躺在每层楼的楼面上。住1楼的电子说我垫个床垫，躺13.2米高行不行？不行，只能13米！从13米到23米中间这一段高度根本就不存在！不——存——在——！一定要接受这个事实，否则我就没法往下讲啦。

再说电子怎么上下楼，就是电子的"变轨"。我们这幢电子大厦既没有步梯，也没有电梯，上下楼只能以"跃迁"的方式进行。1楼和2楼有10米的高差，假设需要10的能量。当待在1楼的电子吸收到10的能量的瞬间，它便在1楼消失，同时在2楼出现，它就从1楼跃迁到了2楼。记住，"瞬间"不是很短的时间，而是没有间隔的时间，绝对同时！当然也可能是吸收到12.1的能量，跃迁到4楼。这是吸收能量从低能级向高能级跃迁，只要能量的分量合适，可以跃迁到任何一层楼。反过来，从高到低的过程就是一辐射过程，同样以瞬间跃迁的方式发生。这不是刘谦的硬币穿过玻璃的魔术，绝对没有"第二枚硬

币"。大家可以简单算一算，假如电子大厦总共有4楼，向上的跃迁方式有6种（从1楼到2楼，从1楼到3楼……从2楼到3楼，从2楼到4楼，如此等等）；同样，向下的跃迁也有6种。

大家发现没有，由于各层楼的楼高，也就是能量差是不同的，所以每一种向上的跃迁所需要的能量也是不同的。从基态的1楼到2楼需要的能量是10，从3楼到4楼就只需要0.8。大能量是什么呀？对，就是高频、紫外光。所以，我们要避免紫外光暴晒，因为它会激发我们的电子跃迁。可见光因为频率低、能量小，对电子不起作用，所以对人体没有伤害。这也是可见光容易穿透空气而紫外光不易穿透的原因，因为低能的可见光对处于基态的电子不起作用，所以不被吸收，紫外光则大部分被大气层吸收掉了，否则我们就活不成。注意，电子的嘴是很刁的，要正合适。你说有一份11的能量吃不吃？不吃！要么你低到10，我从1楼跃到2楼，要么你就高到11.5，我从1楼跃到3楼。

一般来说，电子会倾向于辐射能量从上往下跃迁，但到了1楼，它就低无可低，就稳定在了这个"基态"。在我们这个例子中，向下的跃迁有6种方式，就意味着会辐射出6种频率的光，从2楼跃迁到1楼，就辐射出紫外光（能量大），从4楼到3楼，可能就是红外光（能量小）……这就是我们看到的光谱系。记住喽，我这里说的都不是精确数，实际上氢的谱系远不止6条谱线（图3.4）。

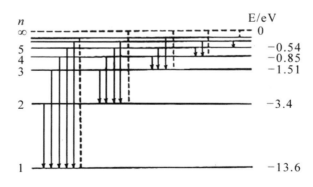

图3.4 氢原子能级与光谱系图

左边的数据为电子轨道能级（n），右边的数据是以电子伏（eV）为单位的各能级的能量。巴尔末研究的是以能级 n = 2（－3.4eV）为底的四条谱线（左起第6条至第9条）。

现在玻尔的思路就很清晰了。光谱反映的并不是电子自身的能量状态，而是反映电子跃迁释放的能量。因为电子的能量是量子化的，所以电子运动的轨道是有限的。在每一条轨道上运行的电子都处于"定态"，既不吸收也不辐射。电子的自然倾向是辐射能量向低轨道跃迁，一直跃迁到最稳定的基态。在基态的电子就不会再有辐射。受外来能量的激发，电子会从低轨道跃迁到高轨道，但自然倾向总会让它又回到低层。哪怕是高能量把电子激离了原子核，带正电的核子（离子）也会想办法俘获电子恢复原子原貌。天不变，道亦不变；原子核不变，原子亦不变。原子的稳定性问题终于解决喽！耶！

真是心有灵犀一点通啊。从接触到巴尔末公式起不到一个月时间，玻尔就写出论文《论原子和分子的构造》，于 1913 年 3 月 6 日寄给卢瑟福。卢教授并不很能理解和接受玻尔的观点，但还是想办法让它发表。不过老卢希望能把论文搞短些，小玻不乐意，于是装聋作哑，直到老卢再一次去信问道："我想你不会反对我根据自己的判断删除任何我认为不必要的东西吧？"跟爱因斯坦性格相反，玻尔的"移情能力"很好，很乐意调整自己去顺应别人，不过他骨子里其实也犟得很。他马上回复，表示即刻赴曼彻斯特跟教授"共同奋斗"把论文改出来。卢教授这下算是见识这个"谦和"的学生了，整个修改过程，玻尔是不断变着花样地锱铢必较，结果只做了很少的字面改动。论文最终在 7 月的英国《哲学杂志》上发表。紧接着小玻又写了《单原子核体系》和《多原子核体系》两篇论文，发表在同年的同一本杂志上。这就是"伟大的三部曲"。继 J. J. 汤姆逊的"葡萄干布丁模型"和卢瑟福的"行星模型"之后，第三个原子模型——"量子化模型"诞生了。

理论上倒像是那么回事，但是这种不需要时间、没有空间轨迹的位移，是常识绝难接受的。后面我们将会看到，薛定谔一辈子也没有接受这个概念，称之为"鬼怪式的跃迁"。

这第三个原子模型的命运又将如何呢？鬼才知道！

四

不管怎么说，年轻的玻尔毕竟完成了事业上的一件大事，也该轻松轻松了。1914 年夏季，他跟弟弟哈拉德在巴伐利亚境内的阿尔卑斯山区进行了一次徒步旅行。每天 22 英里（合 70 华里），也就是这对曾是前 AB 足球俱乐部队友的兄弟，换其他人一准就累趴了，哪还有心思玩？阿尔卑斯山那真是美呀！已是盛夏时节，山麓郁郁葱葱，峰峦白雪皑皑，幽谷雾霭山岚，山涧清澈小溪。登高极目，田园阡陌，村舍零落，牧笛悠悠，炊烟袅袅，怎一个心旷神怡了得！然夜间寄宿在农家茅舍，山野的静谧却使尼尔斯无端地担忧起"量子化模型"的命运，能否如自己所愿，在物理史上掀起轩然巨澜。心事浩渺连广宇，于无声处听惊雷。

轰！轰！轰！大地在颤抖，空气在燃烧。可惜不是尼尔斯的"惊雷"。1914 年 8 月 1 日，是尼尔斯和玛格丽特结婚两周年的纪念日，第一次世界大战爆发。正在德国南部山区优哉游哉的玻尔兄弟俩立即提前结束旅游，赶在边境封锁之前穿过德国北部回到丹麦。这时玻尔的工作还没安排好呢，在哥本哈根大学当一个事务琐屑的助教。卢教授岂能容许自己的爱徒这样浪费生命？利用进化论宗师达尔文的孙子 C. G. 达尔文教授聘任到期的机会，邀请玻尔去接替他在曼彻斯特大学的教席。这下可好，阿尔卑斯山一游，回来时本来可以走近道的北海已是战云笼罩。玻尔只好舍近求远，绕过苏格兰北部在英格兰西岸登陆。

到达曼彻斯特安排停当，卢教授丢给小玻一篇论文说："这你得好好琢磨琢磨。"玻尔抄起来一看：《论 2536 埃汞谐振通过电子碰撞的激发》，作者：[德] 詹姆斯·弗兰克（James Franck）、H. R. 赫兹（H. R. Hertz）。论文看着看着，玻尔脸色就由红转白，一颗火热的心变得拔凉拔凉的。

有朋友问了，这赫兹该不是证明电磁理论的赫赫有名的那位吧？显然不是，H. R. 赫兹已于 1894 年去世了，但还真有关系，这位是那位赫兹的侄子，算是将门虎子。这位赫兹和弗兰克做的是电离电位的实验。前面说过，绕核电子只要吸收到足够的能量，它们就会脱离原子核，使后者成为带正电的"离

子"。问题是，这"足够的能量"是多少呢？这二位的实验思路是这样的（图
3.5）：一根玻璃管，一头装着"电子源"（K）发射电子；另一头装一"集电极"
（A），收集那头儿发射过来的电子。在玻璃管子充进要测试的汞蒸气。在电压
小于电离电位时，电子与汞原子发生碰撞时，它不会被吸收，只改变方向和速
度，内能不会有损失，称为"弹性碰撞"，就像一个小皮球碰上了大地球。弹性
碰撞的情况下，电子穿过集电极前面的那道栅极 G，集电极这边的电表（PA）
就记录下不断增加的电流。但一旦电压达到电离电位，电子碰上汞原子时，汞
原子就会从电子那儿吸收掉电离所需要的能量，电子与原子发生了"非弹性碰
撞"，被吸收掉能量的电子动能下降，无力越过栅极 G，从而到不了集电极，电
流表记录的电流就下降。

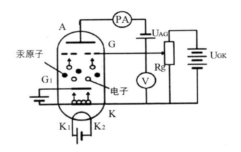

图 3.5　弗兰克－赫兹实验装置

实验果然不出所料。随着电子源的电压慢慢地升高，集电极的电表指针也
缓缓地提升；可是当电压升到 4.9V 时，指针如皮球"噗"地泄气一样径直地
往下掉；之后又慢慢地爬升，到了 9.8V，"噗"地又来一下，到 14.7V 又来一
下。未曾预料到的只有：在每一个关键节点，都伴随有波长为 2536 埃的光的
发出。把普朗克和爱因斯坦的研究拿来一综合考虑，弗兰克和赫兹就都明白了。
爱因斯坦不是说光子可以激发出电子吗？反过来受激电子退激（回到受激前的
状态）不也同样可以辐射出光子吗？把爱因斯坦的公式拿来做逆运算，波长正
好等于 2536 埃！于是他俩对这个实验做出三点解释：第一，汞原子的电离电位
为 4.9V，故在 4.9V 的电位差时，电子的能量被原子吸收（在 9.8V 和 14.7V 时，

它们与上一个峰值的电位差都是 4.9V）；第二，吸收了电子的能量后，汞原子的部分电子被电离，另一部分受激电子退激发出了波长为 2536 埃的光子；第三，根据这个实验，可测定普朗克常数 h 为 6.59×10^{-27} 尔格 / 秒。

好嘛！把普朗克和爱因斯坦的研究都证明了，唯独冷落了玻尔。然而此时的玻尔虽然接受了普朗克的量子假说（否则也不会有量子化模型），却还是爱因斯坦光量子假说的反对者。弗兰克－赫兹实验对光量子的验证就让他心里"咯噔"了一下。最关键的是，按照玻尔自己的原子理论，汞原子的电离电位应该是 10.5V，如此巨大的实验误差，足够判一个理论好几次死刑啦！缓过神来，玻尔写文章对弗兰克－赫兹实验进行了质疑，并提出修正建议，希望他们进一步实验。弗兰克和赫兹两人倒是看到了文章，但已经无暇细细琢磨，更甭说重启实验了。因为他俩很快就应征入伍，赫兹 1915 年就在前线负了伤，倒霉的弗兰克还被派到了最艰苦的俄国前线，染上重病，差点丢了小命。

弗、赫指望不上，那就自己来吧。在卢瑟福的敦促下，同事马考瓦同意跟玻尔一道来做这个实验。可没承想实验室里也发生了"世界大战"——"英国愤青"马考瓦跟"德国愤青"鲍姆巴赫（尽管已不年轻）干起来啦！后者是德国来的玻璃工匠，他的手艺那是相当好，卢瑟福挣到诺贝尔奖金的发射性射线的实验有他一份功劳。这家伙的毛病就是爱国热情太高且自以为是，战争一爆发，他就俨然德意志帝国参谋部的外派人员，经常在实验室发布帝国未来战争计划，通报一起工作的英国佬："等着吃苦头吧！"爱国青年马考瓦又岂容"敌国"刁民动摇大英帝国的战斗意志？于是每每向鲍姆巴赫发出最后的吼声——"Shut up!Shut up!"（住嘴）这动静闹大了就引起了警方的注意，英国警察依照战时管理条例对鲍姆巴赫实施拘捕。实验室这下就坍台喽！这还不算，在鲍姆巴赫离开的日子里，实验室居然意外失火，实验设备更是被烧得一塌糊涂！紧接着，"英国愤青"马考瓦也被派往前线。实验是彻底搁置了。

玻尔的运气比爱因斯坦还是好些，量子化模型至少不是"一片反对"，好歹还混了个"毁誉参半"。反应最强烈的要数 J. J. 汤姆逊，他明确地表示原子模型的建立根本不需要经典理论之外的任何理论。洛伦兹则直接向玻尔质疑：

"你的这一套东西在经典力学的框架内作何解释？"阿尔卑斯之游前，玻尔在德国哥廷根做过学术演讲，有当事者描述了当时的情形："玻尔的德语很糟，而且声音太轻。坐在前排的都是大人物，他们都摇头说：'如果他不是胡说八道，至少也是毫无意义。'"最有意思的是因辐射公式而齐名的瑞利和金斯。年过花甲的瑞利以"年轻时发过誓，60岁以后不参加学术讨论"为由，委婉地以沉默表示了他对玻尔观点的反对。而金斯则在不同的场合表示出热情洋溢的支持。酷爱音乐的爱因斯坦高度评价这个量子化原子模型是"思想领域最高形式的音乐"，这让玻尔备受鼓舞，尽管玻尔还对光量子假说持批评态度。

最值得一提的是慕尼黑大学的物理教授索末菲。早在"伟大的三部曲"刚发表的时候，才放下《哲学杂志》他就冒了一句："这将是理论物理史值得纪念的日子。""一战"他算是发了"战争财"的。两个科学家因是"敌国公民"被扣在慕尼黑不得回国，这哥儿俩也"敌我不分"，充当索末菲的助手，共同研究量子化模型。外面同盟国和协约国军队血腥厮杀，实验室内却在谱写着科学家团结攻关的颂歌。在他们的帮助下，索末菲发展出玻尔模型的"精细结构"，提出用椭圆轨道代替玻尔原子的正圆轨道，加进了相对论的解释，引入轨道的空间量子化等概念，成功地解释了氢原子重光谱，把应用范围从单电子原子推广到多电子原子。所以现在量子化模型也叫"玻尔－索末菲模型"。嘿，这原子模型，就越来越像一小太阳系啦。

哎，弗－赫实验怎么样了？这可是"判决性实验"哪！哎哟，谢谢提醒，要不我还真忘啦。1917年，美国两个实验物理学家戴维斯和高切重做了弗－赫实验，证明了4.9V的电位差并没有使汞原子电离，而是使汞的电子从基态激发到了相邻的最低能级。于是一切都顺理成章啦，4.9V不是"电离电位"，而是"激发电位"：汞原子电子的能量是量子化的，基态与相邻定态的能量差为4.9V。当试管电压U增高时，电子被加速，但它的能量小于4.9V，因为达不到汞原子的基态电子被激发所需的分量，所以不被理睬，可以顺利到达集电极，电流逐渐增大；电压U升到等于或大于4.9V时，电子的能量就被汞原子电子吃掉激发所需的一份，汞电子从基态跃迁到高一级定态，电子靠被吃剩的能量就翻不过栅极到达集电极，电流减少；汞电子随即退激跃迁回基态，释放出波长为2536埃的光子。接下来 U 继续增高，失去动能的电子被重新加速，到达 PA 的电子增多，电流重新回升，至 U=2×4.9V 时，这些电子的动能又达到或超过4.9V，从而又被回到基态的汞电子一口吃下，电流又突然下降，随即汞电子又退激，又释放 2536 埃的光子。因此电流重复出现增大到突然减小的现象，均在 U＝n×4.9 V（n 为正整数）时，也就是电位差 U0 ＝ 4.9 V 时出现（图 3.6）。

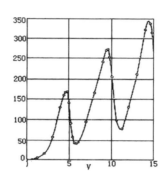

图 3.6　弗兰克 – 赫兹实验曲线图

电势差每相隔 4.9V，电流计记录的电流都会突降一次。

弗、赫自此也承认了实验的玻尔解释。常言道赌场无父子，看来科学圈也不例外。1887 年，H. R. 赫兹的实验把麦克斯韦恭送上神坛，时隔 30 年，侄子 G. L. 赫兹的实验却把麦克斯韦推上了被告席。类似的，J. J. 汤姆逊于 1906 年因证明电子是粒子被授予诺贝尔物理学奖；31 年后，儿子 G. P. 汤姆逊获同一个奖，获奖理由却恰恰相反——他证明了电子是一种波。唉！长江后浪推前浪，前浪死在沙滩上。

五

我们已经知道，玻尔获得了 1922 年的诺贝尔物理学奖。3 年后，1925 年，弗兰克和赫兹也走上了诺奖的领奖台。人们自然会认为，后者是沾了前者的光。

但我们必须看到，弗－赫实验是科学史上一个伟大的判决性实验，在具象意义上，它判定了"原子"的存在；在抽象意义上，它肯定了量子概念的成立。我们谨小慎微的"量子之父"普朗克，在量子概念上左右彷徨、进退维谷十几年，直到这个实验才真正确信无疑。

两千多年前，希腊哲学家德谟克利特（Democritus，约公元前460—公元前370年）提出了"原子"概念；两千多年后，J. J. 汤姆逊"看见"了"电子"，卢瑟福"看见"了"原子核"，而玻尔最终让我们"看见"了由电子和原子核组装的"原子"。

耐人寻味的是，弗－赫实验证实了玻尔的电子跃迁的假说，故成为玻尔量子化原子模型成立的判决性实验。同时这个实验意外地成为一个可以测定原子电子轨道能级差的实验，比如我们谈到的4.9电子伏，而正是这个"能级差"概念，日后将成为动摇玻尔理论的杠杆。唉！什么叫"前仆后继"啊？你把别人打倒了，保不准哪天又被别人打倒。革命时期的科学家必须有良好的心态，惯看各种理论的生生灭灭。然而这就是科学的魅力所在。它永远会逼迫人们去解决问题，又永远会自生出新的问题，从而使科学这条大河永远有汹涌澎湃的动力，永不停歇地奔向一个不确定的远方。玻尔的伟大历史功绩，不是以优美的简单性解决了一个问题，而是掀起了一个更复杂的问题巨澜，无情地冲刷掉一切科学的惰性，在日后挑动各路科学精英纷纷投入一场惨烈的混战，像奥德修率领的勇士一样，高举火炬从木马中杀出，在经典物理的特洛伊城点燃一场熊熊烈焰，召唤量子力学这只火凤凰从劫后的灰烬中卓然升腾！

营地夜话（1）

女士们、先生们、朋友们：

终于结束第一阶段的旅行，车马劳顿，风餐露宿，担惊受怕，大家辛苦啦！咱们安营扎寨——休息。不过大家精神也不要松懈。还记得卢瑟福实验室的"德国愤青"鲍姆巴赫吗？他有句名言："等着吃苦头吧！"还有更艰险的路要走，耗子拉铁锨——大头还在后面呢。现在我们之所以不适，是因为刚从风和日丽的牛顿王国来到波诡云谲的量子地界，就像长途飞行时差还倒不过来。我就闲聊几句权当帮大家倒倒"时差"。

来瓶二锅头，舒筋活络，消乏解困？

我们已经拜访过的三位：普朗克、爱因斯坦和玻尔，史称旧量子力学"三大教父"。这哥儿仨，是一个半德国人和一个半犹太人的梦幻组合。德国人，普朗克算一个，爱因斯坦算半个；犹太人，爱因斯坦算一个，玻尔算半个（母亲是犹太人）。这么一个奇怪的组合，在牛顿王国的朗朗乾坤下首举叛旗，在一个远离经典的新大陆上成功登陆，在本以为已经勘定的科学地图上画上了吉凶未卜的一笔。

这个科学的新大陆不可避免地带上德国人的性格。17 世纪下半叶，英国人牛顿与德国人莱布尼兹为"微积分"的优先权闹得不可开交。尽管科学法院最后判定是二人的各自独立的发明，共同拥有优先权，但微积分在二人的手上功用完全不同。注重实用的英国人用它做工具构建了一个简洁、优美、精确的科学体系，于是牛顿无可争辩地成为经典物理帝国永不逊位的国王。而德国人则从微积分那里看到了混乱现象背后的绝对秩序，在莱布尼兹的单子论体系里，它被哲学化为宇宙的基本法则——连续性原理。他把"自然界从不做飞跃"的箴言刻进了时代灵魂的最深处。如果牛顿是唤醒科学早晨的百灵鸟，莱布尼兹则是夜晚森林里沉思的猫头鹰。所以，牛顿对莱布尼兹不应有恨。当牛顿王国反叛的枪声零零落落响起的时候，莱布尼兹不动声色地发兵勤王，以连续性的理念抵御量子理论的间断性模型。从德国慕尼黑走出来的二位，从面上看是天差地别毫无相似之处，但骨子里对绝对秩序的追求是他们生命存在的理由。普朗克失手点燃了一个火药桶，连续的魔咒就使他连续地惶恐。爱因斯坦虽表面咋咋呼呼，内心里其实是试图以一种全新的形式恢复17世纪就已钦定的绝对秩序。

如果说普朗克引燃了一颗量子的火星，爱因斯坦在快冷却的灰烬上吹了一口气让它复燃，玻尔则浇上了一桶汽油酿成了一场大火。当微观世界的大门被吱吱呀呀地撬开，经典物理派出的皇家卫队发现完全被拒之门外，倒是横空出世的量子部队在里面屡屡得手，频频建功。是的，量子理论从一开始就不是不堪一击的散兵游勇，它是一支不可忽视的战斗力量。

但起义的革命领袖们并没有做好独立建国的打算，他们更希望能与老帝国和谐相处。别看26岁就起兵造反的爱因斯坦头长反骨，但他把相对论王国与牛顿王国的外交关系处理得十分得体。在相对论王国高速运动的大尺度空间里，"尺缩""钟慢""光曲"这些妖魔鬼怪，一旦乘坐精妙的"变换式"海轮过渡到牛顿慢速运动的小尺度空间，它们就会趋向于无穷小，可以忽略不计，隐身于无形，就当它们不存在。牛顿亲自制定的"牛四条"依旧岿然不动，老王国的一切法律照样遵循无误。首先带兵突进原子城堡的玻尔司令，同样面临着与牛顿王国的外交关系问题。"牛四条"在这个新世界里肯定是不行啦，但他在这里很无奈，在昔日王国的版图上依然可以很精彩呀。向爱因斯坦同志学习，制定出一个睿智的外交关系准则，量子理论与牛顿王国还是可以和平共处的。这就是玻尔打造的"对应原理"。对应原理的主要内容是：在原子范畴内的现象与宏观范围内的现象可以各自遵循本范围内的规律，但当把微观范围内的规律延伸到经典范围时，则它所得到的数值结果应该与经典规律所得到的相一致。咱两家铁路警察各管一段，相安无事，和平共处。

这一个半犹太人打造出来的量子理论，在这个阶段还像犹太民族一样，是个没有祖国的游魂。靠一次次的顿悟，他们却挑战着最博大精深的问题。现在还没有独立的疆域、自己的宪法等法律。跟牛顿王国堂皇严整的公理大厦比，它只是一个基础薄弱的小茅寮。它从事的似乎也不是独立的事业，只是给经典物理拾遗补阙；先驱者们装备的也是精良的传统武器，量子理论倒像是不登大雅之堂的邪门暗器，每次都是迫不得已时才拿出来使用。但它有顽强的意志和韧性的战斗，这支衣衫褴褛的战斗兵团初试身手就显示出了不死的生命和强悍的战力。现在量子兵团像当年的哥伦布一样登上了一个新大陆，却一下子傻了眼，完全没有传说中的文明富饶——雄伟的建筑，繁华的街市，熙攘的人流，遍地的财宝。有的只是荒蛮的土地，迷茫的森林，湍急的河流，神秘的山谷。瘴气弥于林，妖雾积于谷，乌云行于天，魔风啸于野。老国王密授的锦囊，打开来全无妙计；纵有百种神器，也降不住魑魅魍魉。然而釜已破舟已沉，身后是狂浪万顷。只有一切从头再来，置之死地而后生，血战一场，也许曙光在前。

我们的量子精灵现在已经有了自己的生命和逻辑，就算是它的教父们恐也难以驾驭。这个古灵精怪的家伙，不招人待见却驱之不去，曲径走到微妙处，它总能为人之所不能为，一展其惊人的魔力和迷人的风采。它将拽着老主人，激励着新生代，为自己打造一片独立的天地，开创属于它自己的纪元！

> 去吧，摩西，
> 去往遥远的埃及，
> 告诉老法老，
> 让我的人民离去。

——黑人圣歌：《去吧，摩西》

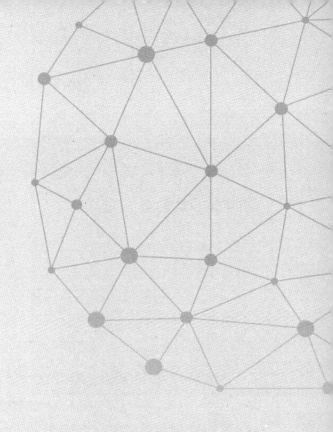

量子世界

LIANGZI SHIJIE

第二篇 | 新量子力学

第四章　梦幻金三角

一

1918 年 11 月，以德国为首的同盟国战败，第一次世界大战结束。德国再次沦落到 1806 年普鲁士国王威廉三世的境地，割地赔款，百业凋敝。1920 年，玻尔应邀到柏林做学术演讲，拜访爱因斯坦时"顺便"带了些奶油和其他食品，爱因斯坦的堂姐兼表姐亦是妻子爱尔莎的谢词是："看到这些食品，我这个家庭主妇的心都醉了！"

面对危局，德国人再次祭起威廉三世的教育科学兴国的大旗。所不同的是，德国科学在世界上的地位，已经不是威廉三世时代可比——它已经超越了英国，处于世界领先的地位。我们前面见过的量子物理三大教父，有两位就在德国，就是那"一个半德国人"——普朗克和爱因斯坦。德国科学特别是物理学在"一战"后继续保持甚至发展了它在世界上的领先地位，这两位无疑起到了不可或缺的作用。

他俩在"一战"中的表现可是迥然有异。普朗克是个忠诚的爱国者，当时信仰国家主义。大战之初，德国学者发表了臭名昭著的《告文明世界宣言》，公然为德国的罪恶战争张目。在《宣言》上签字的共有 93 个德国学术精英，包括普朗克。爱因斯坦则是个世界主义者及和平主义者，他不仅拒绝签字，而且强烈谴责这个《宣言》，反其道而行之，他携另几名科学家发表了《告欧洲人宣言》，毫不妥协地公示自己的反战态度。

在国际科学界，"科学有国界"和"科学无国界"两种观点针锋相对。英国皇家天文学会会长爱丁顿爵士显然持有后一观点。大战刚结束的1919年，他就组织英国科学家跨国越洋地为"敌国"科学家爱因斯坦的广义相对论做了"伟大的验证"，此后又力排众议邀请爱因斯坦到英国做学术演讲。正是在这次活动中，爱因斯坦对科学有无国界的问题做出了自己睿智的回答："科学无国界，但科学家有祖国。"在法国情况就要糟糕些。1922年，爱因斯坦应朗之万教授之邀赴法讲学，不得不秘密潜入巴黎，而且必须取消一个在科学院的讲座，因为爱因斯坦一旦进入科学院大厅，就会有30名院士按既定方针退场，以抗议"讨厌的德国人"。爱因斯坦虽出生于德国，但他已经于1896年脱离德国国籍。1913年，由于普朗克的力邀，才重归德国并再次入籍，他拥有瑞士和德国双重国籍。爱因斯坦会不会再次脱德成了德国政府和科学界的心病。

斯堪的纳维亚，这个曾经盛产海盗的地区，在"一战"后却表现出了宽容与大度。1918年，瑞典科学院决定把诺贝尔化学奖授予哈伯，1919年，把诺贝尔物理学奖授予普朗克和斯塔克，这三位全是德国人，而且哈伯是德国的"毒气之父"，他的发明在"一战"中起了重要作用。科学界舆论大哗。玻尔作为丹麦的科学领袖，他与德国同人正常的友好关系和紧密的往来接触也深受国际科坛激进分子的诟病。

在这段最艰难的岁月，普朗克、爱因斯坦，无疑是德国科学的脊梁，可是，至少在量子物理上却不是灵魂。普朗克已经60多岁，爱因斯坦则把大部分精力用于相对论和统一场论的建设，深层次的、他那种对现象"背后"绝对秩序的偏好，在这个领域已经成为障碍，而且越来越明显。这两位巨人工作所在地的柏林，也越来越涂上了传统和正统的色彩，新兴科学的触角，必须伸向它以外的地区，寻找革命的另一个爆炸点。

二

阿诺德·索末菲（Arnold Sommerfeld），1868年出生于东普鲁士的柯尼斯堡（著名哲学家康德的故乡）。大学主修数学，取得博士学位后最初从事数学教学。1894 年，任著名数学家菲利克斯·克莱因（Felix Klein）的助手。1900年，在克莱因的极力推荐下，索末菲以物理学教授的身份出现在亚琛工业大学。1906 年，出任新成立的慕尼黑大学理论物理学院主任和教授。玻尔提出原子的量子化模型时，索末菲就是量子假说的坚定捍卫者和积极推动者。1922 年，索末菲出版了根据 1916 年至 1917 年在慕尼黑所开课程编写的《原子构造与光谱线》，是一个综合性的教程，成为第一次世界大战后一代物理学家研究原子理论的"圣经"。之后这部教程一版再版，并且于 1923 年翻译成英文。这应该是旧量子力学的集大成之作了。

1918 年 10 月，索教授家里来了个来自维也纳的不速之客——18 岁的奥地利孩子沃尔夫冈·恩斯特·泡利（Wolfgang Ernst Pauli）。"沃尔夫冈"是与他父亲相同的本名，他的父亲是一名很有成就的生物化学家、维也纳大学教授。老泡利有犹太血统，原信犹太教，后改信天主教。小泡利的中间名"恩斯特"就是取自教父恩斯特·马赫（Ernst Mach）的名字，马赫是伟大的奥地利物理学家和哲学家，他的实证主义哲学影响了泡利一生的学术发展。孩子带来了父亲写给索教授的介绍信，提出了一个很过分的要求——跨过大学课程，直接听研究生课程。索教授能同意吗？ 1900 年，小泡利跟量子概念同年诞生。如果说他的科学天赋是父亲的遗传，那么身为作家的母亲则给他的性格增添了戏剧元素。他酷爱读书，不喜欢运动，但热衷看戏剧和参加舞会。自小就才智过人，成绩优异，特别是数学。在中学，他所在的班号称"天才班"，日后出了两位诺奖获得者。对于小泡利贪婪的胃口，学校是喂不饱的。因此从中学起他就自学大学课程，而且还经常去附近的工学院听课。大概是这个机缘，12 岁时听过来讲学的索末菲的演讲。一胖乎乎的小屁孩挤在大哥哥中间挺抢眼的，所以演讲完索教授特意过来问这小孩："听懂了吗？""听懂了，"小泡利愣头愣脑地回答，"但黑板左上角写的那些除外。"索教授回头一瞅，发现是自己写错了！

不管什么原因，总之索末菲同意了泡利的"过分要求"。还有更"过分"的呢。研究生的课没听几天，小泡利又要求参加高级班的讨论课。索教授嘴上是答应了，心里却不以为然——还没学会走呢，你就想飞呀？但事实又一次让索教授大跌眼镜——泡利居然是高级班里接受和理解最快的学生！1921 年数学家克莱因主编《数理科学全书》，把有关物理学的第五卷的编辑任务交给了自己曾经的学生和助手索末菲。相对论部分，索末菲想请爱因斯坦主笔未果，自己写，时间精力又有限，于是邀请泡利与自己"合作"。这时 21 岁的泡利正在写博士论文呢，接到任务后居然在很短的时间内写出了 250 页的综述。看过书稿后，索末菲就觉得没自己什么事了，于是"合作"就改成了学生的独立撰稿。1922 年，爱因斯坦对此文的评价是："读了这篇成熟的、构思宏伟的著作，谁也不会相信这是一个 21 岁的人写的。"这篇原本只是一部全书的一个词条文章，后来独立成书，成为物理学史上的一部经典。

小泡利冒闯慕尼黑刚过两年，1920 年，索末菲又遭遇另一愣头青——19 岁的海森堡。维尔纳·海森堡（Werner Heisenberg），1901 年出生于巴伐利亚州小城乌尔兹堡。1910 年，海森堡一家迁居慕尼黑。父亲在慕尼黑大学担任中世纪及现代希腊语言学终身教授，算是索末菲的同事。母亲是一高级文科中学校长的女儿。跟泡利一样，海森堡从小才华横溢。受家庭氛围的熏陶，他的古典文学和古典音乐功底很好，跟少年普朗克一样，也考虑过是否选择以音乐为职业。不过数学让他更有成就感。家里的一个朋友准备化学博士的考试，竟让 14 岁的海森堡辅导数学。稍长，著名数学家韦尔（Weyl）一本高深莫测的《空间、时间与物质》让他如痴如醉。

1920 年，高中毕业的海森堡的理想导师是慕尼黑大学的数学教授林德曼（Lindemann）。也许是无缘，海森堡去拜访那天这位 60 岁的老教授正身体不适、心情不好，听这孩子说要拜到自己门下便不耐烦地问："最近读了什么书？"小海信心满满地回答："韦尔的《空间、时间与物质》。"不料这正犯了林教授的忌。老派的林教授对时尚有本能的反感，觉得韦尔的歪门邪道毁了数学。这孩子如此津津乐道，看来也不是什么踏踏实实的善类。于是，当即给韦尔的数学前途判了死刑并立即执行，他决绝地对这孩子说："那你就根本不能学数学了！"历史要大大地感谢林教授的拒绝！

退而求其次吧，沮丧的小海想，理论物理毕竟与数学还沾边，所以才找到索末菲。到了索教授这儿他一点也没吸取在林教授那儿的教训，又一次夸夸其谈韦尔的《空间、时间与物质》。小家伙的好高骛远让索教授心有不爽，谆谆教导他学术要从小题目开始而不是从最难的问题开始。小家伙不识趣地继续吹嘘："我对大题目后面的哲学问题更感兴趣，而对小题目不太有兴趣。"索教授也是好耐心，继续教导说："大诗人席勒说过：如果国王要建造宫殿，那么推车的人就有事情可做啦。"言下之意，你给我把手推车先推好。索教授会收海森堡吗？嘿，泡利那么跩都收下了，这位又算得了什么？

泡利和海森堡，这两位年龄相差一岁的同龄人，从此兵合一处，物理学将会被这对捣蛋鬼搅得天昏地暗。

三

1921 年夏季，21 岁的泡利以德国教育部规定的最短年限（六个学期）获得博士学位。博士论文的题目是《论氢分子离子的模型》，是一个相当高难度的论题，索末菲给了最高分。接着，由索末菲推荐，泡利赴哥廷根大学当玻恩教授的助手。

哥廷根是德国北部一座小城，到现在也就 13 万人口，相当于我们一个中等县城。绿草如茵，花团锦簇，风光秀丽，故有"花城"之称。市中心广场矗立着一座《牵鹅少女》的塑像，永远向路人展现天真无邪的微笑。每年城里的学子获得博士学位后按例都要来亲吻少女的脸，她因此成为全世界收吻最多的姑娘。因为哥廷根最响亮的名称是"学术之城"，这弹丸之地，居然出了四十多位诺奖得主。而学术的首善之区，当数哥廷根大学。这座建于 18 世纪上半叶的高等学府在德国历史上有不俗的地位，现在它将会因玻恩教授而锦上添花，大放异彩。

马克斯·玻恩（Max Born）1882 年出生于德国城市布雷斯劳（现波兰城市弗罗茨瓦夫）一个犹太人家庭，父亲是布雷斯劳大学的生物学教授。小玻恩记忆力不好，学习成绩中等。数学成绩尚可，但他兴趣不大，对欧几里得几何学甚至讨厌，说它像席勒的戏剧一样，"每行都是无休止的蠢笨说教"。为提高他的学习成绩，父亲有时不得不为他请补习教师。小玻恩对手工倒是十分热爱，他的房间不像书斋倒更像车间，挤满了车床和各种工具。由于母亲去世过早，使得他在很小的时候就感受到了无人倾诉的孤独，于是音乐就成了他倾诉的方式。

　　1900年7月，父亲去世。他和父亲的最后一次谈话是大学专业的选择。小玻恩凭兴趣说希望成为一个工程师，父亲劝他可以暂时不固定专业，把各专业的课先听一听。在父亲生前的助手拉赫曼的影响下，玻恩先是阅读了康德、黑格尔和马克思等人的哲学著作，后来又对天文学产生了兴趣。到1901年入学时，在拉赫曼的影响下，最终选择以天文学为主修专业。小玻恩听从父亲的劝告，还兼修了数学、物理等各个学科。很快他就发现天文学这碗饭不是他吃的。问题发生在计算毛糙上面，总是不知道什么环节就算错了，在玻恩的记忆中就从来没有算对过一个星体的运行轨道。玻恩不是那种很用功的学生，加上两个母亲（包括后母）家里都很有钱，德国的自由选课制度就被他利用得淋漓尽致。大学头三年，他就去过了海德堡和瑞士的苏黎世。大四时他游学到了哥廷根大学，因为那儿除了有名的克莱因，新近最耀眼的"数学双星"（因为这二位总是傍在一块儿）——希尔伯特和闵可夫斯基——也被克莱因成功引进。我们知道克莱因很注重应用数学，而"双星"更是物理和数学双栖科学家。上希尔伯特的第二节课，玻恩就荣幸地被任命为教授的助手（没有薪水），负责课堂笔记。而闵可夫斯基则是他后母的故交。所以玻恩跟这二位都发展了很好的私人关系。不经意间，我们的手工家、工程师玻恩，就过渡为一个理论物理学家。

　　1921年，玻恩被聘为母校哥廷根大学物理实验室主任和教授，接替刚去世的伏格特。他对这个聘任有些疑虑，毕竟自己不是实验物理学家。玻恩虽是个学者，但与他感情甚好的外公是个企业家，也曾希望玻恩能到他的企业接班，且玻恩在选择专业时也考虑过经商，总之玻恩也许因此比一般的学者多了些精明。为了这个聘任，他专门跑到柏林教育部，要求查看相关文件，看看有什么机会。真是功夫不负有心人，他在教授任命的文件里找到了一个破绽。原来这个实验室有两个特聘教授的教席，一个是实验物理的玻尔教授，后面注明了："任职者去世作废。"玻尔当时很年轻，这个附加条件其实无意义。偏偏是刚去世的伏格特教授，本来也该有这个附加条件的，但可能是秘书不在意抄漏了。而玻恩是以"常任"教授名义聘请的，这就意味着他还有一个未被作废的"特聘"教授名额。于是他就抓住了这个机会，聘请了在游学时结识的弗兰克主持实验物理。玻恩这下赚大发了！这位弗兰克就是前面"弗－赫实验"中见过的那位，再过几年他就要登上诺奖的领奖台了。玻恩自己说："哥廷根的物理学派20年代是非常兴旺的，而兴旺主要缘于一个书记员的抄写错误。"

好了，现在哥廷根物理实验室实现了最佳配置，玻尔是专于实验物理，玻恩擅长理论物理，而弗兰克则是理论和实验双栖。哦，不是还有个泡助理吗？对。不过玻恩说这家伙没起多大作用。玻恩终身都有哮喘病，有时病起来要躺两三天，这就需要泡利代课。但几乎每次他都忘记了。让女仆去叫时，都能发现这哥们儿还熟睡正酣呢。有泡利的邻居向玻恩反映，说这家伙每晚总在书桌前摇头晃脑到凌晨两三点，像个念经的佛爷，该不会有什么毛病吧？玻恩只好跟别人解释："绝对是正常人，不过他是一个天才。"

到1922年年末，由于索末菲去美国讲学，就建议海森堡到外校"换换空气"，于是海森堡就投到了玻恩的魔下。这时泡利已应玻尔之邀到哥本哈根工作去了。海森堡的聪明同样令玻恩欣赏，而且他比泡利会做人，工作也更踏实。于是玻恩就有了让他毕业后接替泡利角色的提议，这时的海森堡也许还有别的想法，不置可否。就这样，海森堡一边听听课，写写博士论文，顺便也帮玻恩做点事，就待到了来年的夏天。

1923年7月23日，从哥廷根回慕尼黑的海森堡参加了博士学位考试的最后的"面试"。在此之前，他的博士论文《关于流体的流动和湍流》已经得到了索末菲给的最高分。这个"面试"没有我们现在的论文答辩那么庄重，因此也叫"谈话"，走过场而已。以前还没听说过有因为面试不过关而拿不到学位的，何况海森堡的论文又那么优秀。所以海森堡是高高兴兴离开哥廷根的，玻恩也没太当回事。

大概是做非常事之人必遇非常之事。24日一大清早，玻恩一打开家门，似乎从天而降的满脸晦气的海森堡就把他吓了一跳！没有问候，小家伙没头没脑地就来了一句："你当初要我当助手的邀请，现在还作不作数？"怎么回事儿呢？

原来海森堡轻视实验物理，实验课从不认真上，实验也不认真做，只要老师关照不到就溜号，在实验室里啃理论物理。这种事做了也就算了，不说话能把你当哑巴卖了吗？偏偏这小家伙嘴巴还不老实，到处宣扬："做实验纯粹是浪费时间。"这可把实验物理教授维恩给扎扎实实地得罪啦。这维恩可不是等闲之辈。想起来了吧？我们在普朗克那一章里见过他，提出过黑体辐射公式，并且是诺奖获得者。报应啊！现在的面试分两个部分——理论和实验。理论由索末菲负责，自然没问题。但实验由维恩负责——海森堡一听到这儿头皮就发麻！

"好吧，先问你个简单的问题，光学仪器的分辨率问题。"维恩提问。

海森堡头脑"嗡——"地就炸了，支支吾吾回答不上。其实这不只是维恩的，当然也是当时所有物理学家的"简单"问题，当海森堡最终看出它的不"简单"时，量子力学就诞生了。不过这是后话，现在海森堡还必须接受"简单"的打击。

"如此简单而重要的问题你都回答不上，看来我们是在'浪费时间'喽？"

维恩把"浪费时间"这几个音发得很有韵味，让这个小家伙饱尝自己曾经狂悖的报复。

接着维恩又问了个更"简单"的问题——铅板蓄电池的工作原理。海森堡还是回答不上，只是在心里犯嘀咕——这该去问汽车司机呀！

现在轮到索教授"嗡——"啦！维教授的意见是不及格，而学位的评定是一票否决制啊。苍天哪大地！如此天才学生居然拿不到学位！索教授那个着急哟！上蹿下跳，好说歹说，终于说服大家给了个"可"——当时的分数有"优、佳、良、可"四级。在索教授看来分是低了点，但总算能戴博士帽啦！显然是老师比学生高兴，忙回家组织了一个家庭晚宴，庆祝海森堡荣获博士学位。但心高气傲的海森堡还是觉得挺丢人的，怎么也高兴不起来，找个借口早早退场，乘上夜班火车连夜赶回了哥廷根。

听完原委，玻恩哈哈一笑，拍拍小海的肩膀说："你就踏踏实实在我这儿干吧。"玻教授当学生时也不是什么省油的灯，小海这点事儿在他看来小菜一碟。

在玻恩的领导下，哥廷根物理实验室办得生机勃勃，成为独树一帜的哥廷根学派。玻恩和弗兰克组织的每周活动一次的"物理结构讨论班"被戏称为"玻恩幼儿园",吸引世界各地的物理学青年才俊。讨论班提倡大胆地提问题,包括"愚蠢"的问题,无拘无束地讨论,老师讲课可以随便被打断。闲暇时,玻恩还会跟学生远足、野餐、散步。学生还经常有幸被邀请参加玻恩夫妇钢琴合奏的家庭音乐会。我看过一张照片——清癯的玻恩笑眯眯地揪着胖乎乎的泡利的耳朵——浓浓的"父子情"温暖得让人感动!从这所"幼儿园"出来的学生,日后不少人成了量子革命中叱咤风云的英雄。他们有:泡利、海森堡、康普顿、狄拉克、约尔丹、费米、玻尔、奥本海默……

四

1922 年 6 月,花团锦簇的哥廷根迎来了一次狂欢——物理思想的狂欢。玻尔应邀到此做了关于原子理论的一系列演讲。原子理论作为当时物理学最前沿的学科,玻尔又作为这个学科的领军人物,这么一个活动无异于我们现在的天王演唱会,具有山呼海啸式的轰动效应。不仅本地的科学家,外地的也闻讯而来。比如,索末菲就携他的高足海森堡来了。这样,已经初具雏形的量子物理金三角的三大巨头——玻尔、玻恩和索末菲,就有了具有历史意义的第一次聚首。这次活动,后来被科学家们称为"玻尔演讲节",是量子物理史上的一次意义深远的思想盛宴。

把"玻尔演讲节"比作当今那种如痴如狂的演唱会确实流于低俗。玻尔的演讲场面不失热烈,小小的礼堂被挤得满满当当的。前排就座的有刚才提到的物理巨头,还有希尔伯特之类的数学巨头,更多的是追星的大学生、研究生和青年学者。然而会场的气氛却是沉闷的,玻尔这个具有强烈表达欲的人物,却偏偏口齿不清、音量不足,加上思想深邃,不知有几人听得清、听得懂。但是演讲内容深刻的震撼力,犹如地壳深处的岩层断裂,其无与伦比的力量,只有在地动山摇的地震爆发时才会被世人普遍感受。特洛伊战争打了十年才取得破城的胜利。现在,玻尔量子化模型的提出已经九年,安排这么一次哥廷根聚首有如宿命，为量子革命的二次爆发积聚最后的能量。正是在这个"玻尔节"上，历史把泡利和海森堡这两员年轻的悍将交到了玻尔手上。而索末菲和玻恩这些老将，也因为"玻尔节"造成的强大势场更把关注的目光齐聚到这门新兴的学科，实现了量子革命三大军团的大联合。

在某次演讲上，玻尔谈到了他的荷兰籍助手克拉默斯关于氢原子的二次斯塔克效应的计算，他说尽管理论还有许多内在的困难，但相信计算是正确的。正好海森堡对这个问题有过研究，在讨论时就直言不讳地指出，克拉默斯的错误不是技术性的，他的经典物理方法计算根本不可能得出正确的结果。玻尔没有给予海森堡满意的答复，但约他到海因伯格山散步。海森堡在回忆文章中是这样描述这次"我真是求之不得"的谈话的：

> 我们在林木茂盛的海因伯格山坡上边走边谈。那是记忆中关于现代原子理论的基本物理及哲学问题的第一次详尽的讨论，自然对我以后的事业有着决定性的影响。我第一次了解到玻尔对他自己的理论比其他别的物理学家（如索末菲）更持怀疑态度；我还了解到他对该理论结构的透彻理解并不是来自对基本假设的数学分析，而是来自对实际现象的深刻钻研，因此他能直觉地意识到内在的关系，而不是形式上把关系推导出来。

由于牛顿的成功，他那种从几个基本假设（"牛四条"）出发推导出一个公理体系的方法，在欧洲大陆，特别是德国，已经演变成一种理性主义哲学，并泛化成大陆科学家普遍的思维方式。这种哲学和思维方式如何顽固地起着作用，我们将在以后的爱因斯坦的身上明显看到。谢天谢地！这种思维方式还没有在泡利、海森堡这种二十多岁的年轻科学家身上根深蒂固的时候，玻尔以他的理论，他的言传身教，对其进行了深刻的震撼和致命的打击，为量子理论的未来发展预留了进路——尽管它还是那样艰难和崎岖。在这个"玻尔节"的会下活动中，玻尔向泡利和海森堡这两个未来革命的年轻主帅都发出了哥本哈根的郑重邀请。

哥本哈根的玻尔，现在可是"财大气粗"，不仅在精神上，而且在物质上。

哥本哈根原子物理研究所的实验室于 1921 年建成，这是玻尔利用他在科学界的名望"敛财"的成果，实验室不仅获得了政府的拨款，还在老师卢瑟福和同人索末菲的帮助下，从一个民间的基金会募到了一笔巨款。玻尔研究所成为全世界的物理学家，特别是青年物理学家的朝圣地麦加，物理学新思想在这里得到密集交流和巨量集散，成为即将发生的量子理论"二次革命"的策源地和总指挥部。

1922 年 10 月，泡利获得洛克菲勒奖学金到哥本哈根工作学习了一年，此后虽然异地工作也"常回家看看"，成为哥本哈根学派一名重要成员。在这里，由于玻尔虚怀若谷的胸怀、从善如流的品格，营造的畅所欲言的氛围、自由讨论的风气，使泡利的才能得到了最充分的发挥，也"惯"出了他犀利尖刻的"毛病"。海森堡跟泡利好像是亦步亦趋。1924 年 3 月，海森堡应玻尔之邀到哥本哈根做短期访问。初来乍到，玻尔就带他去北西兰岛做了一次徒步旅行。清远落暮的小渔村、中世纪的古老城堡、文艺复兴的典雅建筑、茂密的原始大森林、碧波荡漾的湖泊、一望无际的大海，斯堪的纳维亚的旖旎风光，让这个才23 岁的孩子欢快莫名，竟忘形地高叫："我一秒钟都不愿想物理学！"玻尔也兴致勃勃，跟海森堡完全没了年龄差距，两人在海边比赛投远。有次在空无一人的街道上，海森堡用石块向远处一根电线杆扔去，竟意外地击中了。这时玻尔又还原了他哲学家的本性，若有所思地说："如果存心，根本不可能击中；冒冒失失地干，还荒唐地希望能成，反倒就成功了。"

也许这个时候，玻尔和海森堡，都在荒唐地希望着什么。

五

喜欢看足球吗？历届世界杯上，巴斯滕、古利特和里杰卡尔德的"荷兰三剑客"，克林斯曼、马特乌斯、布雷默的"德国三驾马车"，普拉蒂尼、吉雷瑟和蒂加纳的"法国铁三角"，罗纳尔多、里瓦尔多和罗纳尔迪尼奥的"巴西三 R 组合"，一定给你留下了美好的印象。那行云流水的推进，逻辑严谨的转移，疾如闪电的短传，灵动神奇的突破，欣喜若狂的"Goal!"——跌宕起伏的韵律，美如一部销魂动魄的交响乐。

现在，以玻尔为首的哥本哈根学派，以玻恩为首的哥廷根学派，以索末菲为首的慕尼黑学派，已经三足鼎立，构成量子物理史上鼎鼎大名的"量子物理金三角"。索末菲是技术派的球员，用经典物理和量子假设混合的方法，对出现的具体问题一个个地攻坚克难；玻恩是抽象派的球员，追求理论的数学化、形式化和普遍性；玻尔则是革命派的球员，凭着他深邃的思考，敏锐的洞察，不断地摧毁旧的战法，创造新的战法。有人如此概括这三位：索末菲是量子工程师，玻恩是量子数学家，而玻尔则是量子哲学家。这三位各有所长，术业有专攻，是否类似绿茵场上以"三"命名的梦幻组合？

然而我们不得不遗憾地承认，这"三大巨头"已经"老"了！最年轻的玻尔已经年近不惑，索末菲更是 50 岁出头，而量子精灵又是如此无情地嫌老爱幼。在下一场"世界杯"中，他们虽然继续服役，但体魄和灵性，已经不适合勇猛的突破和激情的叩门，"世界波"需要新生代的前锋。所幸的是他们已经造成了一个强大的势场，那波澜壮阔的能量涨落，吸引着大批精力过剩的孩子投身于其中游泳冲浪，贪婪地吸收能量，又激情地放射光芒。"金三角"之间铺设了无障碍的快速通道，青年学子游走于其间，广闻博识，兼收并蓄，酿成了青出于蓝而胜于蓝的营养。

一派大战前的宁静。大师们悠然自得地在书斋里著书立说，年轻的学者漫无边际地四处流动，实验室里盖革计数器发出"咔嗒、咔嗒"的闷响，显示屏上光点不规则地闪烁，研究所里写满公式的纸片雪花飞舞，讲台上的教授唾沫四溅，宿舍里的学生为细枝末节而面红耳赤。然而地壳深处的岩层在"吱吱嘎嘎"地增加着应力，天边的积云在"噼噼啪啪"地加速着电离。1924 年，玻恩写下了一篇论文，第一次使用了"量子力学"（Quantum Mechanics）这个概念，但没有吸引太多的眼球。胡话吧？"力学"这个概念也能乱套？它让我们想起最伟大的牛顿，他那涵盖天地的力学体系，比较伟大的麦克斯韦，他那美轮美奂的电动力学方程组。量子？切！一介乡野村夫而已，"力学"那么高贵奢华的名称也是你叫的？

不要心浮气躁，让我们骑驴看唱本——走着瞧吧。

第五章　王子的物质波

一

让我们暂时离开生机勃勃的"金三角"，来到有点死气沉沉的法国。这个欧洲最浪漫的国家，历史上有过无上的荣耀，是欧洲时尚的风向标。但以俾斯麦 1871 年攻克巴黎为标志，这个欧洲巨人的脚步就开始变得沉重而迟滞。第一次世界大战后，法国主流科学界在世界科坛领头抵制"德国科学"乃至"日尔曼科学"（把"一战"中的其他战败国和中立国甚至战后的同情国也捎带进来），这种愚蠢的举动无异于自绝于世界科学，使法国科学本来就落后的状况雪上加霜。好在还有个德布罗意家族，它在历史上为法国在政治和军事领域屡立奇功；现在，它又为法国科学多少挽回了一点面子。

1742 年，F. M. 德布罗意因功被法国国王路易十四拜为"法国公爵"。17年后，公爵的儿子 V. F. 德布罗意又被"德意志民族神圣罗马帝国"封为"德国亲王"。这个家族在一百多年间，至少为法国贡献了一位总理、一位国会领袖、多位部长和驻外大使，为军队贡献了三位上将和多名高级军官。1892 年，路易斯·德布罗意（Louis de Broglie）就诞生于这么一个名门望族。"公爵"这个头衔由本族的族长世袭，而"亲王"这个名号则由全家族所有男丁共享，所以我们该称路易斯为"德布罗意亲王"。但人们似乎更愿意称他为"德布罗意王子"，因为"Prince"（意译"亲王"）这个词的本义就是如此，而且更具有浪漫的童话色彩。

路易斯自小酷爱读书，在巴黎詹森公学念中学时就显露出其不俗的文学才华，所以他 16 岁进入巴黎大学时选修的是历史和文学专业，对欧洲中世纪史有浓厚的兴趣，也很有研究心得。1910 年，18 岁的路易斯大学毕业，获得文学学士学位。如果没什么意外，小路易斯会继承家族的光荣传统，在政治领域建功立业，当个政治家或外交家什么的，没准也会在法国历史上留个小名。可是"意外"偏偏就发生了。大概有二：

其一，这时路易斯读了法国著名数学家、物理学家和哲学家彭加勒的《科学的价值》和《科学与假设》等几本著作，从而对自然科学有了全新的认识，因而对现代科学产生了浓烈的兴趣。

再一个"意外"就是路易斯的哥哥——莫里斯·德布罗意（Maurice de Broglie）。德布罗意家族的族谱上，缀满了军界和政坛的明星，唯独没有科学家的名字。到了路易斯这一代，就出了莫里斯这个异类，走上了科学的"歧途"。由于父亲早逝，莫里斯很早就继承了爵位成为第六代德布罗意公爵（1960 年莫里斯去世，路易斯接位成为第七代德布罗意公爵）。现在，莫里斯已经是实验物理学家了，在 X 射线研究方面小有成就。家里有钱嘛，所以他拥有一个设备精良的私人实验室。前面我们见过尼尔斯和哈拉德的兄弟情深，莫里斯和路易斯同样如此，而且还有更深的含义。莫里斯比路易斯大 17 岁，加之父母早逝，长兄如父啊。哥哥常给弟弟讲自己的研究情况，弟弟在课余也常去哥哥的实验室，因此对物理学也不陌生。1911 年，第一次索尔维国际物理学会议召开，莫里斯作为法国著名物理学家朗之万的私人助理参加，并担任了会议的科学秘书（这个职务以后延续了多届），所以有机会带回了会议的全部记录。这绝对是一个物理学的峰会，普朗克、爱因斯坦和索末菲在会上做了演讲，围绕这次会议的主题——光、辐射和量子假设。路易斯因此有幸看到物理学最新的第一手资料，物理学的新思想让他心神荡漾。显然熠熠生光的量子概念比"黑暗的中世纪"更能照亮这个 19 岁的孩子的心田，一个神秘的量子世界也更能唤起年轻人征服的野心。于是这个文科的高才生改弦更张，攻读物理学研究生学位，并于 1913 年取得科学硕士的学位。刚入得门去，正打算有所建树时，第一次世界大战爆发，路易斯不得不投笔从戎。还好，他的战斗岗位在埃菲尔铁塔，为设在那里的一个军用无线电通信站提供安装、维修和维护服务。这里离莫里斯的实验室不远，下岗后还可以到那里保持研究间断性的量子的学术的连续性。大战结束，路易斯于 1919 年退役，重返巴黎大学，师从朗之万攻读物理学博士学位。

二

就当时的舆情而言，1911 年，索尔维物理学会议场外发生的一件事情，要比这个会议本身轰动得多，换个说法也一样，这件事在当时使这个会议的知名度大大地提高。会议召开期间，同为巴黎大学的教授、同时参加索尔维会议的居里夫人和朗之万先生的情书在巴黎的报纸上公开发表，始作俑者是朗之万的太太。居里夫人不必介绍了，1903 年她成为第一位荣获诺奖的女性。三年后丈夫车祸（马车）身亡。朗之万原先是居里先生的学生，比居里夫人小 5 岁。他婚姻不幸，饱受老婆虐待。于是两个不幸的人就走到了一起，在一所秘密的公寓里幽会。终因反侦察能力不强，被朗之万的太太发现，并从公寓里偷走了情书，在索尔维会议召开期间发表。

保罗·朗之万（Paul Langevin）是相对论在法国的最早接受者和最积极的宣传者，因而有了"朗之万大炮"的雅号。由于与爱因斯坦的这层关系，他是"科学无国界"论者，在一战后十分困难的条件下依然保持着与爱因斯坦的紧密联系，成为法国科学界对外联系的一个窗口。这哥们儿对咱们中国也挺仗义的，1931 年，九一八事变刚发生，正受国际联盟委托在中国考察教育的朗之万，就对中国人民的抗日活动表示了声援。他还呼吁中国物理学界联合起来，早有酝酿的中国物理学会就借此契机成立了。朗之万本人也成为中国物理学会第一位名誉会员。1919 年时德布罗意真就投到了他的门下。

早在 1909 年，爱因斯坦就以自己的方法把黑体辐射的三个公式重新推导出来，发现"普朗克公式"恰好是"维恩公式"和"瑞利 – 金斯公式"之和。由此他得出一个结论："两种特性结构（波动结构和量子结构）都应该适合于辐射，而不应该认为是彼此不相容的。"并且预言，"理论物理发展的随后一个阶段，将给我们带来这样一种光学理论，它可以认为是光的波动论和发射论的某种综合。"（之所以称"发射论"，是因为粒子论者把光的辐射形象地看作像机枪扫射出子弹一样）这是"波 – 粒二象性"思想的最早表述。在 1911 年的索尔维会议上，爱因斯坦再一次重申了这一观点，强调必须以某种方式调和波动说和粒子说："除了我们不可或缺的麦克斯韦电动力学，我们必须承认像量子这样的假说。"阅读了第一次索尔维会议全部材料的德布罗意，应该在这个时候就接触到了爱因斯坦的这一思想。

长话短说，时间到了1923年，我们的德布罗意已经三十有一，过了而立之年。在量子物理这个"嫌老爱幼"的领域，即便现在成功也叫"大器晚成"啦。从1911年受索尔维会议的决定性影响，这位法国王子投身量子革命已经12年，战后的博士研究生也读了四年。相比泡利和海森堡三年内从本科到博士通吃，德布罗意的学习生涯真是太漫长了。但考虑到他是半路出家，加上战争的耽搁，他的"从业年龄"还年轻得很。而且跟海森堡他们相比，德布罗意是在一个相当艰苦的环境下进行的学术研究，信息通路有限，没有生机勃勃的讨论和争论的势场。如果说这种相对孤立的状况有什么好处的话，就是它注定了我们的法国王子要为量子力学的未来发展开辟一条独特的进路。让我们以浓缩的方式，重走一次我们的德布罗意这12年走过的路吧——

这条路的起点是莫里斯·德布罗意的X射线实验室。我们现在知道，X射线的产生，是用高能电子轰击金属原子，激发里层电子，造成里层轨道的"空穴"，当外层电子向下跃迁填补里层"空穴"，相应地就辐射出高能光子。大家复习一下前面说过的内容，所谓"高能"，就是波长短、频率高——这就是X射线的特点，因此具有很强的穿透力。它于1895年由伦琴（Rontgen）发现，因此也叫"伦琴射线"。这种射线是个什么东西？先是英国物理学家W. H. 布拉格（W. H. Bragg）和莫塞莱（Moseley）分别独立证明了是一种粒子流。英国人善于实验，当然是有经验判据的。之后德国物理学家劳厄（Laue）提出如果X射线是波长极短的电磁波，它通过晶体会产生衍射现象。这一设想居然也被物理学家弗里德里希（Friedrich）和克尼平（Knipping）用实验证实了。也就是说，无论说X射线是波还是粒，都有实验的坚强支持。这就产生了W. H. 布拉格的经典幽默："X射线星期一、三、五是粒子，星期二、四、六是波动，到了星期天就什么也不是了。"

W. H. 布拉格和莫里斯·德布罗意都参加了1911年的索尔维会议，X射线神奇的变脸术显然是他们交谈的话题。从此莫里斯也把研究的重心转移到 X 射线本性，但是他毕竟不是理论物理学家，这个任务看来只得交给路易斯了。后者也说过："同哥哥进行的长时间讨论对我非常有用。"还说，"就在那时，我突然来了灵感：爱因斯坦的光的波－粒二象性乃是遍及整个物理世界的一种绝对普遍现象。"欲穷千里目，更上一层楼。要解决 X 射线的变脸问题，应该寻找一个更深刻的基础，否则就是"不识庐山真面目，只缘身在此山中"啦。问题是，此刻要走出庐山，需要有一条路径。对，到了这个时候，思路决定一切。真是正想睡觉碰到了枕头——布里渊送来的。

玻尔在建构他的量子化原子模型时，其中一个电子绕核运动的量子化条件叫"角动量"，玻尔规定它必须等于 h/2π 的整数倍。什么是"角动量"？在牛顿力学里，动量是一个重要概念，但很简单，动量是质量与速度的乘积（p = mv）。角动量无非是转动物体的动量，动量再乘上一个半径便是（l = r·mv）。法国物理学家布里渊（Brillouin）的思考就是从这个概念开始的。角动量必须是量子化的，就是说必须是分成一份一份的，每份的量还必须严格相等。什么运动有这样的特征呢？哦——波！

碧波荡漾的大海，海水的振荡从远方的振源（风或地震什么的）传来，这种向前推进的波叫"行波"；这列行波碰上海岸的海滩或石壁被反射回去，形成传播方向相反但频率相同的另一列行波，两列方向相反的行波相互干涉，就形成了只能原地振荡的"驻波"。所以在海里游泳的人别指望波浪会自动推着你前进，你不向前游就只能原地浮沉。琴弦的振动就是这种由于两个端点的反射，方向相反的行波干涉而形成的驻波（图 5.1）。

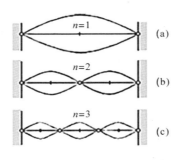

图 5.1　琴弦上的驻波

我们就来分析这种两端固定的驻波。从一个端点到另一个端点我们叫一个完整的振荡"周期"，两波节（两列波的交叉点）间的距离是半个"波长"，即一个完整波长的二分之一（$\lambda/2$），振动的次数就是"频率"。比如，在图 5.1中，a 振动了半次，b 一次，c 一次半。好，我们现在回到主题，大家在这里发现"量子"了没有？对，这个 $\lambda/2$ 就是"量子"。就是说不管这根琴弦（周期）或长或短，振动次数（频率）或多或少，琴弦长一定是 $\lambda/2$ 的整数倍（L = n · $\lambda/2$，n 为正整数）。在这张图中，图 5.1（a），n = 1，图 5.1（b），n = 2，图 5.1（c），n = 3。

从这个思路出发，布里渊就提出了一个原子模型——原子核覆盖着一圈"以太"海洋（介质），电子在这个海洋里游泳，激起了波浪，这些波相互干涉就在原子核周围形成环形驻波（我们可以把环形理解为两个端点固定一根弦）。我们观察到的正是以太这个介质的运动，所以就具有了波的量子化特征。布里渊把自己的研究通报给了德布罗意，建议他把周期性也考虑进去。

就你这水平，还给别人提建议？自己先搞搞清楚吧！ 1905 年，爱因斯坦已经以严谨的实验判据和严密的理论体系，宣判了"以太"的死刑，你现在还借尸还魂，把"以太"僵尸祭出来解决问题。读书读傻了吧？可笑，可笑啊！

嘲笑别人的错误，是成本最低的炫耀，但除了满足虚荣心，什么都不会产生。人家德布罗意王子就没我那么浅薄，他认真地思考了这个别人认为很"愚蠢"的建议。布里渊的思路是——

物质→介质→波

既然"以太"这个介质不存在，就把它咔嚓掉？啊！有啦——

物质→介质→波，物质→波，**物质波**！

三

1923 年，有了思路的德布罗意厚积薄发，于 9 月和 10 月连续在《法国科学导报》上发表了三篇题为《辐射——波和量子》《光量子、衍射和干涉》和《量子、气体运动理论以及费马原理》的论文，论述了他革命性的发现——物质波理论。让我同样以浓缩的方式再现他的思路吧——

让我们还是从布里渊开始吧。电子绕核运动的量子化特征是由于电子的周期性运动引起的。我们前面讲的周期是一根有两个固定端点的绳子，电子的轨道也可以想象成这根绳子，只不过两个端点首尾相接，形成一个运动场上的环形跑道。布里渊设想的以太是不存在的，就让我们想象是电子在这条跑道上跑步。轨道的周期性要求，不管你跑完一圈要多少步，但每步的距离必须严格相等，而且，跑完一圈的最后一步一定要精准地踏在原点上。如此这种有方向性的行波才能相互干涉产生原地振荡的驻波。不过得提醒一下，环形驻波的量子化条件不能是半个波长（$\lambda/2$），而是一个完整的波长（λ），否则从第二圈时波形就会相位相反而相互抵消，形不成原地振荡的驻波。给一个周长 $L = 3\lambda$ 的德布罗意波图你自己看看，是不是那么回事（图 5.2）？

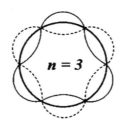

图 5.2 德布罗意波

科学不是神汉巫婆，不能胡吹乱侃、胡说八道，你得拿出数学公式来。电子的波长怎么算？

让我们观察一个以速度 $v=\beta c$（$\beta < 1$）运动的电子，这个电子必有一个静止质量 m_0。按照相对论的质能关系式，它必有一个内禀的能量 $E=m_0c^2$。

注意！注意！现在到了最关键、最重要的一步！德布罗意说，既然一切物体都有内禀能量 E，那量子公式 $E=h\upsilon$ 就适用于一切物体。

好，既然 $E=m_0c^2$，$E=h\upsilon$，则有 $h\upsilon=m_0c^2$。看清楚了没有，让德布罗意这么一鼓捣，这个电子，推广到一切粒子或物体，它就有了一个内禀的频率：

$\upsilon=m_0c^2/h$

德布罗意得出的结论是："为了描述一个速度为 βc 的动点的运动，观察者必须将这一动点与一个非物质的，以速度 $c/\beta =c^2/\upsilon$，在同一方向上传播的正弦波联系起来。"由于这个波与动点的运动具有相同的相位，所以他把它称为"相位波"（phase wave），后来科学界为了致敬德布罗意的历史功绩，就庄重地把它称为"德布罗意波"。

有了上面那个频率公式，德布罗意就推导出了一个波长公式。对于非相对论（速度远低于光速）物体，有：

$\lambda = （c^2/\upsilon）/（h/m_0c^2）=h/m_0\upsilon$

$$\boldsymbol{\lambda =h/ m \upsilon =h/p}$$

（P 为动量，是质量与速度的乘积，即 $P=m\upsilon$。）

这就是著名的德布罗意的"波长与动量的关系式"。朋友们完全可以不管那些推导过程，只记住用加大加粗字体表示的结论就行了。

用大白话把德布罗意的观点再说一次：任何运动着的物体，小到一个电子、原子，或其他基本粒子，大到一块石头、地球、太阳，都伴随着一种波动，而且不可能将物体的运动和波的传播分开，这种波称为"相位波"。存在相位波是物体的能量和动量同时满足量子条件和相对论关系的必然结果。注意喽，这个波不是我们见过的声波、水波、光波或电磁波，它是一切物质都有的波，所以也叫"物质波"。

"这话就有点奇怪啦。地球、太阳咱不管，难道我扔一块石头，它也如影随形地伴随着一个'相位波'吗？"你会问。

德布罗意说："当然！可以用 $\lambda = h/m_0\upsilon$ 这个公式来算出波长。不过这个公式的分子项是一个小数点以后几十位的数，分母项只要达到或接近 1，算出结果波长之小就可以想象了。"

"有办法可以看到这个波吗？"你接着问。

"看不到。算个简单点的吧：一块石头的质量为 1 千克，飞行速度为 1 米／秒。根据德布罗意公式可以算出，石块运动时的波长是 6.626×10^{-34}（正好是普朗克常数的数值）米。这个波长的数值比一个原子核的线度的一千亿分之一还小，不可能有什么仪器可以测量得到。"德布罗意解释说。

"那你就是睁着眼睛说瞎话，胡说八道！"

嘿，这就对了。你能这么想，就证明你已经达到"博导"的水平啦！因为当 1924 年德布罗意把他的观点写成了博士论文《量子理论研究》递交上去的时候，论文的评委，德布罗意的导师们，也是这样认为的。

四

这个小德布罗意，论文在杂志上发表过过瘾也就罢了，写成博士论文不是成心给我添堵吗？博士帽还想不想戴了？现在，导师朗之万捧着德布罗意的博士论文，就像捧着一个烫手的山芋。

看过论文的评审教授众口一词——胡说八道！这也难怪。到目前为止，我们的量子先锋们观点不管多么荒唐，毕竟都是有实验基础的——普朗克有黑体辐射实验，爱因斯坦有光电效应实验，玻尔好歹也有氢光谱数据呀。德布罗意如此大胆的观点，居然是通过力学和光学理论的简单类比得出的，纯粹文字游戏嘛！如此发明创造，还花那么多钱建实验室干什么？

朗之万也是英雄所见略同，认为是胡说八道，却心有不忍。德布罗意的论文写得太漂亮了，不仅数学论证逻辑严密、演算流畅、形式优美，文字也漂亮啊——文科高才生嘛。

不管怎么说，德布罗意的论文于1924年11月总算是通过了。我现在能看到的有关论文答辩的介绍，教授们全是顾左右而言他，都是工作精神态度、伟大理论目标这些空话，没有一句是直接对论文观点表示肯定的。在论文答辩前，朗之万跟苏联物理学家约飞说过："德布罗意的思想当然很荒唐，但表述得十分优美，所以我将同意进行答辩。"答辩后有人问起通过的原因，答辩委员会主席佩兰（Perrin）答非所问地说："对于这个问题，我能回答的只是德布罗意无疑是一个很聪明的人。"唉，看来这个"胡说八道"的论文得以通过的理由也是"胡说八道"。

不过朗之万还是留了一小手。在论文递交之初，他就跟德布罗意多要了一个副本，寄给了爱因斯坦。因为他想起了当初玻尔量子化原子模型公布时的情形，众人皆贬，唯有爱因斯坦独赞。借助他的慧眼，不知能否看出些什么。果不其然，1924年12月，爱因斯坦的复信来了，对德布罗意的论文给予很高的评价，声称这是"揭开了大幕的一角"。同年12月26日，爱因斯坦写信给洛伦兹，非常详细地谈到德布罗意的工作："我们熟知的莫里斯·德布罗意的弟弟已经对于解释玻尔和索末菲的量子规则做了非常有趣的解释。我相信这对于揭露我们物理学中最难以捉摸的谜，开始露出了一线微弱的光芒。"

实际上爱因斯坦是有感而发的。当时他正在做"玻色–爱因斯坦凝聚"的研究，在他推导出的一个涨落公式中，有一个数项的物理意义始终百思不得其解。看到德布罗意的论文才恍然大悟——原来就是德布罗意波的干涉造成的。

权威的力量是巨大的，有了爱因斯坦的支持，德布罗意，还有朗之万这些教授的日子就好过多了。第二年，1925年，这篇论文在杂志上公开发表。但是，有一个更大的"权威"还没说话呢，那就是实验。

在答辩会上，当佩兰问到"这些波怎样用实验来证明"时，德布罗意回答说："用晶体对电子的衍射实验是可以做到的。"刚才说石块的波长无法测量，但用德布罗意公式算出的电子波长可达到 8.7×10^{-11} 米，差不多相当于 X 射线的波长，而后者是可以被测出来的。因此，在理论上，我们应该能够测出电子的德布罗意波。德布罗意跟哥哥的同事道维耶（Dauvilier）谈了这个想法，并希望他能做这个实验。道维耶后来说，他确实也做了这个实验，但结果是失败的（过了很久，找出的原因是"电子太软"）。以后就搁置了，因为"莫里斯·德布罗意、朗之万、佩兰都不关心在他们的实验室里做这种实验，根本没有相信这种实验"——道维耶如是说。

看来我们的法国王子还有点悬。

五

1921 年，与法国隔大西洋相望的美国，著名的贝尔实验室，实验物理学家戴维逊（Davisson）和他的助手康斯曼（Kunsman）在做用电子轰击镍靶的实验（图 5.3）。实验开始不久，就发现镍靶上散射出来的"二次电子"竟有少数具有与轰击镍靶的一次电子相同的能量，显然是与金属靶发生了弹性碰撞，但令人不解的是"二次电子"在某个角度上具有极大值，而按"道理"（电子是一种粒子）应当是平滑的曲线。他们仿照卢瑟福 α 散射实验试图用原子核对电子的静电作用力解释这一曲线。

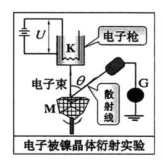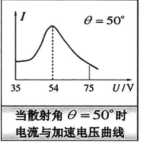

图 5.3　戴维逊电子衍射实验

实验一直持续到 1923 年，一无所获。康斯曼离开了实验室，戴维逊自己也歇菜了一年。1924 年，戴维逊鬼使神差地又回到了实验室，这次助手换成了革末（Germer）。实验室欺生啊（回忆一下，鲍姆巴赫一离开，卢瑟福实验室就发生了火灾），实验的管子发生了爆炸，涌进来的空气让镍靶表面形成了一层氧化物——失效啦。戴维逊说节约闹革命，高温加热去掉氧化层，废物利用呗。手忙脚乱做完这一切，把实验装置重新安好，恢复实验。这时，更大的异象出现了——散射电子的角分布已经完全改变，实验曲线上出现了好几处尖锐的峰值。切开管子就找到了原因，原来镍靶经过了高温加热，原来无数的小晶块就熔成了大约十块的大晶块。问题是，这和实验结果是什么样的因果关系呢？

时光荏苒，又到了 1926 年，物理学正在进行着一场惊天动地的大革命——允许我们远离革命中心的实验物理学家麻木点。这年夏天，戴维逊陪夫人回英国探亲，来到了革命的中心（尽管偏点），并且机缘巧合有幸参加了"英国科学促进会"在牛津召开的一次会议。在会上碰到了从德国哥廷根过来参会的玻恩，就顺便把自己的实验情况介绍了。玻恩听罢，扼腕惊呼："你傻呀！这一切早被我的学生预料到啦！"

原来早在前几年，戴维逊 1921 年实验的报告就引起了玻恩的注意，让自己的学生洪德（Hund）进行研究。在一次"物质结构讨论会"（"玻恩幼儿园"）上，洪德汇报了自己的研究成果，从而引起了另一个 21 岁的学生埃尔萨瑟（Elsasser）的注意。他马上就到图书馆去借阅德布罗意的论文，并从玻恩那儿看到了德布罗意博士论文的副本。1925 年，埃尔萨瑟发表了一篇题为《自由电子的量子力学说明》的论文，指出用德布罗意的"道理"来解释戴维逊和康斯曼的散射曲线，一切均在预料之中，不仅会出现最大值，还会出现最小值，并且可以预测，如果用大单晶来做这个实验，效果会更加明显。因为这个"道理"就是——电子是一个波！爱因斯坦受托审阅了这篇文章，后来他对埃尔萨瑟说："年轻人，你正坐在一座金矿上。"

既然是波，我们就要了解波的一个禀性——干涉效应（图 5.4）。我们知道波总是跌宕起伏的，一列波会升到波峰，又会跌到波谷。两列波相遇，如果二者振荡的步伐一致（如图 5.4 左），你升到波峰我也升到波峰，你跌到波谷我也跌到波谷，就叫作"相位相同"或"同相"，就会产生同相倍加的干涉效应，倍加的波浪线振幅会倍增。但如果两列波步伐刚好相反（如图 5.4 右），你到波峰我正在波谷，我到波峰你又正好跌到波谷，就叫作"相位相反"或"异相"，就会产生异相抵消的效应，抵消后的波浪线就成了一条直线，振幅为 0。

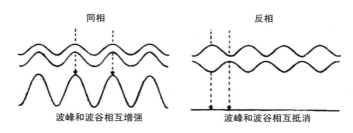

图 5.4　波的干涉效应

　　好了，我们再回到戴维逊的实验。当电子照射到金属表面时，每个金属原子都会对电子产生散射效应，如果金属是晶体结构的，这种结构的原子排列是周期性的规则排列，就使散射的电子在角度分布上更有规律。同时记住喽，电子是一个波，那么散射的电子之间会发生干涉效应，在某个散射角度上，它们同相干涉的概率高，就会加强为最大值，在某个角度上异相干涉的概率高，就会相互抵消出最小值。大晶体比小晶体波干涉效应的概率更高，因此实验效果更明显了。**My god!** 原来就这么简单！

　　天哪！原来是"正坐在一座金矿上"而浑然不觉！这下戴维逊和革末可就来劲了。他们完善装置继续实验，得到的是一个又一个惊喜！ 1927 年 12 月在《物理评论》上戴维逊发表了一篇论文，告诉世人，电子晶体散射实验的衍射波长与德布罗意物质波的假设完全一致。不只如此，当电子束透射过薄金属箔后，再照射到背景屏上，同样显示出的衍射条纹，和 X 射线通过晶体粉末时所发生的衍射条纹非常相似，并且波长和德布罗意所预言的物质波的波长完全符合。

如果说戴维逊是瞎猫碰上了死耗子，英国实验物理学家、伟大的 J. J. 汤姆逊之子，G. P. 汤姆逊（George Paget Thomson）则完全是有备而来。1924 年，他就在英文的《哲学研究》上看到了德布罗意关于物质波的论文，并于 1925 年在杂志上发表文章，给了当时还无人喝彩的德布罗意珍贵的支持。凑巧的是，他也参加了 1926 年英国科学促进会的牛津会议，不凑巧的是没有见到戴维逊。正好在会议期间，G. P. 汤姆逊参观了卡文迪许实验室，看到了在氦气中的电子散射实验，在散射中出现了一种异象——某些特殊方向上散射特别强。有理论准备的小汤姆逊马上想到了电子衍射，当时就有了按捺不住的冲动，心想：气体的做过了，让我们来试固体吧！

　　回到家，汤姆逊马上跟研究生瑞德（Reid）行动起来。实际上，据后来的科学家说，戴维逊的晶体散射实验是很难做的，即使是现在做，也很难重复。G. P. 汤姆逊他们用了一种更简单直接的方法：高能电子透射金属箔。果然他和瑞德很快就观察到了衍射环（图 5.5）。根据这些圆环的半径可以计算出电子波的波长，与德布罗意的假说正好符合。再一次证实了电子的波动性，甚至比戴维逊更早，1927 年 6 月，《自然》杂志上就发表了 G. P. 汤姆逊和瑞德的实验报告，无可辩驳地证明了电子波的存在。这一年，距离他父亲 J. J. 汤姆逊于 1897 年实验证明电子是一种粒子正好 30 年。

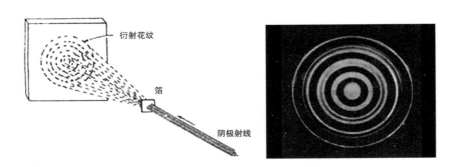

图 5.5　G.P. 汤姆逊实验原理和结果图

　　左图：电子透过金属箔，直接在背景屏上造成衍射图纹；右图为实验观测到的电子衍射环，亮环是电子波同相倍加的干涉效应，暗环是异相相消的干涉效应。

实验权威终于为德布罗意说话了——物质波来到世界！

与老前辈相比，德布罗意是幸运的。与论文完成相隔仅 5 年，实验证实仅 2 年，1929 年他就登上了诺贝尔物理学奖的领奖台，而且是诺奖史上第一个凭博士论文获奖的。大家好才是真的好。1937 年，戴维逊和 G. P. 汤姆逊也双双因电子波实验获得诺贝尔物理学奖。

第六章　矩阵力学诞生

一

当法国王子在巴黎胜利进军、凯歌高奏的时候，所谓"量子力学金三角"却是江河日下、愁云密布。玻尔的量子化模型提出已经十年，尽管也有过不少的成功喜悦，现在却发现陷入了问题的泥潭。比如：它只能计算频率，而不能计算强度；只能解释单电子的原子，却不能解释多电子原子；只能解释正常塞曼效应，不能解释反常塞曼效应。还记得那个要判海森堡"死刑"的维恩吗？他是牛顿王国的忠实臣民，现在已经当上慕尼黑大学的校长，对那些一天到晚处心积虑的造反派郁闷久矣，此时幸灾乐祸地出来说风凉话："如果社会大众为不能理解新的物理理论而自卑的话，那么值得宽慰的是，物理学家知道的也不比他们多多少。"

索末菲倒是比维恩忠厚，认为量子理论是经典物理不可或缺的建设力量，没有这支力量，物理学大厦不可能最终建成。然而也仅此而已，他依然相信经典大厦"坚如磐石"，量子理论只是一个"辅助假说"，它的使命是为经典大厦"加盖几层"，以达到最后的竣工大吉。当旧量子理论这个辅助假说出了问题的时候，就给这个辅助假说也增加一个辅助假说，然后再加一个，再加一个，希望如此坚韧不拔地走下去总有一天可以到达胜利的终点。但这是一种很危险的慢性自杀的办法。就像古老的"地心说"，当天体观察与理想模型不符时，就增加一个"本轮"和"均轮"，不符就再加一个，当一个简单的"地球系"的天文图画上了几百个"轮"时，就会激发不耐烦的天文学家跃迁为革命者。

玻恩就是这种不耐烦的革命者。玻恩比玻尔大3岁，但"参加革命"则晚得多，算是"玻尔演讲节"后才正式携他的哥廷根方面军加盟量子革命，成为一名革命军的"少帅"。演讲节刚刚结束，他就在哥廷根庄严宣布："随心所欲地发挥想象力去设计原子分子模型的时代已经过去，现在我们正处在用一定的方式（量子规则）来建构模型的地位。"他先后与泡利和海森堡携手，攻克中性氦激发态模型这个顽堡，目标是设计出一个判决性实验，判决量子化行星模型的最终胜利。思路是先进的，计算是严密的，设计是精巧的，但结果是失败的。判决性实验就是这么一把"双刃剑"，它也可以判死刑的！玻恩便如此迅速地转变为一个激进的革命派。也许由于他参加革命晚，对旧理论感情不深、信念不坚，处在外层轨道，需要的激发电位不高吧。

玻尔最近也很烦！十年前，他运用普朗克的量子假设成功地建构了原子模型，但对量子概念的理解还停留在普朗克的水平上。这位忠厚老实的丹麦人对世界怀着朴素的感情，希望一切黑是黑白是白，简单明了，虽高居物理圣殿也犯不着故弄玄虚去吓唬老百姓。这个世界就是由分立的物质和连续的能量（辐射）共同构成的，量子化现象只发生在这两大板块的接合部。他完全同意普朗克的评价，爱因斯坦的光量子概念是"走得太远了"，让量子幽灵弥散到整个连续性的领地，搅浑电磁辐射的一潭清水。如此一来，伟大的麦克斯韦将往哪里摆？

这个倔强的丹麦人一直在努力，可迎来的却是坏消息——1923年康普顿实验对光量子假说的获胜判决！唉，一夜风雨，吹落梨花无数！同人们纷纷转向，支持光量子假说，唯有玻尔特立独行，悲壮地发起最后的抗争。

然而就算不谈爱因斯坦的光量子假说，玻尔自己理论中能量的连续性和吸收、辐射的量子化这对矛盾也是无法回避的。玻尔和他的荷兰助手克拉默斯（Kramers）鼓捣出一个"虚谐振子"的概念，即把原子视作一组虚拟的、带电的小球，通过同样是虚拟的弹簧联系在一个中心点，这样虚振子的频率和振幅就可以与跃迁能量的频率和强度对应起来。这也巧了，美国哈佛来的访问学者斯雷特（Slater）也带来了一个"虚辐射场"（也称"鬼场"）的概念，这个虚场是没有能量和动量的，正好与连续能量和动量的实场相对应。双方一拍即合，于是一支多国部队成立，三人于 1924 年发表的一篇题为《辐射量子论》的论文，提出了以三人姓名首字母命名的"BKS 理论"。在这个理论中，能量的跃迁（电子的变轨或光子的变软）可以由这个虚场来诱发，并不需要与实在的连续能量流的间断性跳跃关联。这样就把辐射和吸收的量子化与能量的连续性的矛盾给消化掉了——我们不需要光量子这个假设！

我刚刚还表扬玻尔"忠厚老实"呢，BKS 理论包含了两个惊天的叛逆。一是对质能守恒定律的违反。玻尔说这个守恒定律只有统计学上的意义，在微小的元过程并不必严格遵守。比如说，原子发射出一个光能，并不一定与原子损耗同样的电能严格同时。二是后者可以在一个延时中达到与前者的守恒。二者颠覆了严格的因果律。这是常识呀，凡果必有因，见到一个结果我们就会本能地想它的原因是什么。现在玻尔告诉我们，不用麻烦了，不一定有原因的。比如说，这个原子多得了一份能量，一定与另一个原子损失了一份能量相关，玻尔说，这也未必，也许纯粹是鬼场作怪，跟其他原子一毛钱关系都没有。这种"谬论"当然遭到了以爱因斯坦为首的物理同人们的反对，称为"哥本哈根叛乱"。连泡利也犯嘀咕：虚振子？虚辐射场？哼，还虚物理学呢！

BKS 理论按科学标准是逻辑自洽的，要驳倒它要靠理论之外的东西——实验。也活该玻尔倒霉，这个实验才几个月就做出来了。当年由德国物理学家玻特（Bothe）和盖革（Geiger）在柏林做的实验揭示：反冲电子与被散射光子对同时出现，记录了 66 次在 0.001 秒内的重合——微观元过程能量也是严格守恒的！"哥本哈根叛乱"被迅速"镇压"。

BKS 理论的失败标志着旧量子理论已经走到了绝境，也是物理共同体倒光量子说的最后一役。玻尔从此对爱因斯坦的光量子假说心悦诚服，不过他不无落寞地建议大家："给我们革命性的努力以尽可能尊敬的葬礼。"嘿，旧的不去，新的不来嘛！然而，谁能告诉我们新的量子理论路在何方？

二

1924 年 9 月,海森堡第二次来到哥本哈根。跟 1922 年的泡利一样,这次他是得到了洛克菲勒的奖学金。奖学金是玻尔为他争取到的,而这个奖学金的设立,则是柏林的普朗克和爱因斯坦他们的功劳。海森堡到来之际,正是旧量子力学的危难之秋。BKS 最后的斗争铩羽而归,玻尔模型风雨飘摇。事实证明,玻尔这个时候引进海森堡是极具战略意义的一招,后者带来了哥廷根革命性的研究纲领和独特的研究方法,在哥本哈根发生了碰撞,其激发出来的火花,将引燃导致量子力学新生的那场大火。

哥廷根是新量子革命的策源地。海森堡刚毕业到哥廷根参加工作是 1923 年的夏季,哥廷根学派就有人提出了"替代力学"的概念。量子概念提出近四分之一世纪,玻尔量子化模型提出正好十年,量子精灵外貌叛逆、地位尴尬。量子理论的每一步发展,每一个新的命题提出,都像从石头里蹦出来的孙大圣,东一榔头西一棒槌,每一个都惊世骇俗,但每一个都是没娘的孩子。瞧一瞧人家牛顿物理,二百年来每一个新理论的提出,都可以在博大精深的公理体系中找到依据。像一个外出打拼的孩子,纵有千难万险,身后都有个强大的祖国、慈祥的母亲。量子力学二十年特别是玻尔模型十年就没有如此踏实,靠着一个孤苦伶仃的量子概念,与经验事实撞击出奇思妙想,遇到挫折和打击,没有组织的支持和亲人的慰藉,只能是屈辱地寻求与经典力学的"对应",所以玻尔模型就成了一个半量子半经典的怪模样。"替代力学",特别是玻恩 1924 年提出的"量子力学"概念,就是量子新大陆发出的"独立宣言"。走出旧量子力学危机的唯一出路是建立量子力学完备的逻辑自洽的公理体系,为量子概念找到自己的归宿,使得量子力学的命题可以从自己的体系逻辑推导出来,而不必每一次都靠电光石火式的顿悟。

为达到这一目的,哥廷根学派大力发展了玻尔"对应原理"的革命性的方面。科学发展不像殖民地摆脱宗主国那么简单,不是大家平等独立、互不侵犯就万事大吉。进步的新理论必须有更深邃的基础,而把旧理论当作一种"特例"

置于自己的视野之内。例如，爱因斯坦的相对论就可以把牛顿规律视为相对论效应可以忽略不计（但不等于没有）的特例。因此量子力学只有比经典物理更加强大，才能真正建立起"对应关系"。正如玻恩说的："我们越来越相信，物理学的基础必须来一次根本的革命，要有一种新的力学，对于这种力学，我们采用了'量子力学'这个名词。"作为"量子数学家"，玻恩敏锐地发现建立量子自己独立的大厦必须有自己独特的建构方法，正如建平房可以是木石结构，高层楼房要用钢筋混凝土框架结构，而超高层的大厦就必须是钢架结构。所以玻恩提出了"数学对应原理"，认为量子力学应该用"离散数学"来建构，以与经典物理的"连续数学"相对应，以量子力学的"差分方程"对应于经典物理的"微分方程"。

另外量子大厦的建筑材料，量子革命派尤其是哥廷根学派约定俗成的是"可观察量原则"——只有可观察的量，至少是原则上可观察的量，才能进入物理学。这是一条以马赫为首的实证主义原则，所以这个原则也被称为"马赫原理"。

玻尔的助手克拉默斯在哥本哈根首先响应玻恩的数学对应原理，用差分方法研究原子辐射的色散问题。1924 年秋到达哥本哈根的海森堡即刻与克拉默斯兵合一处，共同在新研究方法的旗帜下攻克色散问题，合作撰写《关于原子对辐射的散射》一文。哥本哈根学派与哥廷根学派的内在矛盾在这个合作中暴露无遗。哥廷根（或玻恩）方式用纯粹的数学方式来处理色散问题，拒斥直观的物理模型；而哥本哈根（或玻尔）方式却恰恰要仰仗直观模型，借助于物理类比。这两种方法的区别正在于，纯数学方式可以更彻底地贯彻可观察量原则，不让任何形而上学之物蒙混过关，而直观方式却不得不偷运一些不可观察的假设（如轨道）。两人的对立达到无法自行协商解决的程度，官司就打到了玻尔这位大法官那里。

1924 年冬季一个寒冷的下午，玻尔鸣锣开战，二"哥"的两员大将海森堡与克拉默斯的 PK 惨烈地进行。古典文学功底深厚的小海口若悬河、跃马扬戈，频频出击，直取老克；笨嘴拙舌的老克不停地吮吸着他那不离身的大烟斗，喷出一道道无奈的烟雾，却化解不了小海犀利的枪锋。直杀得夕阳西下寒气透窗，谁也不愿鸣金收兵。饥肠辘辘的玻尔觉得没有必要为科学献胃，不得不站出来调停，判定海森堡胜利。海森堡赢了这一阵就回慕尼黑老家过圣诞节去了。可怜的克拉默斯只得老老实实地待在哥本哈根，按照玻尔的裁定，用哥廷根方式重构论文，而且署名还得加上自己的"敌人"——海森堡。

任劳任怨的克拉默斯很快就把论文拿了出来，于 1925 年 1 月 5 日提交给《物理杂志》。这篇论文包含了著名的克拉默斯 - 海森堡色散理论，克拉默斯称之为"BKS 理论的皇冠成就"。而海森堡看到的是更重要的方法论意义。这篇论文用玻恩的差分方程重新推导出克拉默斯的色散公式，而且只涉及可观察的跃迁量，证明差分方式和可观察量原则是完全可行的，根本不需要那些不可观察的假设。他后来说："摆脱直观模型的必要性在这里第一次被强调和宣明，这是今后一切工作的指导原则。"

时间很快就到了 1925 年 5 月，按当初玻尔与玻恩的约定，海森堡该回哥廷根开课了。泡利与海森堡似乎心有灵犀，在海森堡动身回哥廷根前到达了哥本哈根。这时泡利在原子理论的研究上已经取得了长足进展，提出了伟大的"不相容原理"。他的深刻心得是，微观世界具有"特别的，经典方式不可描述的二值特征"，必须在方法上寻求突破。这与海森堡刚刚完成的方法论转向不谋而合，于是两人相谈甚欢。不过此时的泡利是不快乐的。一起来的还有一个叫克劳尼格的光谱学家，谈起光谱，反常塞曼效应让泡利痛苦不堪，对着克劳尼格，他大声抱怨："对我而言一切都太困难了，但愿我能当一名电影喜剧演员或类似别的什么，可以再也听不到物理学的声音。"这也不完全是虚言，泡利本来就有戏剧细胞，而此时卓别林喜剧正在风靡。

三

海森堡在哥本哈根也太投入了吧？再回到哥廷根就水土不服啦，5 月底他就得了一种叫"草枯热"的怪病，对花花草草过敏，哥廷根美丽的"绿草如茵、花团锦簇"对他就是一场灾难，他漂亮的小脸蛋现在是肿得不成人样了。到了 6 月 7 日，他就不得不向玻恩告假，到北海边上的一个寸草不生的赫尔戈兰（Helgoland）岛去疗养。看来以貌取人是全世界的普遍规律。海森堡在一家小客栈申请入住时遭到了房东太太的拒绝，也许是这个"猪头小伙子"的怪模怪样让她产生了关于黑手党之类的恐怖分子的联想。好在在热心旁人的劝说下房东太太最终改变了主意，否则她将成为全世界的仇人（想一想没有电视、手机、电脑、网络等的滋味）。

如果是写宫廷小说我就怀疑海森堡是托病远离权力中心，在君王鞭长莫及的地方阴谋策划宫廷政变。这里当然不涉及阴暗的权力争斗，但海森堡在此酝酿的科学革命，其威力会让历史上一切宫廷政变为之失色。当然也没有什么"阴谋"可言，建立新的量子力学，在"金三角"至少已酝酿了两年，特别在哥廷根，大家都在明里暗里较劲，发现一个革命性的"替代力学"。问题仅仅在于，谁能第一个看到这个辉煌壮丽的日出？感谢上帝在这个时候把海森堡安排到了这座寸草不生、人迹罕至的荒岛，让我们这位年轻的革命家摆脱芜杂的事务、纷繁的人事往来和费神的学术争论，伴着天真无邪的清风海浪，清心寡欲地静静思考。

现在统治量子新大陆的是一个半经典半量子的"两面政权"，要建立一个雄视经典物理的量子独立王国，首要的任务就是推翻这个两面政权——具体的，就是要对玻尔老师的行星模型动动手术。手术刀就是被称为"马赫原理"的可观察量原则，要把这个模型里的不可观察量给咔嚓掉。轨道？对，玻尔告诉我们，电子总是在环绕原子核的轨道上运行，这个轨道就是符合量子规则的某个能量的定态。注意了，"定态"这个概念就是一个形而上学的陷阱！因为所谓定态，就是电子既不吸收也不辐射的一种稳定态。问题是，这个电子既不吸收也不辐射，跟环境没有任何能量交换，我们如何能观察到它呢？现在，海森堡同学在脑海里与玻尔老师进行了一场 PK，就像不久前与克拉默斯同学PK 一样。

玻老师：我们看不到上帝，却可以见到上帝的造物；我们看不到风，却可以见到风刮动的树叶；我们看不到电子的轨道，却可以见到电子变轨时发射出的光谱。看看图 6.1：

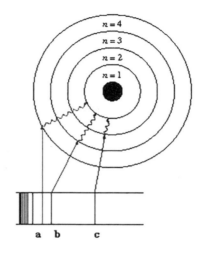

图 6.1　光谱产生原理

谱线 a 的能量 E_a 是轨道 n_4 的能量与轨道 n_1 能量之差，即：

$E_a = E_{n_4} - E_{n_1}$；同理——

$E_b = E_{n_3} - E_{n_1}$

$E_c = E_{n_2} - E_{n_1}$

海同学：那么，是先有轨道，还是先有光谱呢？

玻老师：那当然是先有轨道啦！没有轨道，哪儿来的轨道跃迁而发射的光线？

海同学：那您又怎么知道有所谓"轨道"的存在？

玻老师：不是刚刚说了吗？我是根据光谱推断出来的呀！

海同学：那不结了？既然轨道是推断出来的，那还是先有光谱嘛！最要紧的是，您推断出来的这个轨道是原则上不可观察的，拿来跟外行讲故事可以，用来做一个物理理论大厦的基石，是不是太儿戏了一点？

想到这儿，海森堡露出了一脸的坏笑，使他那浮肿的脸蛋显得更加滑稽。

是啊，轨道这种形而上学的虚构概念，只能满足我们的某种愿望、理想或者审美需要，一点也不能增加我们的知识、我们对原子的认识。真实存在的只有那个△E，就是原子光谱之类的东西。还记得不久前证明了玻尔电子跃迁的弗－赫实验吗？那4.9电子伏是电子向上跃迁所吸收的能量，那2536埃的光是电子向下跃迁释放的能量，都是△E，是能级差，而不是E_n，不是能级或轨道！这就是两面政权不稳固的根本原因，就像一栋大楼建在了沙滩上。量子力学要独立建国，就必须以观察量为基础。只有可观察量，至少是原则上可观察的量，才能进入物理学——这应当成为量子力学的第一公设。因此孤岛制订的政变方案第一步就是要把旧量子力学两面政权的佞臣——轨道——一举拿下。

我们还是用第三章的那个楼层比喻把问题说得更明白一点。在玻尔那里，所谓能级或轨道就相当于楼面高，于是玻尔的原子模型就是一个一维的楼高表：

楼层	1	2	3	4
高度	13	23	24.5	25.3

但所谓轨道谁也没见过，而且原则上是见不到的。拿这个楼高表做量子力学的研究对象，无异于堂吉诃德跟风车作战，拿一个看不见摸不着的东西来开打。实际上我们能看到的是两个定态之间的能量差，就是原子大厦的楼层差，那么，作为对象的原子模型就应该用这么一个二维的行列表来表征：

列

	楼层	1	2	3	4
	1	0	10	12	12.3
行	2	10	0	1.5	2.3
	3	11.5	1.5	0	0.8
	4	12.3	2.3	0.8	0

这个表没有大厦的楼高，因为这是看不到的，只有从某一层楼到另一层楼需要多少能量（向上跃迁），或者会释放出多少能量（向下跃迁）。我们规定，行的序数为跃迁的起点，列的序数为跃迁的终点。比如：1行1列为0，表明在

1 楼待着既不吸收也不释放能量；1 行 2 列为 10，表明从 1 楼到 2 楼需要吸收 10 的能量：1 行 3 列是从 1 楼到 3 楼吸收 12 的能量；4 行 1 列为 12.3，表明从 4 楼跃迁到 1 楼会释放 12.3 的能量；如此等等。我们在前面说过 5 层的氢原子大厦总共有 6 种向上的跃迁和 6 种向下的跃迁，我们这个表总共有 16 格，除掉对角线的 4 个 0（对应于 4 个定态），正好是 12 个量（对应于 12 种跃迁方式）。这 12 个量或是一道闪光（向下跃迁），或是电流表周期性的突降（向上跃迁），每一个我们都是看得见的，这种可观测的原子模型，才能成为量子力学的研究对象。

现在目标就很明确了——建立一个运算公式，从已知的可观测条件（如光谱），可以计算出未知的可观测结果（如光谱）。比如，我们现在只知道从 4 楼到 3 楼、从 3 楼到 2 楼和从 2 楼到 1 楼的三条光谱，能否把其他的光谱也计算出来？

	楼层	1	2	3	4
	1	0	?	?	?
行	2	10	0	?	?
	3	?	1.5	0	?
	4	?	?	0.8	0

列

根据玻尔的原子理论，一个大的跃迁的频率，对应于两个或多个相继的小跃迁的频率。比如，从 n_4 到 n_2 跃迁发射光谱的频率，等于从 n_4 到 n_3 和从 n_3 到 n_2 之和，即：

$$v(n_4, n_2) = v(n_4, n_3) + v(n_3, n_2)$$

这就简单了！比如 3 行 1 列（从 3 楼到 1 楼），无非就是 3 行 2 列与 2 行 1 列之和：1.5 + 10 = 11.5；3 行 4 列等于 4 行 3 列即 0.8，因为向上跃迁（吸收）与向下跃迁（辐射）能量守恒；3 行的两个问号就被我给抹掉了。根据我给的方法，相信朋友们也可以把剩下的问号一一抹掉。

海森堡在建构量子力学基本方程时，确实受到玻尔原子理论的频率关系式的启示，但要建构的方程还不能直接就是可观测的光谱的运算。打个比方吧，我们在老式唱机上放上一张黑胶碟欣赏一曲雄浑的交响曲，用高倍放大镜看，唱碟上只有一圈一圈弯弯曲曲的沟槽，我们能否认为，这条沟槽就是这曲交响乐的始因呢？显然不是，这条沟槽对应的是一支宏大的交响乐队，是弦乐、管乐和打击乐等以百计的乐器的合奏。同样，原子光谱也不直接是原子或电子本身，而是微观粒子吸收或辐射能量运动的宏观效应，光谱的背后也有一支交响乐队。海森堡现在是要当这支交响乐队的总指挥，而不是做那个在胶碟上刻槽的唱片制造商，因此他必须了解到每一件乐器，而不能大而化之地用一个合奏的结果来面对听众。这有可能吗？齐湣王可以对吹竽手"一一听之"，让"滥竽充数"的南郭处士混不下去，海森堡如何能从光谱这个量子合奏中听出每一个量子演奏？从黑胶碟的一条音槽中播出的交响乐，我们能分辨出小提琴的悠扬、大提琴的浑厚、小号的嘹亮和长笛的婉转，乐队指挥闭着眼睛也能听出一个乐手的跑调，人天然有着不需要乐手分别演奏也能"一一听之"的分析功能。我真怀疑数学大师都是上帝的亲戚，连那么微妙的自然现象他也能用一个数学模型再现出来。18世纪法国数学家傅里叶开创了一门叫"傅里叶变换"的数学工具，通过"傅里叶分析"，我们可以把复杂的振动，分析成最简单的"简谐振动"，而所有的振动，不过是简谐振动不同形式的叠加，正如一曲雄浑的交响乐，不过是不同乐器的组合。

根据玻尔的对应原理，微观运动规律必须与宏观的可观察量建立起对应关系，有了傅里叶变换，我们就有可能建构一个可验证的量子运动的基本方程。那么，与光谱这首"交响曲"对应的每一件乐器又是什么呢？BKS理论假设原子运动是"虚振子"的振动，这个假设在海森堡这里就可以用上了。我们可以把电子的每一个基本的跃迁理解为虚振子发出的一个简谐振动，每一个简谐振动都有频率和振幅，这些频率和振幅的叠加，就形成了我们可观测的光谱。于是，海森堡那张行列表里的物理量，就要用"傅里叶展开"来展示，而由于这些物理量都是二维（行、列）决定的，因此海森堡假定，量子力学的物理量要由一个"二维数集"来表示。二维数集，就是量子力学这篇文章有别于经典力学的"单词"。

量子力学规律也要跟经典力学对应。根据后者，我们只要确定了一个物理系统初态的位置和动量，就可以预测其末态的位置和动量，有了上述的方法，海森堡就可以用一个广义坐标（位置）数集及与其共轭的动量数集来对应。可是，用什么标准来衡量由这些物理量构成的理论体系是逻辑自洽的呢？

俗话说，穷乡僻壤出刁民。在这座荒僻的小岛上，无美景可欣赏，无美女可调侃，海森堡就一天到晚涌现出刁钻古怪的想法，各种各样的量在脑海中忽隐忽现、碰撞、纠结、聚合、离析。某个夜深人静的晚上，海森堡又回想起不久前的哥本哈根，浮想起那个生机勃勃的科研团队，想起他的成功与失败。啊！BKS 理论，能量守恒定律！对呀，系统的总能量应该是一个常量，能量守恒定律不容违反！新运动方程演算的每一步，都不能重蹈 BKS 理论的覆辙，产生能量不守恒的结果。

假设两个最简单的 2×2 的方格表（二维数集）代表量子运动的动量（p）和位置（q），来模拟海森堡此刻的运算：

p 行＼列	1	2
1	2	4
2	6	8

q 行＼列	1	2
1	1	3
2	5	7

下一步就是将两张表相乘，把结果填写在一个同样是 2×2 的方格表里：

p×q= 行＼列	1	2
1	?	?
2	?	?

我们后面将知道这实际上是矩阵运算，而此时的海森堡根本就不知道"矩阵"为何物，只是他觉察到了原子内部的各种可观察量的结构，需要这样一种魔术般的乘法才能把这些量的关系形构出来，等于硬生生地把矩阵运算重新发明了一次，这是何等惊人的天才创造力呀！这个"魔术乘法"，就是量子力学有别于经典力学的"语法"。根据这个算法，各项计算结果如下：

1 行 1 列：$2 \times 1 + 4 \times 5 = 22$

1 行 2 列：$2 \times 3 + 4 \times 7 = 34$

2 行 1 列：6×1 + 8×5=46

2 行 2 列：6×3 + 8×7=74

p×q=	行＼列	1	2
	1	22	34
	2	46	74

　　海森堡用这套"单词"和"语法"，在那座偏僻的小岛上伴随海风呼啸紧张地运算着，得出一个个与现有实验数据相符的结果，每一项都不违反能量守恒定律。感谢上帝，让我们的海森堡窥见了量子世界精妙绝伦的内部结构，量子世界的文字系统和语法规则诞生了，毋庸置疑，完全可以建立起与经典物理相抗衡的量子力学自己的公理体系，让"牛四条"的独裁统治见鬼去吧！演算完毕时分是一个伟大的黎明，海森堡弃笔向海岸狂奔，竟毫不费力地攀上了一座平日里无论如何都爬不上的山崖。在这个突兀于海面的悬崖上，海森堡仿佛看到一个崭新的力学体系——量子力学伴着一轮东升红日喷薄而出，迷蒙的新大陆被再一次照亮。这时候，海森堡还不满 24 岁。

四

　　春秋时期宋国有人养了一群宠物猴，碰上家庭财政危机，食品需定量供应，就跟猴儿们商量："今后咱们早上吃三颗橡子，晚上吃四颗橡子，好吗？"众猴皆怒，跳起来抗议。主人只好改口："那这样吧，早上四颗，晚上三颗，如何？"众猴"皆伏而喜"——趴在地上表现出心满意足的样子。

　　哈哈哈哈！不大笑不足以表现人类对猴类的智力优越感。但是且慢，"朝三暮四"和"朝四暮三"真的一样吗？我们把上面的两张方格表调个个儿，原来的被乘数位置（q）现在做乘数，原来的乘数动量（p）现在做被乘数，然后求二者的乘积，结果该不会不同吧？还用问？肯定一样，"朝三暮四""朝四暮三"嘛，哈哈哈哈！

　　还是先算一算再笑吧——

q		
行＼列	1	2
1	1	3
2	5	7

p		
行＼列	1	2
1	2	4
2	6	8

q×p		
行＼列	1	2
1	?	?
2	?	?

其实会矩阵运算的朋友自己都可以算了，不会也没关系，直接看结果——

q×p=		
行＼列	1	2
1	20	28
2	52	76

咦？真的是完全不一样了耶！

笑不出来了吧？不过也不要妄自菲薄，此时的海森堡也不明白是咋回事儿。$p×q \neq q×p$？$A×B = B×A$，$3×4 = 4×3$，$A + B = B + A$，$3 + 4 = 4 + 3$，这可是千百年来数学运算的"交换律"呀！$pq \neq qp$，就算是小学生也不该犯如此低级的错误啊！这样的结果，无论如何都不能让我们跟猴子一样"皆伏而喜"。如果我们的海森堡这时候年龄大点，成熟一点，老成持重一点，单单这么一个悖谬的结果就足以让自己羞愧难当、痛心疾首。偏偏他还是一个嘴上无毛、办事不牢的小伙子，太相信自己的直觉，太热爱自己的创意，况且运算是逻辑自洽的，结果也与观察值相符，尽管有些小郁闷，海森堡还是打算一意孤行啦！

在赫尔戈兰岛待了大约十天，海森堡就把玻尔存活了十二年的原子模型给颠覆了，这个"猪头小队长"（小说《烈火金刚》中的一个日本军官）还真当得值。海森堡现在又恢复了漂亮的脸蛋、激扬的心情。在回哥廷根的途中，他特意在汉堡下车，把自己的新突破向泡利通报。可不是分享喜悦，而是接受批判。这已经是"金三角"不成文的惯例，新的重大思想的产生，如果没通过泡利的"质检"，其合法性和可靠性就令人怀疑。还好，泡利很支持海森堡的新思路，这就让后者增强了信心。海森堡于 6 月 19 日回到哥廷根，就着手把在赫尔戈兰岛的思想整理成文，完成了量子力学史上具有划时代意义的雄文——《关于运动学和力学关系的量子论转译》。完成论文，海森堡又该出差了，因为英国剑桥的卡文迪许实验室（现在是卢瑟福当主任）请他去开一个讲座。1925 年 7 月 1 日，在请假的同时，他把论文交给老师玻恩，让后者斟酌是否拿到杂志社发表。

玻恩并没有马上看海森堡的论文，上了一个学期的课，玻老师已经很累，而他知道，海森堡的文章绝不会让他省心。但几天之后，一旦拿起这篇论文，玻恩就撒不开手了。尽管彼此都很熟悉，许多重大的观点和方法，大家也有过讨论，但赫尔戈兰岛上产生的奇思妙想还是令人震撼：二维数集、魔术乘法，奇异怪诞，却行云流水、自然天成、气势恢宏。哥廷根学派孜孜以求的宏伟目标，在这里清晰可见。没说的，马上推荐到《物理杂志》发表。这篇论文史称矩阵力学的"一人论文"。

但玻恩还是歇不下来。海森堡那古灵精怪的二维数集和魔术乘法总让他觉着似曾相识，但就是想不出为什么会有这种感觉。那个着急哟，就像见到一个熟悉的老朋友，但无论如何也想不起对方的名字。玻恩为此朝思暮想，夜里也难以入眠。直到 7 月 10 日早晨，玻恩的思维断路突然接通——"矩阵运算"！所谓"二维数集"，不过是"矩阵"，所谓"魔术乘法"，就是"矩阵运算"哪！大学时就上过这个课，玻恩当时学得还挺不错的。

这下就好了，矩阵运算在 19 世纪中叶就被发明出来了，当然会比海森堡临时抱佛脚的急就发明要精细。有了这样一个系统化的数学工具，海森堡的革命性思想就可以建立在一个坚实的基础之上，那个乘数和被乘数交换的变易也在义理之中——矩阵乘法本来就是不满足交换率，具有不可对易性。我们也不要太大惊小怪，本来就是有些东西可以对易，有些东西是不可对易的。比如是先穿衣服还是先穿裤子是可以对易的，是先穿内衣还是先穿外衣就是不可对易的。当然量子力学的这个不可对易性就不是内衣和外衣那么简单，这个问题的解决最终引发了一个乾坤对易式的思想革命。这是后话。海森堡现在自然没有意识到这个问题的严重后果，玻恩更是把它当作一个数学的自然而接受了下来。不过科学规律要求对称性，这就需要为海森堡补漏，形式上要求把对易的差值（pq − qp = ? ）求出来。玻恩当时就猜出了一个差值公式——

pq − qp = （h/2 π i） I

其中 h 为普朗克常数，i 称为虚数，即负 1 的平方根，Ⅰ 为单位矩阵。但为了证明这个公式，玻恩进行的一切尝试都失败了。

就在 7 月中旬，在汉诺威有一个物理会议，许多物理学家都乘火车赴会，这就让玻恩有机会在火车上碰到泡利。在泡利的包厢里，玻恩把他对海森堡理论的新发现和他的扩展研究中的困难跟泡利讲了，并发出了合作的邀请。泡利的"上帝之鞭"又扬起来了，对玻恩冷嘲热讽道："我就知道你喜欢搞冗长而复杂的形式主义，你只能拿琐碎的数学把海森堡的物理概念糟蹋掉。"嘿，这小家伙，对自己的老师也不会客气点！好在玻恩还有备选，否则他这"玻恩幼儿园"的"园长"就白当啦，那就是帕斯库尔·约尔当（Pascual Jordan）。他这个奇怪的基督教名字是从曾祖父那儿继承来的。他的曾祖父是西班牙人，曾是拿破仑麾下的士兵，随统帅征战到德国，就在这儿永久定居了下来。约尔当害羞而内向，加之还有口吃的毛病，所以极少讲课和演讲，但数学功夫却是了得。这时正好随老师参加汉诺威会议，所以遭到拒绝的玻恩转身就把任务交给了约尔当。约尔当也是不负师望，仅几天时间就把证明拿了出来。他们的研究成果合写成了《论量子力学》（史书上喜欢写成《论量子力学Ⅰ》），发表在《物理杂志》上。同样是矩阵力学的奠基作，因此与海森堡的《转译》合称"二人论文"。

玻恩把论文副本给海森堡寄了一份，立刻收到了热情洋溢的回信。三人约定开学后进一步合作完善矩阵力学体系。这项工作于 1925 年 9 月 1 日启动，但这时海森堡去了哥本哈根，只能通过书信交流思想。等他赶回哥廷根时，就只能为论文的结尾做贡献了。这篇题为《论量子力学Ⅱ》的成果被称为"三人论文"，发表在 1926 年年初的《物理杂志》上。1964 年约尔当说，《论量子力学Ⅰ》和《论量子力学Ⅱ》几乎是他一个人的贡献，海森堡不在家，玻恩又病了。这说法基本可信，玻恩在自传里也多处提到自己当时精力不济。这时的约尔当只有 23 岁，还是玻恩的在读学生。

第七章　波动力学登场

一

直到今天，薛定谔方程依然会使我们震撼，像一部宏大而动听的交响曲，既蕴含丰富、气势恢宏，又旋律明晰、曲调优雅，不由令人生出"此曲只应天上有"的感慨。奥本海默说过："这绝对是个相当漂亮的理论，也许是人类所发现的最完善、最准确、最可爱的理论之一。"1926年，薛定谔狂飙突进，总共发表了六篇论文，而且主要集中在上半年。在如此短的时间内迸发出如此巨大的创造力，科学史上恐怕只有爱因斯坦的"奇迹年"可比。

1887年8月12日，奥地利美丽的维也纳城的薛定谔家生下了一个漂亮的男婴，取名艾尔文·薛定谔（Erwin Schrodinger）。父亲鲁道夫是个油布商人，但他对生意却缺乏热情和天赋，念念不忘的还是年轻时大学里教给他的文化和科学。外公曾是奥地利很有成就的化学家和教授，因为一次实验让他失去了一只眼睛，这多少浇灭了他的科学热情，之后兴趣逐渐转向行政和社会活动，最高当到了奥匈帝国的枢密官。他的三个女儿，即艾尔文的母亲乔基和两个姨妈，都有上流家庭孩子所具有的良好的艺术和文学修养。尽管没有计划生育政策，但是鲁道夫和乔基再没有生育。因此艾尔文自小就得到母亲全部的爱，而两位姨妈的溺爱，甚至超过了自己的母亲。

艾尔文自小就表现出过人的才智，但父亲并不刻意利用这个优势，倒是担心这孩子过早地智力疯长，因此到了该上学的年龄只是每周请家教上两个早晨的课，直至薛定谔11岁才送他进入高级中学，以至于他比同班同学普遍大一岁。但他没有过过集体生活，且家里没有兄弟姐妹竞争，一生都有令大人难堪的孩子气。而母亲从来都是想办法给孩子放假，这让艾尔文终其一生都有捍卫假日的习惯。薛定谔所上的中学是维也纳受教会约束最少、宗教色彩最淡薄的一所。薛定谔无疑是天才学生，在中学基本属于他拿第二就没人敢拿第一的那种。

1906年秋季，他以优等生的身份进入维也纳大学。令他痛惜的是，他的偶像玻尔兹曼恰好在这年夏季去世，使他失去了亲耳聆听教诲的机会。薛定谔后来在辐射和引力研究中跟马赫有过接触。对维也纳大学的这两位"死对头"——马赫和玻尔兹曼，薛定谔说："大家很容易接受玻尔兹曼的科学方法，转而又接受马赫的哲学理念。"有趣的是，薛定谔跟普朗克和爱因斯坦一样，都在年轻时接受马赫主义，而当他们"成熟"以后都转到了批判的立场。大学时的薛定谔同样是优秀的，他毕业后的科研表现也很优异，1914年就被帝国文教部批准为维也纳大学的无薪教师。他性情浪漫，率性而为，不会钻那些吃力不讨好的冷门，而经常能抓住理论热点的关键处，把自己的智慧发挥到最佳状态。物理学领域，他涉猎很广——热力学、引力学、声学、光学、气象学，如此等等。

一战爆发，1915年薛定谔即将作为炮兵军官在前线服役。残酷的炮火夺去了步兵军官、薛定谔的理论物理老师、玻尔兹曼教席的继承人——哈森诺尔教授的生命。而由于他曾经涉猎气象学，1917年薛定谔就被调到后方的气象站，得以"苟活于乱世"。

但薛定谔真正的"非常"之处，是丰富的爱情生活。我们的薛公子是被女性柔情哺养长大的，因此对女孩天然尊重亲昵，加之其风流倜傥、卓尔不凡，属于很有女人缘的一类人。

然而我们的薛公子早恋晚婚，眼高手低，33岁时娶了25岁的安妮。新娘条件很一般：相貌平平，没有文化，是薛定谔追随的教授家的一个保姆。婚后薛定谔对安妮的热情只维持了一年，他们的婚姻却维持了一生。没什么文化的安妮对这位大知识分子崇拜得五体投地，生活上照顾体贴。然而她终身不育，情趣与丈夫毫无相同之处，年纪渐长后，相貌变得男性化，而且她对丈夫同事加好友韦尔的异常兴趣也让薛定谔不快。度过一段危机期后两人以好友相处，双方可以各自寻找性伙伴，安妮甚至帮薛定谔安排合适的女友，为他抚养非婚生子，薛定谔的老情人有的还成了她的好朋友。

薛定谔于1921年被聘为瑞士苏黎世大学的理论物理教授，这得益于他涉猎领域广泛，且都有不俗的成果。这使他摆脱了生活窘境，身体逐渐好了起来，但学术上却毫无起色。有人说如果薛定谔只活到1924年，那他顶多是物理史的注脚。1925年，薛定谔转到了气体学的研究，因此关注到了爱因斯坦与玻色的凝聚态研究，与爱因斯坦有书信往来。又由于这层关系，使他及时了解到德布罗意以及爱因斯坦对他的高度评价。10月的冬季学期开始以后，同校的实验物理教授、曾经是索末菲学生的德拜（Peter Debye）交给他一篇德布罗意发表在《物理学年鉴》上的论文，说："薛定谔，我不明白德布罗意在搞些什么。你读一下，看看能否做个好报告。"大概在12月，薛定谔如约做了这个报告，开场白是："我的同事德拜建议应该有个波动方程；好吧，我已经找到了一个。"有趣的是，德拜并不记得自己有过这样的"建议"，应该是说者无心，听者有意。但是，后来薛定谔并没有正式发表这个最初的方程，因为其不成熟。这在后面狄拉克的篇章里还会谈到。

银装素裹的阿尔卑斯山脉，瑞士的阿罗萨（Arosa）玫瑰山谷，赫尔维格博士的别墅就建在这里。一幢四层的小楼，典型北欧坡度很陡的尖屋顶，楼旁几株白雪披挂的雪松。1922年，薛定谔被怀疑患上了轻度的肺结核，安妮就陪他到这里进行了长达三个月的疗养。以后每年圣诞，薛定谔都会定期携安妮到此度假，享受滑雪的快乐。转眼1925年的圣诞节到了，薛定谔如期到了玫瑰山谷，但这次同来的不是安妮，而是一位神秘的"维也纳前女友"。我们的薛公子是个多情种，但不是逢场作戏的花花公子。他对每一个情人都会全情投入，为她写下深情款款的爱情诗篇，在日记里记下浪漫季节、销魂时分。他甚至保留有一份关于为数众多的情人的详细日记，对每一次相会都精心做了编码。偏偏史学家就是找不到薛定谔这段时间的日记和玫瑰山谷的神秘女郎的记录。

这不重要啦。重要的是她像"激发了莎士比亚创作十四行诗的灵感的隐秘女郎一样"(传记作家穆尔语），薛定谔将"在他生命姗姗来迟的性激情迸发时做出了伟大的工作"(同事韦尔语）。这次薛定谔没有享受滑雪的快乐，"誓死捍卫"的假日在他的一生中唯一一次被攻陷，他像打了鸡血一样进入了生命中的创造巅峰，度假期间，他在给朋友的信中说道："此时此刻我正在为新的原子理论而努力拼搏。"赫尔维格别墅，薛定谔一直待到1926年1月6日。接下来，《物理学年鉴》就频频收到他寄来的革命性的论文，1月27日第一篇，2月23日第二篇，5月10日第三篇，6月23日第四篇，同题为《作为本征值问题的量子化》。至此，一个富丽堂皇的"波动力学"大厦就高速建成了。

二

"优美的"薛定谔方程对外行来说却是艰涩得令人望而生畏，让我"王顾左右而言他"，先谈一个轻松一点的能量守恒定律吧。请看图 7.1：

图 7.1　能量守恒定律示意图

在虚线以下的 A 坡道和 B 坡道的每一个点上，小球的动能与势能之和的总能量永远是严格等量的。

这是由 A 坡和 B 坡组成的一个下凹的坡道，假设一个没有摩擦力和空气阻力等一切外力作用的理想条件。初态是 A 坡顶的小球（虚线球），这时它具有一个由高度（h）和质量（m）决定的势能。当小球下滚时，随着高度的不断降低，即 h 值的不断减少，势能也不断变小；能量守恒定律是不允许能量由有变无的，在势能变小的过程中，由质量和速度（v）决定的动能同步增加。初态速度为 0，动能为 0，而随着小球高度的不断降低，速度则不断加大，也就意味着动能不断加大，这个增加的动能恰好等于减少的势能。到坡底，势能达到最小值，动能达到最大值，这个动能将使小球上爬到 B 坡，这是一个与下滚相反的逆过程——动能渐次减少，势能渐次增加，到达高度为 h 的末态时，小球（实线球）又达到了势能的最大值和动能的最小值，跟初态一模一样，于是又开始新一轮的下滚和上爬的过程，如此循环往复，永无终止。但无论怎样，动能（K）与势能（V）之和的总能量（E）是永远不变的——

E=K ＋ V

由于动能与动量（p=mv）的关系是：K= p^2/（2m）（p 为动量，m 为质量），所以能量关系式可改写为——

E= p^2/（2m）＋ V

哎！有朋友提意见了：你说的是机械运动，原子内部可是电学运动的时间！哈哈！我正要说呢：这个能量关系式同样适用于描述电学运动，不过势能不是由引力场引起的，而是由正电荷与负电荷之间相互吸引的电势场引起的。负电荷与正电荷接近时，动能增加而势能减小，跟小球下坡的情形一样；远离时势能增加动能减小，跟小球上坡的情形完全一样。无论何种情形，能量永远是守恒的。

可是宏观的电学运动与微观的电学运动还是有区别的呀！没错，可是德布罗意的动量与波长的关系式（λ =h/p）已经在二者间搭建了一条过渡的桥梁，利用这个关系式，再根据能量守恒关系式，薛定谔就猜出了一个关于微观运动的波动方程，即后来命名的"薛定谔方程"——

Eψ = － [（h/2π）^{2}/（2m）]（d^2ψ/dx^2）＋ Vψ

这个方程也叫"定态薛定谔方程"。不必去琢磨这个公式，只看看与前面那个经典的能量关系式是不是有点相像。都由总能量、动能和势能三项组成，是一个能量守恒式。这里 ψ 就是传说中的薛定谔波函数，中文就念"普赛"吧；h 是普朗克常数；E 是体系总能量；V 是势能。ψ 就是微分算子的本征函数，而求出的解就是这个算子的本征值。

薛定谔方程作为一个线性微分方程，作为它的解的波函数必须是平滑而连续的，如何能解释电子的分立间断的量子化现象呢？如何获得玻尔式的稳定的量子化轨道（能级）呢？

关键在于电子不像小球那样是一个实物，或者说是一个粒子，而是一个波动。如图 7.2 所示，一根两端固定的琴弦只能有有限多个分立的振动模式，而每一种振动模式都是由有限多个波长相等的波构成，如 n=1（一个半波）的波长最长的"基波"，以及 n=2 和 n=3（两个半波和三个半波）的波长相对较短的"谐波"。电子也一样，由电子的负电和原子核的正电构成的电势场就是一个束缚电子的"势阱"，像图 7.1 中两边陡峭的坡道一样限制着小球在虚线以下运动，原子的电势场同样决定了电子只能有有限多个能级或轨道，比如 n=1 是波长最长的基态，n=2、n=3……波长越来越短的激发态，每一种定态都是严格符合"有限多个"和"分量相等"的量子化特征的（图 7.2）。哈哈！平滑连续的微分方程照样可以自然而然地导出分立间断的量子化结果！

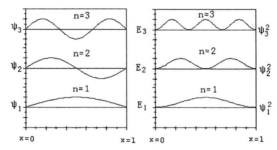

图 7.2　波动说诠释的原子中的量子化能级图

左图表示波动的频率，右图表示以波振幅代表的能级。

那么怎样解释不同定态之间的"跃迁"呢？你总不能 ψ_1 是通过连续的中间态而变化为 ψ_2，能级 E_2 和能级 E_3 之间还存在着连续的中间态吧？薛定谔说，能级固然是间断分立的，能级之间的变换发生在瞬间，就好像是"鬼怪式的跃迁"，但我们一旦把能级理解为波动模型，则完全可以给出跃迁式的波动模型变换的连续的形成机制。这就说得有点玄了。

拿声波的"拍频"现象来做个比喻吧。请看图 7.3，s_1 和 s_2 代表两件频率相近（但不相同）的乐器的声波，它们波峰和波谷的高度（振幅）基本是无差别的，听上去就是声音强度没什么变化的乐声。假设 s_1 的频率为每秒 100 次，

s_2 是 96 次（不必跟图严格对应）。好，现在让两件乐器同时奏响。开始的那一瞬间，两条声波的振幅都处在波峰处，大家知道，波动说中这叫"同相倍加"，两条声波干涉产生的第三列波（$s_1 + s_2$）的振幅为 s_1 和 s_2 振幅之和。再往后，两列波的同相度开始连续减小，异相度连续增加，图形上表现为振幅越来越小。到 1/8 秒时，s_1 运行了 12.5 个波，即振幅运行到波谷，而 s_2 运行完 12 个波，振幅又回到波峰。对，下面有朋友说了，这时是"异相抵消"，第三列波（$s_1 + s_2$）的振幅。再往后，两列波的异相度开始连续减小，同相度连续增加，图形上表现为振幅越来越大，到 1/4 秒，s_1 运行完 25 个波，而 s_2 运行完 24 个波，振幅同时回到波峰，又倍加出 $s_1 + s_2$ 的最大振幅。如此周而复始，形成了每秒强弱明显变化 4 次的"节拍"。

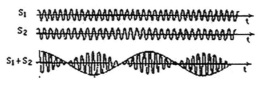

图 7.3 拍频形成原理图

频率不同的两列波 s_1 和 s_2 相干，会产生一个振幅强烈变化的拍频（$s_1 + s_2$），大振幅是两列波同相相干的结果，小振幅是异相相干的结果。

看清楚了吗？前两列波（s_1 和 s_2）跟第三列波（$s_1 + s_2$）是泾渭分明的两种振动模式，前者是琴弓在琴弦上拉出的一声长音，后者则如节拍器打出的节拍，但在这个例子中，第三列波即第二种振动模式在 s_1 和 s_2 相干涉的第一瞬间就产生了，叫它"鬼怪式的跃迁"也未尝不可。然而这第二种模式的形成，在时间和空间上没有任何一点的间断，完全是连续发生的，一点也不"鬼怪"。虽然这只是个比喻，但也说明了"鬼怪式的跃迁"只是没有认识到物质的波动本质所产生的误解或谬误。薛定谔说，"电子跃迁的概念与量子跃迁中能量从一种振动模式传递到另外一种模式的概念相统一"，而"振动模式的变化可以在空间和时间中连续发生"。量子力学何须那么神秘莫测、离奇诡异？令我们无法想象的玻尔"鬼怪式的跃迁"被消灭掉了，令我们头痛的海森堡那种抽象晦涩、鸡零狗碎的矩阵运算被取代了，我们完全可以继续使用大家熟悉的传统数学方法，建立起广大人民群众喜闻乐见的直观模型。啊！原子世界本来就不是那样的阴森恐怖、晦暗芜杂，天空晴朗、白云飘荡、风云际会之时叠加出七彩绚烂的彩虹，不同位置的电子合唱出最优美的和声，让人心醉神迷。

<h2 style="text-align:center">三</h2>

第四篇《作为本征值问题的量子化》是薛定谔巅峰创造期的巅峰之作，在这里他推出了含时间的波动方程。1987 年，奥地利在庆祝薛定谔 100 周年诞辰时把这个公式印在了纪念邮票的首日封上——

i（h/2π）ψ＝Hψ

i 是复数或称虚数，是 －1 的平方根；H 是哈密顿算符，时间因素包含在这个算符中。所以这个方程也叫"含时薛定谔方程"。

同样我们不必费神去理解这个公式，最关键的是复数 i 的引入让薛定谔烦恼。大家应该记得，玻恩在扩展海森堡的理论时也不得不引入了这个数，在差值公式 pq － qp ＝（h/2πi）I 中。这个数是 16 世纪意大利米兰学者卡当提出来的，表面上挺荒唐，因为任何数的平方都不可能是负值，然后又拿来开方。莱布尼茨辛辣地讽刺说："虚数是神灵遁迹的精微而奇异的隐避所，它大概是存在于虚妄两界中的两栖物。"争吵了二百年后，数学家们终于普遍接受了它，因为除了方便计算外，感觉它还接触到大自然的某种秘密。以后狄拉克发现，波函数里这个虚数确实包含了波函数的相位信息，而这正是干涉现象的原因所在，量子精灵把它最诡异的密码收藏在了这个"精微而奇异的隐避所"。我们不得不又一次地惊叹玻恩、海森堡和薛定谔的天才洞悉力，居然偷看到了握在上帝手里的答案，只是没有来得及偷看解法而已。

这就有点意思了，薛定谔最伟大之处，恰恰是不那么"不言而喻"和"清楚明白"的（像牛顿的"三大定律"那样）。现在一个波动轨迹，要由两个"普赛"——ψψ*——来决定，ψ*是ψ的"复数共轭"。"共轭"这个词可以让我们在想象中出现一辆由两匹马拉的车，这两匹马还是一实一虚的。薛定谔不明白这正是他的辉煌，还为给广大观众带来的不便而致歉："毫无疑问，这些困难还是源自复数的波函数的使用。如果实在不能避免，也不只是计算的方便，这意味着存在两个波函数，结合在一起给出系统的状态。"请牢牢记住薛定谔的这句话——**"两个波函数，结合在一起给出系统的状态"**，正是薛定谔的波动方程，以严密的数学形式揭示出一种诡异的量子特征——量子纠缠，对它的物理解释，引起了一次次量子世界的内乱，至今依然纠结着物理共同体。这是薛定谔本人绝对始料不及的。

还有一个更令人头疼的问题，就是ψ本身是什么。仅仅是一个主观的概念、数学公式，抑或是一种客观实在？薛定谔倾向于后者。如果我们把"粒子"看作一种表象，而把"波动"看作世界的本质，这个问题就迎刃而解了。上面我们已经看到，从连续性的波动中，可以很"自然地""顺理成章地"产生出量子化条件——周期性的波动一定是由"有限多个整数"的波构成的，n只能取1、2、3、4、5……，不能取1.1、2.3、4.5等。薛定谔说："力学系统的粒子必须由各个方向尺度都小的波包来代表。"也就是说，所谓一个粒子，是由许多相位波叠加而成的"波包"。总之微观粒子的"本质"是一条连续不断的河流，一个连续性的"本征函数"——"普赛"（ψ）；而量子化是这条河流自然翻起的浪花，是"本征函数"的"本征值"。因此薛定谔说"真实的力学过程由波形图来代表，而不是想象中的点"。但如果粒子是波包的话，它将会随时间发散，史称"电子发胖"。现在有可能用高速计算机描绘出你的波函数，你会看到：你的轮廓依稀可见，但边界模糊，随时间会时而弥散，时而收缩，而且不定在某个早晨，你会在几十万光年之外的某个星球上醒来！天哪，刚出了矩阵力学的鬼城，进了波动力学又是一座妖殿！"波包"说在理论上十分难堪，难以服众，薛定谔后来也没怎么坚持，但"波本质"说却是他坚持一生的信念，他还会以不同的方式顽强地表现出来。这是后话。

本来对科学理论做一种工具论的理解，只要它能解释经验事实，能够推测未知事件，它就是一个好理论。由此观之，薛定谔方程确实是一个好理论，它好懂易用，至今它在量子力学中的地位，还相当于牛顿方程在经典力学中的地位，那是相当崇高。可是偏偏我们的量子科学家们都深蕴着哲学气质，他们绝不会让薛定谔在此消停，而是步步紧逼——数学模式背后的物理意义是什么？物理背后的哲学意义又为何？面红耳赤，伤肝动火，枪枪中的，刀刀见血，风变色，山移形，旧城破，新城起，城头频换大王旗，量子世界在这种壮烈的厮杀中不断展现出它的新视界。

四

普朗克与薛定谔是判然两类的人，却很能体贴异类。读过薛定谔头两篇论文，普朗克就决定请薛定谔做他在柏林大学教位的继承人，劝说词很有的放矢，他说像苏黎世这种"小城市"，人们喜欢互相打探别人的隐私，你想偶尔隐居也无处遁形；而在柏林这种"大城市"，生活则"更加自由和独立"。

在柏林大学，薛定谔与爱因斯坦成了好朋友。因为后者不愿接受这个有教学任务的教位，前者才有了来柏林的机会。两人都桀骜不驯，讨厌德国教授古老刻板的做派。德国教授在校园里总是西装革履，而薛定谔却是随心所欲，以至于有次门卫把他拦住了不让进校园。而他随心所欲的教学风格在柏林大学像一缕清风，深得学生喜爱。这是一个纳粹茁壮成长的时期，反犹空气也越来越浓。爱因斯坦的反对是一以贯之，公开宣扬社会主义和和平主义，以反对法西斯主义和战争主义。而薛定谔作为一个非犹太人教授，对反犹主义的极度厌恶倒是凤毛麟角，但他不参加任何政治组织和政治集会，不发表政治宣言。1933年，希特勒终于在多数人的拥戴下上台，犹太人的噩梦由此开始。有次在大街上，控制不住自己的薛定谔出面阻止砸犹太商店的纳粹党徒，遭到围殴，好在一个戴着纳粹袖章的物理学家为他解围。薛定谔就像受不了委屈的孩子，觉得在这儿待不下去了。

于是薛定谔在英国教授林德曼的帮助下逃离德国，到英国牛津大学当教授去了，这让万岁之声不绝于耳的希特勒的脸面很挂不住。年初爱因斯坦叛逃美国并发表反纳粹言论已经让他恼羞成怒，下令抄没爱因斯坦在德全部财产并在全球通缉捉拿。但爱因斯坦是犹太人，这样做多少还有些理由，你薛定谔我没招你惹你，竟也阴谋叛逃，与当时一致支持、万众拥戴的政治氛围反差也忒大啦，那简直是奇耻大辱啊！不过薛定谔不是道德模范也不想当政治英雄，有记者想从他嘴里听到宏大理想、崇高情怀，他却淡淡地说："我只是讨厌这种残暴的政策而已。"

薛定谔刚到英国不久就得悉自己荣获 1933 年的诺贝尔物理学奖，这大大增加了林德曼的成就感和希特勒的失落感。

但在牛津的薛定谔并不快乐。他跟从柏林带来的助手的年轻漂亮的妻子希尔德明铺暗盖、出双入对，生下一个女婴由安妮照顾。在英国保守的文化氛围中，一妻一妾简直是十恶不赦。这让引进他的林德曼恼羞成怒，大呼："应该开除他！"资助的企业也抱怨："我们不仅养活了科学家全家，还养活了他的情人。"舆论氛围对薛定谔不利，加上感觉收入太低，1936 年，他又回到了阔别了 15 年的奥地利，任格拉茨大学教授。

薛定谔很快就知道这是他一生中做出的一个最愚蠢的决定。1938 年纳粹吞并奥地利，1933 年的叛逃和吞并前的反纳粹言论，使薛定谔马上被划到了敌人的阵营，格拉茨大学也沦为纳粹的训练基地。才出了狼窝又自投虎穴，薛定谔悔得肠子都青啦。他幼稚地认为只要向当局示好就可以重获自由，于是他给当地参议院写了封表示"改邪归正"的信。这帮参议员却加了一个醒目的标题《给元首的自白书》，把这封信发表在报纸上，这就让薛定谔陷入两头不是人的尴尬境地。怯懦并没有换来宽恕，不久薛定谔照样被格拉茨大学扫地出门，接着薛定谔在柏林大学的荣誉教授的头衔被取消，他的名字从所有大学的记录里删除，希特勒很痛快地报复了这个唯一敢公然藐视他的、非犹太血统的世界著名科学家。

千难万险，薛定谔与安妮又很狼狈地逃回了英国。那些包括林德曼在内的援助受纳粹迫害科学家的人士现在对薛定谔表现出鄙视，认为那封向希特勒献媚的信不可宽恕，除非他是被用枪逼着写的。尽管此时薛定谔也为自己曾经的懦弱感到愧疚，为自己的言不由衷脸红，但他不接受那种隔岸观火的道德批判，声称并没有人强迫他写那封信，而不管对错只是他个人的事，与他人无关。只有铁杆粉丝安妮无条件地支持丈夫。

薛定谔最后落脚在爱尔兰首都都柏林，一直待到战后的 1956 年才重返故乡维也纳。1960 年的冬季，安妮在外地的疗养地患了严重的哮喘病被送进了医院，薛定谔只好独自回到了维也纳。到家后他就病倒了，也被送进了医院。一对风风雨雨四十年的夫妻爱情复燃，都焦急地惦记着对方，像热恋的情人一样频繁地互通情书，依恋切切，思念悠悠。其实薛定谔对安妮一直都很上心，由于曾经富有的父母去世时却是贫病交加，所以从很早他就惦记着要给安妮留下足够的养老金，这也是他很计较待遇的原因之一。安妮对非婚生孩子的爱，超过了他们的亲生母亲，这也很让薛定谔感动。当安妮终于康复急不可待地赶回维也纳时，薛定谔才放下了一颗悬挂着的心，不停地唠叨："因为我又有了你，一切又都变好了。"每天安妮都要在病床边握着他的手待上四个小时，只有吃饭睡觉才离开。而薛定谔也只有在安妮的执手中才能获得心灵的平静。他的最后一句话是对安妮说的："陪着我，这样我就不会死去。"这是薛定谔版的"执子之手，与子偕老"。薛定谔于 1961 年 1 月去世，安葬在曾经点燃他青春活力的阿尔卑斯山脉。

第八章　波粒之乱

一

　　当从玫瑰山谷下来的薛定谔在苏黎世组建波动军团的时候，先期组建完成的矩阵军团正不失时机地扩充军力、攻城略地。在玻恩等人的"三人论文"尚未发表的 1925 年 10 月，他就用新的力学方法，推导出了氢原子的定态和巴尔末光谱系。泡利仍属矩阵力学的首发阵容。剑桥大学的研究生狄拉克 1923 年考上剑桥后才接触量子力学，1925 年 8 月从老师福勒那儿得到海森堡"一人论文"的副本后马上就进入了状态，10 月就独立推导出"二人论文"的差值公式，接着他又独立完成了氢原子的定态和巴尔末光谱系的推导，只比泡利晚了一步。他无疑已正式成为矩阵军团的一员战将。1925 年 10 月刚完成"三人论文"的玻恩赴美，一直待到了来年 1 月。他在美国麻省理工学院讲授晶体理论和量子力学，晶体理论 10 讲，量子力学 20 讲，所用标题为《原子动力学问题》。新的量子理论在第一时间来到美国，造成了广泛的影响。他的讲稿于 1926 年由麻省理工学院出版，同年出版了德文版，这是关于量子力学的第一本专著。在麻省理工学院讲学期间，玻恩还和控制论的创始人诺伯特·维纳（Norbert Wiener）合作，用算符理论对矩阵力学进行了推广，将离散的矩阵力学推广成带有连续性，以便同光谱连续部分的连续性相当。

　　1925 年秋，荷兰的两位年轻物理学家提出了电子"自旋"的概念，成果被鬼使神差地发表了出去，海森堡和玻尔都接受了这个概念。1936年3月，海森堡和约尔当合作推出了论文《量子力学在反常塞曼效应中的应用》，运用自旋概念和微扰理论，在矩阵力学的框架内，对原子的力学行为进行了成功的计算，计算出了电子的质量、电荷、轨道角动量。最重要的是，解决了长期困扰物理学家的"反常塞曼效应"问题。这个效应不仅经典理论无法解释，玻尔的量子化行星模型也无能为力，为此泡利甚至扬言要去当喜剧演员。现在矩阵力学推导出了逻辑自洽的解决方案——在外磁场中，总自旋为零的原子表现出正常塞曼效应，总自旋不为零的原子表现出反常塞曼效应。关于这点，我在下章会有更详细的介绍。

相形之下，薛定谔得出的第一个波动方程是一个相对论性的方程，由于解决不了电子自旋造成的"二值"问题，与实验数据不能符合，所以也没敢拿出来公布。在"反常塞曼效应"问题上，波动军团只能甘拜下风。而且，怎么用波来解释黑体辐射、光电效应呢？电子自1897年被J. J. 汤姆逊证明是一种粒子以后，一直是科学共同体探索微观世界的先锋队、排头兵，所以它的身份证明是十分重要的。在粒子军团与波动军团的生死决战中，电子只要加入一个阵营，就会造成对方阵营的战略性溃败。本来对于北欧"金三角"的粒子军团来说根本就不是个问题，电子部队一直是他们的正式编制。可是经过半路杀出的德布罗意和薛定谔这么一折腾，形势却变得有点岌岌可危——电子部队有兵变的迹象！现在好了，新生矩阵力学又为电子找回了作为粒子的质量、电荷、角动量等身份证明，并且在粒子的旗帜下攻克了"反常塞曼效应"这个几十年来久攻不下的顽固堡垒。只要电子部队军心稳定，矩阵军团占领量子新大陆的全面胜利就指日可待了。

这就太小瞧波动军团的实力了。这个军团之所以能在短时间内迅速崛起，是有人心所向这个深厚背景的——得民心者得天下嘛。薛定谔的波动方程使用了当时物理学家熟悉的偏微分方程这种数学工具，使用起来也比矩阵运算方便多了。矩阵运算就算是泡利和狄拉克这样的天才也是费了九牛二虎之力，一般人更是望而生畏。泡利后来也用薛定谔方程推导过氢光谱，确实比矩阵运算顺畅容易多了。更重要的是，波动大厦装饰着连续平滑的优美曲线，久违的经典形式第一次照亮了暗晦的量子大地。被量子自由化寒风摧残了这些年后，严格必然性的东风再一次吹暖了这片新大陆，科学家们心里最幽深处的经典情结枯木逢春，探索的前路突然云开雾散，物理学又有了再造牛顿式辉煌的新希望。

普朗克已经年近七十，尽管已接受了自己提出的量子概念，但年轻的物理学家在这面旗帜下也走得太远了吧，世界被他们搅得越来越虚幻，越来越无序。回归经典路在何方？看了薛定谔的论文，普朗克像过年的小孩一样高兴，像"一个被谜语困惑了很久的小孩儿听到了他渴望的答案"，一颗已经冷却的心再一次被激活，决心要发挥余热，帮助薛定谔把波动的旗帜插遍量子新大陆。他告诉薛定谔："你可以想象，我是以怎样的兴趣和激情投入这项划时代的工作中的。"

爱因斯坦几乎是相同的情结，但他不是怀旧，而是要建立一个比牛顿更牛顿的新世界，正在攻克"统一场论"这个宏伟目标呢，而种种迹象表明，矩阵力学方法上是与自己背道而驰的，其结果与自己的伟大理想也必然是南辕北辙。而薛定谔的波动军团，正是自己在微观领域的理想的同盟军。他是从普朗克那儿看到薛定谔的文章的，看完后马上给薛去信说："你的工作思想源于真正的天赋。"10天后又按捺不住激动之情再次去信说："正像我相信海森堡和玻恩的方案是误入歧途一样，我确信你的量子条件公式已经取得了决定性的胜利。"

荷兰物理学家埃伦费斯特（Paul Ehrenfest）这样表达他的喜悦之情："我只是着迷于这理论和它所带来的新的观点。最近两周，为了进一步检验这一伟大理论，我们小组每天在黑板前一站就是几个小时。"连矩阵力学的创始人之一玻恩也盛赞薛定谔："在理论物理学中，还有什么比他在波动力学方面的最初六篇论文更出色呢？"海森堡的老师索末菲也说："尽管矩阵力学的真理性不容置疑，但它的处理手段极其复杂和惊人的抽象。现在好了，薛定谔救了我们。"哇！薛定谔成了物理学的大救星啦！

到目前为止，在我们的量子物理史上，每一个新理论新观点的提出，批判和冷遇已经习以为常，像薛定谔这样一开始就得到热烈追捧倒是挺反常的。

1926 年 7 月，薛定谔应德国物理学会邀请赴德国巡回演讲，盛况空前，德国物理学界像德国人当年迎接俾斯麦凯旋一样迎接薛定谔的到来。第一站柏林，德国有名望的物理学家全部出动，普朗克、爱因斯坦、劳厄、能斯特，他们握手言欢，额手称庆。第二站耶拿，五年前他还是这里的小助教，现在算是衣锦荣归啦。第三站慕尼黑，"金三角"中的一"角"。

他在慕尼黑大学和德国物理学会巴伐利亚（慕尼黑是这个州的首府）分会都做了波动力学的演讲。倒霉的海森堡正好在慕尼黑探亲，也参加了巴伐利亚分会的报告会。热烈的会场气氛让他感到了"病树前头万木春"的悲凉，按说他的矩阵力学已经诞生一年，除了几个哥们儿自娱自乐，那真是寻寻觅觅冷冷清清啊！到了报告会的提问阶段，海森堡就迫不及待地跳了出来，质疑薛定谔如何用他连续性的模型解释光电效应和黑体辐射。还没等薛定谔回答，已经当了慕尼黑大学校长的维恩气愤地站了起来，那气势，如海森堡所说："几乎要把我从那屋子里扔出去。"他说："年轻人，你还是好好学习物理学。薛定谔教授一定会在预期的时间内解决这些问题的。你必须明白我们已经结束了对量子跃迁的毫无意义的争论。"敬爱的老师索末菲也站出来批评自己的学生："薛定谔的理论是很受欢迎的，你不应该怀疑他的讲演。"唉，到哪儿说理去。海森堡真恨不得找个地缝钻进去。

"慕尼黑遭遇战"，海森堡败得一塌糊涂，根本没有人信服他的观点。这让海森堡狼狈而沮丧，一肚子的窝囊气不知向谁倾诉。想想维恩居然说我们的理论"毫无意义"，这就不是个人的事了，他赶忙给玻尔写信，"向组织汇报"。这又引来了此后薛定谔的哥本哈根"单刀赴会"。

二

伟大的物理学家洛伦兹现在已经 73 岁，头脑还清醒得很呢。看了薛定谔的头三篇论文就发现了问题，主要集中在粒子是波包的观点。因为根据计算，波包会随着时间发散，这与微观粒子的稳定性的观察事实明显相悖。薛定谔在第六篇关于谐振子的论文中试图解决这个问题，论证波包不随时间发散。但洛伦兹马上也发现了问题，因为谐振子体系很特殊，根本不具有普适性。洛伦兹的意见是对的。洛伦兹是经典物理的最后一代大师，经典电子论的创立者。他深深地明白，量子论的基础跟他的电子论的基础是根本对立的，20世纪初的物理学革命对他的冲击是深刻的，他甚至说很遗憾没有在旧理论的基础崩溃前死去。

是的，如洛伦兹所说，旧理论的基础已经崩溃，但新理论却没有基础。这是两年前的事情，现在不仅有了，而且是两个！矩阵力学和波动力学也许都还不完善，但同样是基础性的、公理化的。问题在于，它们是根本对立的——一个以粒子为基本元素建构新的理论大厦，一个以波动为本质缔造基本运动方程。这麻烦就大了，一座摩天大楼的蓝图都设计好了，地质勘探还没做呢！当老国王牛顿在新大陆显得无能为力、理屈词穷的时候，唯一让他感到欣慰的是，革命者们也不知道应该建立一个什么样的新国家。

"金三角"的科学家们这一二十年来风风雨雨、坎坎坷坷，尽管山高水险、前路迷茫，但怎敌我患难与共、风雨同舟？终于走到今天这欢庆的时刻。遵循"可观察量原则"和"对应数学"的建国大纲，眼见一个独立的矩阵共和国在新大陆矗立，"老帝王"行将卷铺盖走人。不料那一厢德布罗意王子高举波动义旗揭竿而起，多情的薛定谔在"虞妃"的激励下，走法国王子的贵族路线建立了一个秩序井然的波动王国，声称只要认识到新大陆的广大人民群众的本质是波，必然就还是一个令行禁止的国王，旧日王国的安定团结、和谐稳定的局面可以在我这儿全部恢复。薛定谔在创立波动力学时已经知道了哥廷根学派的矩阵力学，但坚决撇清二者的关系："我不知道它（指波动力学）和海森堡有任何继承上的关系。我当然知道海森堡的理论，它是一种缺乏形象化的，极为困难的超级代数方法。我即使不完全排斥这种理论，至少也对此感到沮丧。""悠悠万事，唯此为大，克己复礼。"一时间，回归经典的大纛裹挟去了不少人马。

伤肝动火的是哥本哈根学派的年轻人。倒退是没有出路的，少壮派们绝不甘心就这样败下阵去，拼力阻止这股复辟经典的逆流。海森堡在给泡利的信中写道："对薛定谔理论的物理部分考虑越多，我就越讨厌它。薛定谔在《年鉴》

上写的文章几乎没有任何意义，换句话说，我认为简直是在胡说八道。"泡利也附和说这是苏黎世的"地方迷信"。狄拉克也本能地拒斥薛定谔那种经典的数学套路，认为奇特的量子现象应该由奇特的（queer）数学——"q 数"——来描述，而不能用经典的（classic）数学——"c 数"——来描述。狄拉克在后来的回忆中坦承："一开始，我对薛定谔的思想肯定怀有敌意。"

前面说海森堡"向组织汇报"并非戏言，玻尔现在确实是他的"组织"。1926 年上半年，海森堡同时收到了两份就职邀请，一份是德国莱比锡大学的副教授的教职，另一份是丹麦哥本哈根，接替克拉默斯，当玻尔的助手。从名利角度看，前一份当然更有诱惑力——毕竟是副教授嘛，而玻尔的助手只是个讲师；从事业角度看，后一份无与伦比——玻尔的思想盛宴，不是什么人都有机会的。功利的父亲希望儿子接受前一个职位，但经过圈内广泛征求意见，包括自己老师玻恩和爱因斯坦的意见，海森堡最终选择了哥本哈根。事实证明这是一个无比正确的决定，历史注定了海森堡还有更精彩的篇章。

言归正传。玻尔接到海森堡的慕尼黑来信后，就产生了组织量子力学两大阵营最高对决的战略构想，于是发函邀请薛定谔到哥本哈根大学讲学。薛定谔于 1926 年 9 月底到达哥本哈根，玻尔亲自到火车站迎接，而"波矩大战"或"波粒大战"差不多从两人一见面就开始了。薛定谔住进了玻尔家，这使他们的争论可以通宵达旦地进行。辩论主要在玻、薛之间进行，海森堡从旁擂鼓助战。玻尔厚嘴唇宽下巴，一看就是宽厚之人，平常对人体贴入微、豁达随和、亲切和蔼，可是碰上重大学术争论，就如海森堡所说，"像着了魔似的"，完全变了嘴脸，活像一只好斗的小公鸡，穷追不舍，不依不饶。薛定谔也不是善主，才思敏捷，伶牙俐齿。两个 40 岁上下的男人（玻比薛大 3 岁）的战争打得天昏地暗，唇枪舌剑，寸土必争。薛攻击玻的电子跃迁匪夷所思、一派胡言，根据电磁学理论跃迁必须连续进行；玻尔反击，说量子跃迁根本不是传统理论可以解释的，如果间断性的跃迁不存在，黑体辐射又作何解释。面对玻尔的死缠滥打，薛定谔举手做投降状说："如果必须忍受这该死的量子跃迁，我宁可从没涉足原子理论。"薛说，我们必须转变观念，作为粒子的电子是不存在的，只有波的观点才能解释原子的光辐射。玻则反击薛的波函数的物理解释，说所谓"波包"必然随时间"发胖"。薛则百般辩护，殊死抵抗；玻步步紧逼，要求薛把每一个论点都说得一清二楚，然后又一一批得体无完肤……如此几天下来，薛定谔终于扛不过运动员出身的玻尔，感冒发烧，病倒在床。病床这边，玻尔太太奉汤伺水，照顾病号；病床那边，玻尔先生喋喋不休，攻击论敌；在旁助战的海森堡不断地说道："但是薛定谔，你至少得承认……"

关于"哥本哈根会战"中薛定谔的感受，他自己有一段很抒情的文字："和煦的阳光暖暖地照在这个亲切和善、殷勤好客的家园，在那里，善良的人们像对老朋友一样地招待着我这个陌生人，使我倍感温馨舒适。这是我内心深处永难忘怀的经历。这个城市、这所住宅，还有这个家庭，这一切都属于伟大的尼尔斯·玻尔。感谢他为我安排的这一切，使得我能够连续几小时向他吐露心声，并聆听这位为现代物理学奠定了坚实基础的伟人，为在学术上更上一层楼做出的努力和采取的立场。对一个物理学家来说，这真是永世难忘的经历。"

"哥本哈根会战"是矩阵派占了上风，奥斯卡·克莱茵回忆说薛定谔接受了玻尔和海森堡的物理解释，不过后来又反悔了。"慕尼黑遭遇战"的败军之将海森堡扬眉吐气，觉得自己取得了彻底的胜利，今后不必再理会什么"波动力学"了。玻尔则认为事情没那么简单，在波－粒二象性问题没搞清楚之前，量子力学难言完胜。对这次会战结果评估的差别，已经蕴藏了玻尔与海森堡之间的深刻矛盾，而这个矛盾，后来又引发了一场"玻－海之争"，那一次大战的激烈程度绝不亚于这次，而且还动了感情，以致把海森堡都气哭了。知道玻尔的厉害了吧？这让我想起《大话西游》里的那个唐僧——慈悲为怀，普度众生，却是个话痨，那个絮絮叨叨啊，让那看押他的小妖宁可自杀。呵呵，开个玩笑。

三

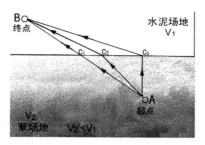

图 8.1　最小作用量原理图

　　在两种摩擦力不同的场地上行车，用时最短的路径不是路程最短的 C_1，也不是大摩擦路面路程最短的 C_3，而是最优配比的 C_2。

　　看图 8.1，给你一辆汽车，先经过一片草地，然后是水泥地，以最短的时间从 A 点到达 B 点，你该怎么走？两点之间直线最短，当然是走 A → C_1 → B 这条路径喽。那也未必，因为草地上汽车的时速 V_2 必然比在水泥地上的时速 V_1 低，A → C_3 → B 也不失为一种选择。这条路径虽然总里程要长得多，但在水泥路上的快速奔跑同样可以把时间抢回来，正如在城市里，我们有时愿意绕远路而避开拥堵的路段。但这还不是用时最短的路径，最快到达的路径是 A → C_2 → B，它把草地路短和水泥地跑得快这两个优势结合得最好，V_1 和 V_2 给定的条件下，这条路径是唯一的。换言之，如果这两种速度发生了变化，最佳路径也必然会发生变化。比如，这片草地不是一般的草地，而是沼泽地，也就是说 V_2 更慢，那么最佳路径可能就是图 8.2 的 A → C_4 → B，把草地的路程选取得更短一些。这种选取最经济的路径运动的方式，物理学上叫"最小作用量原理"。我解释这个原理讲得挺费劲的，然而自然界的一切物体不需要老师教，按其自然规律都会遵循这一原理，比如"水往低处流"，水一定会为自己选取一条最佳的路径，以到达最远的远方。挺奇怪的吧？

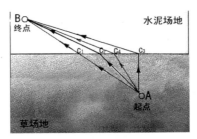

图 8.2　最小作用量原理图

草场地摩擦力增加，用时最短的路径由 C_2 变为 C_4。

更奇怪的是，无形的光线也跟我们这辆有形的汽车一样选择路径。我们知道，光线在同一介质中传播时总是走直线的，因为两点之间直线最短，可是经过密度不同的两种介质时，光线就会发生折射，如图 8.3，鱼儿的光线折射会误导捕鱼人的鱼叉从它的头上掠过。其实道理很简单——光线在密度越高的介质中速度就会越慢（近似说法），折射的路径是用时最短的路径。如果图中的水换成油（密度更大），折射率角度就会更大，正如沼泽地的那条最佳路径一样。

图 8.3　最小作用量原理图

光线折射也符合最小作用量原理，光线在不同介质间的折射路径是用时最短的路径。

喂！跑题了，我们不是在讲波粒之争吗？——下面有朋友抗议。是啊，有形的汽车不就是讲的粒子吗？无形的光线不就是讲的波动吗？二者都服从同样的最小作用量原理。正是这种自然现象，引导一百年前的爱尔兰数学家和物理学家哈密顿（William Rowan Hamilton）开始了统一粒子和波动的事业。他发现，几何光学中光线轨迹与牛顿力学单粒子的轨迹十分相似，受此启发，他猜想，遵循最小作用量原理，一定可以找到一种与几何光学类似的形式表述力学规律。他成功了，成果就是"哈密顿原理"，也叫作"哈密顿最小作用量原理"。从这个原理出发，可以推导出力学的所有定理和运动公式。

为什么可以用描述光学运动的形式来描述粒子运动的规律呢？莫非粒子本来就内禀着光线一样的波动属性？这本来是从哈密顿原理出发很容易想到的一个问题，但在哈密顿的时代，谁也不敢这么想。1835年，哈密顿发表了论文《波动力学的一般方法》，提出"波动力学"这个概念，但他讲的只是这两种运动的数学形式的相似性。薛定谔继承了这一概念，并迈出了顺理成章的一步——探索物质运动的波动规律。在薛定谔的第二篇论文里对光学和力学的哈密顿相似性有详尽的论述，并由此引出他推导波动力学方程的新方法。真可谓：薛定谔一小步，人类一大步！

薛定谔理论与哈密顿理论的血缘关系是显而易见的，令他吃惊的是，当认真钻研了海森堡等人的论文后才发现，表面上与波动力学完全对立的矩阵力学竟然也具有同样的血缘关系——也源自哈密顿函数，不过是把函数里的经典量置换为量子算符。1926年薛定谔发表了题为《论海森堡、玻恩与约尔当和我的量子力学之间的关系》的论文，证明矩阵力学和波动力学的数学等价性，指出可以通过数学变换从一种理论转换到另一种理论，而且是互逆的。与此同时，泡利也做了同样的证明，不过因为知道了薛定谔已经发布了同样的成果而没有公开发表，狄拉克正是看了海森堡寄来的泡利这个等价性证明才接受了薛定谔的数学形式的。

本是同根生，相煎何太急？既然有相同的历史渊源，一百年前就是亲戚，握手言和吧！不，问题没那么简单。等价性证明非但不能弥合波动军团和粒子军团的隔阂，相反成了攻击对方的炮弹。到了这个"分外眼红"的时候，我的是我的，你的也是我的。对立形式的证明具有等价性，无非是增加了一个佐证。既然数学形式是等价的，争论就转移到更深层次的物理解释，争论反而变得更加激烈，甚至情绪化，其中不乏嘲弄、攻击和谩骂。

薛定谔说："在今天，很少有物理学家以正直的马赫和基尔霍夫的观点，认识到物理理论的任务是最经济地描述观测量之间的经验关系……这样看来，数学等价几乎意味着物理等价。"这里讲到的是马赫主义的"思维经济原则"，可以说是以"作用量最小原则"来说明科学理论的本质，意思是说，人类创造出科学这个东西，就是为了以最省事、最方便的方式把世界的事说清楚。比如，牛顿用"万有引力"这个概念，把天上地下的一切重力现象都说清楚了。好了，既然微分方程和矩阵运算都是为了说清楚量子现象这样的事，既然大家是等价的，谁都没有错，那么哪个更方便、更好用，哪个就是真理了。就像马车和汽车同样代步，人们当然会选跑得更快的汽车。所以，用波动来描述量子世界比用粒子描述量子世界更优越。论证完毕，Over。末了，薛定谔还不忘幽海森堡一默：美丽的波动"绝不是裸体粒子的一件性感的肉色内衣"。

争强好胜的海森堡哪吃他这一套呀，他说："没错，经济性确实是科学理论的一个标准，但不是唯一标准，你别忘了，还有一个最重要的标准，经验适宜性的标准，要能解释经验事实，而且是能解释最多的那个为好。按你的说法，牛顿力学是最符合经济性标准的，我们何必还要劳神费力去创造量子力学？它说明不了问题呀！你的微分方程倒是省事，可你那是偷工减料呀，你知不知道？光电效应、黑体辐射，你解释一个给我看看！"

薛定谔一时语塞，支吾道："你那老校长不是说让我在'预期的时间内'解决吗？"

哼，哼，那就等着瞧吧！海森堡用鼻子说。私下他却预言："物质的波动说，就像光线的波动说一样，必然会前后矛盾。"（给狄拉克信中的话）

四

有朋友说："不是说'实践（实验）是检验真理的唯一标准'吗？用事实说话嘛。"你就外行了不是？如果实验能搞定一切，早就天下太平了。波动和粒子，谁没有坚强的实验后援？我们来清点一下吧——

波动：双缝（干涉）实验、衍射实验、戴维逊–革末实验、G. P. 汤姆逊实验……

粒子：J. J. 汤姆逊实验、黑体辐射实验、光电效应实验、康普顿实验、弗兰克–赫兹实验……

这就让人犯难了，两个体系都逻辑自洽，都有经验事实依据——波动 or 粒子？

仅仅在两三年前，哥廷根的激进派们发出要"从基础做起"建立一个"替代力学"的独立宣言时，还是一个虚无缥缈的理想。玻恩于 1924 年提出"量子力学"的概念，连个体系的构想都没有。在新大陆上，人们还穿着长袍马褂，留着经典长辫，用好奇、狐疑、不解、反感和抵触的眼光看着量子新军四处煽风点火，不时起义造反。现在风云突变，一时间两面同样标着"量子力学"的大旗就在新大陆上呼啦啦地迎风招展，只不过一面镶着美丽的波动花边，一面缀着耀眼的粒子金星。经典部队望风披靡，革命军团势不可当，独立国家指日可待，但是大家却感受不到改朝换代的喜悦。没有天下统一、万众归心。新朝不是一个，而是两个，都自称正统。当初量子新军的一个个革命口号都让人难以捉摸，一头雾水，现在两个理论，两套体系，更让人无法消化，找不到北。如果说过去是迷惘，现在则是困惑——旧组织崩溃了，新组织我又该投靠谁呀？

但不管怎么说，量子精灵现在已经不是 26 年前那个无足轻重、无处栖身的游魂，也不是 13 年前那个寄人篱下经典模样的模型，它已经成为不可否认的经验事实，科学共同体共有的信念，有了自己的家园，星星之火已经燎原。然而好事多磨，当科学家们终于找到方法建立起它的数学模型时，这个模型背后的物理意义一下子变得严峻起来。量子的存在现在大家已经没有怀疑，但它本身是什么的问题似乎并不比当初是否存在的问题更轻松。浓雾散去，看见的却是歧路重重。光是波动还是粒子，在经典物理中只是一个无伤大体的局部问题，因为看得见的世界万物还都扎扎实实地存在着呢；而在量子物理领域，量子是波动还是粒子，却成了一个性命攸关的根本问题，事关世界的本质，量子国的国体，是兵家必争的战略要地——谁占领了这个要塞，谁就控制了整个世界。

形势发展的迅猛就是这样让人眼花缭乱、猝不及防。独立战争硝烟未散，波粒内战烽火又起。双方都在呼朋引类，招贤纳士，扩充军力，抢关夺隘。两军隔江对峙，严阵以待。箭在弦，刀出鞘，马上鞍，双方虎视眈眈，雄心勃勃，都意欲发动渡江战役，一统天下。

欲知鹿死谁手，且听下篇分解。

营地夜话（2）

朋友们：

　　上一站还只是几个海盗似的探险者登上新大陆，闹不清东南西北，不知道南北西东。就像当年的哥伦布，到了南美认为是印度。现在可是天翻地覆喽，第二代探险者已经成长起来，深入新大陆的腹地，父辈伟大的祖国，神圣的国王，庄严的法律，已经渐行渐远，他们有了自己的语言，自己的秩序，自己的行为习惯，对，他们觉得这里应该是一个独立的国家。科学史上，以矩阵力学和波动力学的诞生作为旧量子力学与新量子力学的分野，一个真正超越经典力学的科学新范式这时就建立起来了。此前有谁敢想象牛顿力学被替代？现在这个新的力学已经迫使人们不得不接受了。新世纪就像一道拦洪闸，打开了就汹涌澎湃，一泻千里，把建立了二百多年的牛顿物理冲刷得土崩瓦解。

　　而且这样的科学成就的取得，是在一个最动荡的年代。这期间，四个曾经不可一世的大帝国——德意志帝国、奥匈帝国、沙俄帝国和奥斯曼帝国——被从地图上抹去，战火吞噬了上千万的生灵（包括科学家的生命）。经济学上大炮和面包必然是不相容的，战中和战后极度匮乏的生活条件，以至十几岁的海森堡曾冒险穿越封锁线为亲人寻找食物，世界一流科学家爱因斯坦会为一块黄油而感激涕零。可以想象，不可能有什么充裕的教育经费、科研经费和实验经费，这些东西也跟食品一样匮乏，也许这也是理论物理在这一时期迅速发展的原因之一——不花钱呗。今天我们享受着他们的科学成果的时候，除了感激之情还不得不充满着敬佩之意。

然而作为替代的量子力学还没有当年牛顿力学诞生时神气。就经验适宜性而言，它现在还局限在旧量子力学的范围之内，用纯正的量子力学解释替代半量子半经典的解释，以独立政权取代两面政权，还未能做出有价值的经验预测，还未能开拓自己的新疆域。这还不算，最尴尬的是，新力学的对象是什么，它的基础是什么，现在还莫衷一是——一场战役取得了伟大的胜利，却说不出消灭的敌人是谁！牛顿力学就从没这个问题，它的对象清清楚楚，就是广延的物质在时空中的运动。而量子力学呢？运动方程倒是有了，可是谁在运动呀？新大厦建立起来了，很现代、很时尚，有老建筑无法比拟的优越性，可是现在地质勘探都还没做呢！这楼能住吗？

有朋友说，不就是波–粒二象性问题吗？有何犯难的？量子本身既是波，又是粒，一分为二，对立统一。咦，好像很有道理耶，科学家们怎么没想到呢？1909年，俄国出版的一本哲学著作也讨论过科学危机的问题，指出科学危机的根本原因就在于：科学界"在最杰出的理论家身上也表现出对辩证法的完全无知"。真是一针见血啊！还指出，"物理学的唯物主义精神"，"将克服所有危机，但必须以辩证唯物主义去代替形而上学唯物主义"。对呀，科学家们怎么就不把你们那弹钢琴、喝咖啡、散步、滑雪、郊游的时间省点下来，认真拜读一下这本光辉著作呢？

不要心浮气躁，让我来告诉你科学家为什么不能这样考虑问题。从实验观察看，量子确实有时候表现出波的模样，它会产生干涉和衍射现象；有时候又表现出粒子的模样，产生瞬时的能量跃迁。那么根据日常思维或辩证思维，我们可以很自然地想象到量子本身就具有这两种属性，在一定的条件下表现出这种，在另一种条件下又表现出另外一种，用哲学的术语来说就是"矛盾的对立统一"。就像一个人，没谁是绝对的恶或绝对的善，他是两种属性的对立统一，他有时会干好事，有时又会干坏事，这有什么奇怪的？

这种方法，无非是告诉我们，表象背后有本质，属性背后有实体，现象背后有自在之物。好像有点玄，其实不然，比如说"自在之物"，其实刚才你无意之中已经说了。你说"量子本身"（Quantum in itself），就是一个"自在之物"

（Thing in itself）。18世纪的德国哲学家康德说自在之物是不可认识的，所以不是科学的对象，19世纪和20世纪的实证主义说自在之物是不存在的，所以要把科学中的自在之物清除出去。总之，在科学领域，谈论"本身"本身就是犯忌的。

怎么就犯忌了呢？一个行当有一个行当的习惯和规则，是这个行当历史形成和约定俗成的，是有利于这个行当的发展的。欧洲中世纪的科学主要是以古希腊的亚里士多德的《物理学》为理论渊源和根据。亚里士多德的世界观认为，世界万物都是由"四元素"（气、水、火、土）组成的，根据这种方法，中世纪的科学家就养成了一种坏习惯，只要什么现象闹不清楚，就假设这种现象的"背后"有一种"元素"或"实体"在起作用，植物为什么会生长呀？那是因为它们有"生长素"。动物为什么有生命？那是因为有"活力"。有些东西为什么会燃烧？那是因为它们里面有"燃素"。这种话是不说白不说，说了也白说，好像什么都解决了，实际上什么都没解决。到了14世纪，一个叫奥卡姆的英国哲学家就很反感这种学风，提出了一个后来被称为"奥卡姆剃刀"的原则，被以后世世代代的科学家奉为圭臬，就是"如无必要，切勿增加实体"（说"如无必要，切勿增加假设"也是一个意思）。

这把"剃刀"还真是管用。以前认为燃烧是一种观察不到的叫"燃素"的实体的现象，当18世纪法国科学家拉瓦锡用空气与燃烧物体的"化合说"剃掉了这个"背后"的"燃素"实体，现代化学就诞生了。当19世纪的德国科学家亥姆霍兹用能量转化的观点剃掉了"活力说"的"活力"实体，现代热力学就产生了。当爱因斯坦用奥卡姆剃刀把牛顿不可观察的"绝对时空"剃掉时，相对论就产生了。

量子是什么？数学形式上它就是 e=hυ，即普朗克常数。它的运动规律，是由矩阵方程或者波动函数规定的，而这二者是等价的。作为物理学家，自然要回答这些数学形式的物理意义，也就是说量子是一种什么样的物理现象。实验观察告诉我们，它就是黑体辐射，就是光电效应，就是干涉现象，就是衍射现象，就是氢光谱，等等。把这些现象做一个分类，就是波动和粒子。目前物理学家就只能到此为止。

然而科学不是艺术，它是一个共同体的事业，必须有公认的纲领、理论和模型。如此各走各道、各唱各调，量子力学能否成为一种超越牛顿力学的科学范式，还真是吉凶未卜啊！

　　行百里者半九十，让我们凝神屏气，等待观看这惊险的最后一跳吧！

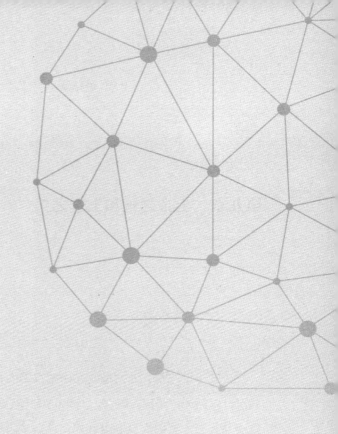

量子世界

LIANGZI SHIJIE

第三篇 | 哥本哈根诠释

Number

3

第九章　上帝之鞭和上帝之手

一

公元 1 世纪末，北方匈奴与中国汉朝的长期战争终于决出了胜负，南匈奴归汉，以后与中华民族融合，而北匈奴转头向西，开始了长达四个世纪的西伐，终于在公元 5 世纪饮马罗马城下，导致了西罗马帝国的覆没。欧洲人对跃马扬鞭的匈奴人谈之色变，称之为"上帝之鞭"。荷兰物理学家埃伦费斯特把"上帝之鞭"这个如此恐怖的称号封给了泡利，尽管是戏谑，但也足见后者的犀利。爱因斯坦算是泡利自小的偶像，可还是大学生的泡利第一次听爱因斯坦的报告，提问时的开场白就是："我认为爱因斯坦先生并不是完全愚蠢的。"他还在哥本哈根读博士后时，玻尔的讲课经常被他打断，讨论会上对玻尔的口气，倒像玻尔是他的学生。他是"玻恩幼儿园"的学生，在玻恩的记忆中，带泡利这种学生是一刻都不得消停，哪怕带他旅游，无论多好的美景都不能让他停止谈论物理学，以至于玻恩自认为："我从他那儿学到的比他从我这儿学到的要多。"泡利拒绝与玻恩合作矩阵力学的故事前面说过了，看得出他对老师的不客气已经是习惯成自然了。

人们喜欢请他做学术裁判，如果谁侥幸得到"居然没有错"的评价，就算是抽中上上签了。他刻薄地评价过一篇论文——"连错误都算不上"。他的口头禅是："我不同意你的意见。"俄国物理学家朗道也是少年天才出身，有次在苏黎世做了一个长篇报告，最后谦虚地说："我讲的这些不会彻头彻尾全错。"但还是没逃过泡利的"上帝之鞭"："你不是错的问题，而是讲得乱七八糟，以至于我们分不出哪是错，哪是对。"泡利的学生说跟这样的老师有一个好处，就是可以提任何愚蠢的问题，因为在泡利那里，根本就不存在什么聪明的问题。他那种直言不讳，犀利尖刻，不留情面，无论尊卑老幼通杀的风格，被人们戏称为"第二泡利不相容原理"。

这家伙桀骜不驯，口德超坏，一定人缘很差，孤家寡人吧？错！泡利嘴巴虽损，但心眼不坏，且骂人也睿智幽默，口无遮拦，人家只当他是没心没肺。最重要的是，泡利可是少有的物理学通才，在各个领域都深谙其道，加上天才的洞察力和极强的系统化能力，能迅速而准确地发现问题、抓住要点，损完你之后，还可以给你指点迷津。玻尔就说过："即使暂时可能感到不愉快，但我们永远会从泡利的评论中获益匪浅。"泡利每时每刻都会冒出天才的想法，但过于活跃的思维却难以静下来精雕细琢，所以许多智力火花没有转化为自己的建树，而是通过"上帝之鞭"辐射给了别人。用功利的标准给朋友分类，可有"损友"和"益友"两类，泡利虽嘴损，却显然要划到后一类。你说这样的人，会缺朋友吗？所以我们就不难理解，玻尔为什么会封给他另一个雅号——"物理学的良心"。

最大的受益者当数海森堡。这两位虽是前后两年的同门师兄弟，但泡利对海森堡倒像是师生关系（对玻尔和玻恩都好为人师，又何况海森堡乎？），直到1933年海森堡获诺奖后依然如故，照样像训学生一样训海森堡，而以"老师"自居的泡利12年后才获此殊荣。泡利因为误判而错失成为矩阵力学创始人的机会，但历史不会忘记泡利为量子力学的建立开山铺路的贡献。"可观察量原则"，最初就是泡利的小脑袋里迸出的火花。1919年，泡利还是19岁的大二学生，"上帝之鞭"就扬向了当时的名著——韦尔的《空间、时间与物质》。韦尔在著作中经常使用电子内部的场强计算，泡利敏锐地发现，如果这种计算成立，需要有比电子更小的试验电荷，而这样的电荷是原则上观察不到的，因此泡利断定，"电子内部空间点的场强"概念，是一个"空洞的、无意义的虚构"，并明确指出："我们应当坚持只引进那些原则上可观察的物理量。"玻恩正是从这个观点发现了一般方法论意义，并与海森堡等人一起发展成了"可观察量原则"。当然这个原则的哲学渊源，正是泡利教父马赫的"要素说"，所以"可观察量原则"也被称为"马赫原理"。

这就是泡利的特点。可观察量原则到了玻恩手里可以成为一面旗帜，但在泡利手里始终是一条鞭子。泡利是玻尔"轨道模型"最早的也是最激烈的批判者，因为"轨道"是原则上不可观察的。当海森堡沉溺于"原子实"模型的研究，试图以此发展和完善玻尔模型时，泡利更是直接给予当头棒喝，断了海森堡对直观模型的最后念想，把他逼上了反叛旧量子力学"两面政权"的梁山。从赫尔戈兰岛回来，其实海森堡对自己的"政变方案"心里没底，特别还有"非对易性"这种"低级错误"。泡利也未必懂什么矩阵运算，完全凭着天才的直觉就做出了正确的判断。如果没有泡利的首肯，相反是劈头盖脸的"上帝之鞭"，海森堡也许就不会贸然发动他的"宫廷政变"啦。1932年，泡利提名海森堡为诺贝尔物理学奖获得者，而不是大多数提名者（包括爱因斯坦）提的薛定谔，理由有二：第一，矩阵力学产生于波动力学之前；第二，矩阵力学更有原创性，而薛定谔的波动力学只是在德布罗意基础上的扩展。1933年，海森堡获得1932年的诺贝尔物理学奖，1933年的诺贝尔物理学奖由薛定谔和狄拉克分享。

二

讲量子力学，不能不讲"泡利不相容原理"。有了这个原理，物体才会有硬度，万物才会性质各异、绚丽多彩；它产生于物理学领域，却是现代化学体系的基本原理；它作为矩阵力学的一个推论保存在现代物理学的体系中，而它却产生于矩阵力学诞生之前；现在的物理老师都用波函数来描述这个原理，而泡利创造它时波动力学还没有来到世间。假设原鸡是上帝创造的，而蛋是鸡生的，则泡利在原鸡还没有被创造出来之前就把蛋给造出来了。看来他不仅有

"上帝之鞭"，还有"上帝之手"。当然不是马拉多纳那只作弊的手，而是一只真正创造奇迹的手。

玻尔创造量子化原子模型，甚至海森堡的矩阵力学和薛定谔的波动力学，都是拿氢原子来说事。为啥呢？氢原子简单哪，原子核就一质子，相应地核外电子就只有一个。但令人头痛的是，如泡利所说，"原子并不只有一个电子"。我们现在发现的化学元素已经有一百多号了，到100号元素镄，就有100个质子，相应地就有100个核外电子。然而在我们的原子大厦里，怎么给这100个居民（电子）安排住房呢？我们知道，电子的"自然倾向"是占住最低的轨道，就是楼层最低的房间，上下楼省力，最小作用量原理嘛。100个房客都挤住在1楼将会是什么情形呢？大家挤在一起其乐融融，就没有跟外界交往的欲望，原子就不会化合为分子，后果大家清楚了吧，我们眼见的一切东西都不会有！

玻尔说，这咋行啊？国有国法，家有家规，住房要分配，哪能人人都住好房间呢？于是制定了一个"住房分配条例"叫"aufbauprinzip"，译为"组建原理"或"逐步建立原理"，基本上遵循先来后到的规则。大致的意思是，一个带有 Z 个正电荷的原子核，必须俘获 Z 个带负电荷的电子以形成一个中性的原子。首先俘获的电子占据最低能级的轨道，每条轨道的位置有限，位置占满后，后来的电子就只能占据次低能级的轨道，以此类推。总而言之一句话，多电子要分层居住，不能挤住在最低的定态。这个"家法"还真管用，有效地解释了元素性质的周期性变化，即伟大的俄国化学家门捷列夫"化学元素周期表"所揭示出来的规律。例如，玻尔预测到了还未被发现的第 72 号元素的化学性质将会是类似于锆，不是一种稀土元素。1922 年，当第 72 号元素（铪）在锆矿中被发现时，玻尔的预测得到了证实。

但这么个"私法"不符合立法程序，是为了讨好一个姓门的外国人而强行制定的，而不是从居民的自然本性出发合理导出的规则，不是按电子本身的身份特征做出的合理制度安排，所以是一个"恶法"。为了把这个"恶法"变为"良法"，以玻尔和索末菲为首的科学家做了大量的工作，回归人民群众的自然本性，从电子身份辨认出发，结果认识到，作为绕核运动"行星"的电子有三个自由度，相应地就有三个"量子数"。

　　第一个是"主量子数"，符号为"n"，代表每一个定态能级的能量。还记得前面说的玻尔那个"楼高表"吗？就是代表楼层高度的那个数据，说明住 1 楼需要多大能量，2 楼又是多大能量，如此等等。n 取 1、2、3、4……，1 是最低的一层，2 是次低层，以此类推。图 9.1 是一张氢原子的能级图，当 n = 1 时，能量为 − 13.6 电子伏；当 n = 2 时，能量为 − 3.4 电子伏；如此等等。主量子数对应的可观察量是原子光谱，前面说过，光谱是电子在不同能级间跃迁而产生的。能级就是所谓的"轨道"，这不是海森堡要剔除的"形而上学之物"吗？不错，我们不能直观地去理解"轨道"这个概念，它只代表电子的一个内禀属性——能量，尽管通过这个属性我们可以计算出半径。以后我们将会知道，连这个半径都是不确定的，我们只能知道电子出现在什么地方的概率，所以一定要直观了解，与其说是"轨道"不如说是"电子云"——由许多可能电子构成的图形。但无论是"轨道"还是"电子云"，都是量子力学理论模型的一种形象描述。模型是人为建构的，是否真实存在并不重要，重要的是能否解释可观察现象。在这个意义上，后面我还会继续使用这类直观的概念，大家千万要明白它们的意思，否则会挨泡利骂的。呵呵！

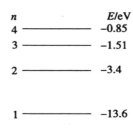

图 9.1　氢原子能级图

　　第二个量子数符号为"l"，它决定电子轨道的形状，故叫"轨道量子数"，又由于它由角动量决定，所以又叫"角动量子数"。既然是绕核轨道，它就会有角动量，即半径与动量的乘积（L = r·p）。玻尔猜测，氢原子的稳定轨道，角动量也必须是量子化的，即一定是普朗克常数除以 2π 的整数倍。当薛定谔用波函数求解氢原子时，发现玻尔并不完全正确，角动量子数还可以取0。于是各层轨道的角动量子数的倍数永远比主量子数的n至少小1，即l取0、1、2、3……n－1。基态轨道（主量子数n＝1），l只能为0；次低层轨道（主量子数n＝2），l可取0和1；再高一层轨道（主量子数n＝3），l可取0、1、2；以此类推。角动量子数对应的可观察量也是原子光谱。据对光谱谱线的更精确的观测，发现一条谱线还可以分裂为几条更精细的谱线，说明一个能级还可以分裂成几个亚能级。原因是近核电子的静电会屏蔽掉原子核对远核电子的部分吸引力，越里层（半径小）的电子的屏蔽作用越大，反之（半径大）越小，与角动量守恒定律（L＝r·p）半径越小动量越大的特点相似，故得名。

电子的能量主要由n和l这两个量子数决定，其基本规律就是越高的轨道层次能量就越高。由l决定的轨道形状有点好玩，一般人想象的以原子核为核心的同心圆轨道只有当l＝0时才是正确的，当l＝1时，轨道就是两个圆，像除去了手把的一对哑铃，l＝2时就成了四个圆，像一朵四瓣花，l＝3时像六瓣花或八瓣花（图9.2）。

图9.2 轨道（或电子云）形状图示

其中s为l＝0，p为l＝1，d为l＝2，f为l＝3。

第三个是"磁量子数"，符号为"m_l"。电子不是引力场中运动的"行星"，而是在电磁场中运动的电子。这个量子数取0，±1，±2，±3，…，±l，共有2l+1个取值，由于原子轨道的磁方向性，电子跃迁的角动量的变化Δm（Δm=m_2-m_1）与无磁场相比会分别出现增加一个洛伦兹单位、减少一个洛伦兹单位和与原来持平三种情况，这是由原子的磁方向与外磁场方向相同、相反和 0 向决定的。而原子与光子的总角动量是守恒的，原子角动量的变化会以光子能量变化的形式表现出来，所以无磁场情况下的一条谱线在磁场中分裂为三条或更多条谱线。这个量子数对应的可观察现象是"塞曼效应"。1896 年，荷兰物理学家塞曼实验观察磁场中的钠火焰的光谱，他发现钠在无磁场条件下的一条谱线分裂成了几条。随后不久，塞曼的老师、荷兰物理学家洛伦兹应用经典电磁理论对这种现象进行了解释，并算出了裂距，这个距离后来被称为"洛伦兹单位"（图 9.3）。塞曼和洛伦兹因为这一发现共同获得了 1902 年的诺贝尔物理学奖。但经典解释只是一种知其然而不知其所以然的解释，只有量子化的原子模型，才从原子的内部结构和机制上定性定量地解释了塞曼效应——原来这都是磁量子数惹的祸。

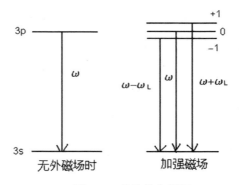

图 9.3　塞曼效应原理

左图为在无磁场条件下的一个电子能级，向下跃迁时产生一条频率为 ω 的谱线；右图为在磁场中，能级分裂成三个，从低到高分别是：能量减少、不变和增加，向下跃迁时就会产生三条谱线，与原谱线比，从左到右频率分别为：频率减少 1 个洛伦兹单位（ωL）、不变和增加 1 个洛伦兹单位。

好了，有了玻尔的组建原理和三个量子数，量子化的原子模型应该说是相当成功了。它不仅说明了门捷列夫化学元素周期表的内在机理，还解决了塞曼效应这种科学史上的悬案，但物理学家们远没有满足于这个成果。因为玻尔的电子"组建"是硬凑出来的，而不能从一条基本原理出发有逻辑地推导出来，还有其他不少问题，最集中的就是，解释不了"反常塞曼效应"。这种效应表现为光谱在磁场中分裂成更多条且裂距大于或小于一个洛伦兹单位（图 9.4）。

图 9.4　反常塞曼效应光谱图

塞曼效应的谱线在外磁场中有时还会进一步分裂，而且间距会偏离一个洛伦兹单位。上图为钠 D 线在磁场中的反常塞曼效应。其中 589.0nm 的谱线分裂成 4 条（右），589.6nm 的谱线分裂成 6 条（左）。

最憋屈的人是泡利。我们知道，泡利读中学时就深谙相对论，以至于索末菲随便招呼一声他就能写出一部名著。但到慕尼黑后就被原子物理迷得虽不晕头但转了向。师弟海森堡被师兄的相对论夺了魂，打算献身，泡利还告诫他相对论不会有太大发展而原子物理前途无量。他的毕业论文就是关于氢分子模型的。这下可好，一上来就碰上个反常塞曼效应，久攻不下。换别人也就小事一桩，咱不伺候就是了。放在心高气傲的泡利身上那就不得了，他还在玻尔面前发过"泡话"："没有我解决不了的问题。"一次有人看见他在哥本哈根公园的一条长椅上垂头丧气地耷拉着脑袋，问他为何如此沮丧，他没好气地答道："当一个人想着反常塞曼效应时，能指望他高兴得起来吗？"原认为前途一片光明的原子物理，现在被这问题卡得一片黑暗，也难怪他动了转行当喜剧演员的念头。

经过几年的痛苦探索，他终于意识到，一定有第四个自由度，有第四个量子数，这个数取两个半整数（这是一个令他痛苦的结论，但必须如此），它使旧原子模型的每一个量子态都会取两个稍微不同的量子态，这正是之前原子结构研究中总是有点别扭的原因。这个量子数是什么还不懂，但它一定是一种"经典上无法描述的二值特征"。有了这个假设，"泡利不相容原理"就脱颖而出。1924 年 12 月，泡利把这个原理写进《原子内的电子群及光谱的复杂结构》，并把论文寄给了玻尔。玻尔从中看到了完成原子结构工程的希望，鼓励他发表。

论文在 1925 年 3 月的《物理杂志》上刊出。

三

谁让泡利嘴损呢，别人给他起的绰号不老少，这里还有一个——"原子家政管理官"，就是我们现在的物业管理公司的管理员吧，不过他是专管分配住房的。

为了叙述方便，我们提前揭秘泡利的第四个量子数，即"二值性"。这个数现在叫"自旋角动量"。还拿行星打比方，它绕日公转有一个"轨道角动量"，它的自转有一个"自旋角动量"。这个量子数同样是具有空间量子化特征的，它要求电子的自旋只有两个方向，一是顺时针旋转，称为"自旋向上"，二是逆时针旋转，称为"自旋向下"，所以只能取两个值：±1/2（半整数）。因此这个量子数称为"自旋磁量子数"，符号"m_s"。同样自旋也是微观粒子的内禀属性，正如不能把轨道理解为电子呼啸着围绕原子核公转一样，自旋也不能理解为电子滴溜溜地自转。

有了四个量子数，每一个电子的身份就被界定清楚并且彼此区分，就像我们住酒店必须填写姓名、性别、年龄和国籍一样，有了这几项指标，每一个旅客都是独一无二的。由这四个量子数标注的一个电子，就叫一个"量子态"。

现在我们来看泡利这个"原子家政管理官"所颁布的"物业管理条例"——"不相容原理"吧——

为建立原子大厦内部电子的活动秩序，维护原子世界的繁荣稳定，经审慎研究，特制定住房分配规则如下，必须严格施行：

第一条：按照电子入住的次序先后，先入住者必须居于最低的楼层（能级），该层住满后，方可且必须居于下一最低楼层（能级）；

第二条：在同一楼层（能级）里，不得居住四个量子数完全相同（量子态完全相同）的两个及两个以上的电子。

完了？完了。多么优美的法律！简单明了，蕴含丰富，概念准确，边界清晰，可操作性强。就这么简简单单两条，把大千原子世界治理得井井有条，把门捷列夫的化学元素周期表之"所以然"讲得一清二楚。

看几个"管理"实例，帮助大家理解泡利"物业管理条例"——"不相容原理"：

最简单的原子——氢。原子核只有一个质子，需俘获一个电子形成一个中性原子，这个电子自然入住最低的能级轨道，即基态。在这条轨道上，主量子数 n = 1，轨道角动量 l = 0，磁量子数 m_l = 0，自旋磁量子数 m_s = ±1/2。这就意味着，氢原子的外层轨道有两个房间，一个可住自旋向上的电子（m_s = + 1/2），另一个住自旋向下的电子（m_s = − 1/2）。现在有一个带着自旋向上电子的氢原子，路遇一个带着自旋向下电子的氢原子，这两个原子的外轨就二轨并一轨，两间房间，两个自旋相反的电子一"人"住一间，就形成了一个化学上的"共价键"，两个电子共同接受两个原子核的领导（束缚），就形成了一个稳定的氢分子 H_2。我们就明白了，为什么氢元素化学性质活泼，因为外层轨道有一空房间邀请一个异性的电子入住。

第二号元素氦，两个质子两个电子，要求两个电子自旋方向必须相反，一上一下，一男一女，同性恋在我们的原子世界中是"不相容"的。n = 1 这条轨道的两间房间就住满了，这叫作形成一个"满壳"，对外挂牌"住房已满，谢绝入住"。所以氦是一种惰性气体，化学性质很不活泼，属于那种闷头闷脑，形单影只，走路看报撞到电线杆还说"对不起"的家伙。

第三号元素锂，三个质子三个电子，头两个电子先住进了第一层，第三个电子也死乞白赖地要住进第一层，但它很快就发现，无论是它自旋向上，还是自旋向下，都会导致跟已住进去的两个电子中的一个相同。说明这一层已经形成了满壳，第三个电子就只能往上住第二层。第二层分 s 区和 p 区，必须先住s 区。这 2s 层（区），n = 2，l = 0，m_l = 0，自旋磁量子数 m_s = ±1/2。这就意味着，锂原子的外层轨道有两个房间，可住两个自旋相反的电子，现在住了一间，空着一间。所以锂的化学性质与氢一样活泼，比如可以形成一个稳定的锂分子 Li_2。

第十号元素氖，十个质子十个电子，其中两个电子把第一层住满，形成一个满壳，有两个电子住满 2s 层（区），又形成一个满壳，剩下六个住第二层 p 区，这 2p 层（区），n = 2，l = 1，m_l = 0、±1，自旋磁量子数 m_s = ±1/2。这就意味着最高的 2p 层（区）有六个房间，刚好被剩下的六个电子住满，又形成一个满壳。所以氖的化学性质与氦相似，也是惰性气体。

如果觉得这些实例过于繁杂枯燥，跳过去就是了，只要记住那两条"物管条例"就行。

随着原子核质子数的增加，核外电子的数量也渐次增加，但原子的性质并非随之单值变化，一条道走到黑，而是随着原子核电量的增加，电子在泡利无形的指挥棒的指挥下，一个个有序地进入指定位置，电子根据自己的身份对号入座，由低而高，外层电子数量的周期性变化决定了化学性质的周期性变化，每当外层轨道"满壳"，就完成一个"周期"，化学性质又"而今迈步从头越"。如此我们的世界才不致单调沉闷，而是丰富多彩、音色饱满、抑扬顿挫。核外电子的排布，是个很庞大的系统工程，其既需要内部的逻辑严整，每一步都要自然导出，又要外部经验适宜，跟我们的观察对得上号。这么一个宏大的工程，靠的就是四个量子数和一个不相容原理，其建构的过程是如此流畅，建构出来的体系是如此完美，那就是巧夺天工、鬼斧神工。泡利还有什么不满意的？记得吗？1925 年 5 月泡利见到海森堡时，还哀叹"物理学太难了"，并扬言要去当喜剧演员。

因为这个体系还不够纯粹，不符合"最少最多原则"，不符合科学审美。由于还没有量子力学自己的公理体系，没有自己独立的语言系统，这个理论内部，充满了太多的猜测和假设，根据经验观察，结合量子概念，对应经典物理，凭着天才的洞察力和系统化能力把概念和关系一个个"建立"起来。这样的工作，艰苦而庞杂，绝对是对智力极限的挑战，非凡人所能为。但工作的成果却缺乏合法性和成就感，像鸡生下了鹅蛋似的令人惶惶难安。泡利是科学完美主义者，他希望在理论中驱逐一切经典的遗迹，建造纯粹的量子形式，这个时候，确实是太难太难啦！所以我们现在应该能够理解，为什么海森堡的矩阵力学会给泡利带来如此巨大的欣喜，以至于觉得物理学又有了希望，生活又有了乐趣——他终于有希望找到可以生下"不相容原理"这只鸡蛋的母鸡啦！

还有最重要的一点：第四个量子数——"二值性"，现在还没有物理解释呢。

四

数学是人类形式化最强的语言，也可以说是科学的专用语言。古代科学并不是一个独立的学科，西方人称为"自然哲学"，属于哲学的一个分支。牛顿那本改变世界的巨著《自然哲学的数学原理》，成为科学与哲学分家的标志。当科学道理用数学讲出来的时候，它才有了独立的地位；换言之，只有能用数学描述的才有资格称为科学，至少在物理学领域是这样。而科学的形式化到现代发展到了这种程度，科学家首先是建构出数学模型，然后再去探索它的物理意义。这好像有点本末倒置（唯心主义），物理学不是对物质世界的正确认识吗？怎么科学理论都出来了，连反映的是什么物理对象还不知道呢？但科学史的事实就是如此，科学理论不是"认识"或"反映"出来的，而是"建构"出来的。比如，这第四个量子数，对电子能量只有很微小的影响，但没有它，许多现象就是解释不了，"假设"有了它，一切就迎刃而解了。现在是肯定有这个量，但这是个什么样的量却无从解释。其实何止这第四个量子数，前三个量子数的物理解释也是似是而非的，只不过在经典物理中有"对应"的解释，而量子力学的物理解释，是在"哥本哈根诠释"后才给出的。泡利断定这第四个量子数是经典语言无法描述的，但科学是共同的事业，没有哪个理论可以标上"解释权归某某所有"。

回忆一下，海森堡在创造矩阵力学期间在哥本哈根见到泡利时，与泡利同行的，还有一个光谱学家克劳尼格（Kronig）。正是不相容原理的第四个量子数，把他俩连接在一起的。1925 年 1 月，年轻的荷兰物理学家克劳尼格从德国物理学家朗德那儿看到了泡利的一封信，其中谈到了不相容原理的构想，第四个量子数 m_s 马上就像磁石一样吸引住了他的注意力。同当时多数科学家一样，他还是习惯于用经典的直观模型方法研究原子物理，望文生义，前三个量子数的经典描述让他很自然就想到了"电子自旋"。既然有"轨道角动量"，为何不让电子也自转起来，产生"自旋角动量"呢？克劳尼格雷厉风行，当天就从这一模型出发，推导出了一个公式，并很兴奋地告诉了朗德。

白天不讲人，晚上不讲鬼。把泡利的第四个量子数刚琢磨出个结果，泡利就来到了他们所在的城市图宾根。克劳尼格和朗德正好有机会把学术成果交给这位检察官做"质检"。泡利既然断定它无法用经典方式描述，他自己就是已经做过此类的尝试。在以前的研究中泡利得知，如果电子绕轴自旋，它的表面速度将接近光速，这样的结果在体系内是很难逻辑自洽的。加上可观察量原则的情结，本能地反感直观描述。前三个量子数，虽沿用大家习惯的"轨道"等经典概念，但在泡利的心目中，这些概念就是一些纯形式的数学符号，表征原则上可观察的量，跟不可观察的"轨道"等无关。就算这样，这种形式上的不纯粹也让泡利耿耿于怀，再来一个什么"自旋"，搞得电子就更像绕日的行星了，在感情上泡利也接受不了，于是给满怀期待的二位冷冷地扔下一句话："这个想法确实很聪明，但大自然不喜欢它。"冰火两重天哪，克劳尼格那颗火热的心霎时间就变得哇凉哇凉的。

天才是一柄"双刃剑"，犯起错误来也只需"最小作用量"。比如，1986 年世界杯，在虎视眈眈的裁判的逼视下，足球天才马拉多纳愣是用"上帝之手"把球打进了英国队的球门。由于泡利的天才，有人还真相信了他就是上帝的代言人。朗德私下里对克劳尼格说："既然泡利那么说，大自然就一定不喜欢电子自旋。"克劳尼格信心彻底崩溃，关门歇业。

一个荷兰科学家在德国倒下去，另两位荷兰科学家又在荷兰站起来。荷兰莱顿大学教授埃伦费斯特有两个学生——乌伦贝克（George Uhlenbeck）和古德斯密特（Samuel Goudsmit），前者是经典高手，后者是量子高手，老师就让他俩组成一个科学攻关的组合。1925 年，乌伦贝克 25 岁，古德斯密特 23 岁。

有一次，埃伦费斯特给他俩介绍了泡利的不相容原理。跟克劳尼格一样，经典物理思维方式的乌伦贝克马上英雄所见略同，想到了电子自旋。他想第四个量子数既然与前三个量子数都相关，电子就一定有第四个自由度，而这个自由度，也就只能是自转了。他把这个想法告诉自己的师弟古德斯密特，吃惊地发现深谙量子力学的后者居然不知"自由度"为何物。

所谓自由度，简单地说就是可以自由取值的独立变量。比如，姓名可能有无限个值，年龄有 n 个值，性别就只有男和女两个值，国籍有一百多个值。一番口舌，把这个概念跟师弟解释清楚。古德斯密特脑子也转得快，一旦清楚了概念，他马上就明白第四个量子数 m_s 为什么只有两个值，并且是半整数。根据电子的角动量，其自旋只有两个方向，作为一种电磁现象，它会产生一个磁矩，电子自旋与"公转"轨道耦合，其旋转的方向相反时就会对轨道能量产生或增或减的影响，造成能级"撕裂"。尽管很微小，但是有了它，反常塞曼效应就可以解释了，而且也符合以前所做出的光谱分析。很快他就把电子的磁矩公式也推导出来。

这时候他俩并不知道有一个电子自旋"烈士"已经在他们前面倒下了，否则他们也许就不会"重蹈覆辙"了。现在弄出了一个结果，但也是"猜"出来的，是真是假，他们心里也是惴惴不安。好在老师厚道，使他们敢于斗胆汇报。埃伦费斯特听罢就觉得非同小可，要么是一个"伟大发现"，要么是超级"胡说八道"，赶忙叮嘱学生把想法写成论文。

正好当时已经退休的洛伦兹每周一都要到莱顿大学做一个物理学发展动态报告，1925 年 10 月 19 日，乌伦贝克瞅准机会把他们的新发现向洛伦兹做了介绍。慈祥的洛爷爷和蔼地听完了乌伦贝克的叙述，表示很感兴趣，但要回去想想再给答复。10 月 26 日，又是一个周一，洛爷爷拿着一沓厚厚的写满算式的计算纸又来了，给乌伦贝克讲了一个惊人的科幻故事：如果电子自旋，它的表面速度将达到光速的十倍！

天哪，这脸可丢大发了！我们知道，根据质能关系式，物体运动达到光速，其质量就会趋于无穷大。光速十倍，什么概念呀！时间会倒流，乌伦贝克可以回到大航海时代，参与荷兰东印度公司的筹建。他沮丧之余突然想起还有篇论文在老师手里呀，他心急火燎地找到埃伦费斯特，后者告知他的却是一个悲惨的故事——论文早已寄出，很快就会刊发！乌伦贝克这时候还真希望时间能倒流，自责和羞愧交织，他几乎要流下失足青年般悔恨的泪。看着手足无措的学生，不忍的老师能做的就是好言宽慰："你们都还年轻，做点蠢事也没什么大不了的。"

历史有时是在阴差阳错间被决定的。乌、高论文于1925年11月的《自然》杂志上刊出后，马上得到了爱因斯坦、玻尔和海森堡这三大科学巨头的肯定。海森堡在论文刊出的第二天就给古德斯密特去信，表示赞赏电子自旋的创意，认为它可以解决泡利理论的一切困难。同时也指出了他们理论中的一些问题。爱因斯坦和玻尔都是在到莱顿大学访问时详细了解了电子自旋的理论构思，都肯定了他们的观点并善意地提出了一些意见。玻尔从莱顿回去后便成了"自旋福音"的积极传播者。

然而乌、高论文却遭到了泡利的强烈反对，泡利去信玻尔，让他千万不要相信电子自旋的鬼话，坚持认为一切经典模型都是"错误的教条"，声称电子自旋理论是"一种新的歪理邪说被引进物理学"。但有三个巨头罩着，泡利的打击力显然不像对克劳尼格那样致命了。

乌、高确实存在着一些问题，特别是磁矩公式中有一个因子"2"来路不明，是古德斯密特硬加的。爱因斯坦从相对论的角度提出过一个解决方案，但没有成功。问题的最后破解竟然是一个不到爱因斯坦一半岁数的学生，方法居然也是相对论。22岁的英国男孩托马斯（Llewellye Thomas）1925年秋天到哥本哈根就了解到这个因子2的问题，马上就联想到在剑桥时听过的爱丁顿关于相对论的报告，查到爱丁顿关于月亮交点的相对论效应的著作，发现完全可以把爱丁顿的计算方式用于电子自旋。天体的静止坐标是由人来选定的。选择地球，就是"地心说"；选择太阳，就是"日心说"；同样我们还可以选择月亮，产生"月心说"。在这些坐标变换时，会有一个相对论的效应。乌、高的理论也涉及一个以原子核为静止坐标到以电子为静止坐标的变换，计算这个变换的相对论效应（这恰恰是被乌、高忽略的），正好能说明这个因子 2。这个困扰一时的问题被很轻松地解决了，而这个点子，当初甚至相对论大师都没想到，却被一个 22 岁的年轻人想到了。

托马斯的结果在 1926 年 2 月的《哲学》杂志上发表。玻尔完全同意这个诠释。不久，海森堡和约尔当用纯量子力学的方法也得出了同样的结果，并且用电子自旋理论成功地说明了反常塞曼效应。1926 年 3 月，电子自旋理论的"敌军"泡利终于挂出了白旗，他在给玻尔的信中说："现在对我来说只有完全投降。"在给古德斯密特的信中说："现在我完全相信他（托马斯）的相对论性考虑是完全正确的，毋庸置疑，精细结构问题现在可以被认为得到真正满意的解释。"泡利就是这么个人，绝不会让"面子"影响他的学术观点，包括别人的和自己的面子。

不过说到底泡利还是对的，电子的自旋，跟电子的电量和质量一样，都是一种"内禀的"特性，只不过这种特性具有与角动量相似的性质，比如参加角动量守恒，所以被称为"自旋角动量"，其实跟滴溜溜自转的经典图像完全不是一码事。1927 年，泡利最终还是引用二分量波函数和泡利矩阵，把电子自旋纳入了量子力学的表述形式。至此，不相容原理中以前的许多"假设"在形式上都成了量子力学的"推论"，泡利只贡献了一个"不相容"公设，就建构出一个美丽的"最少最多"（假设最少，解释现象最多）体系。

五

毫无疑问，泡利始终都是量子革命军的马前卒，无论是"上帝之鞭"还是"上帝之手"，都是量子力学创立的积极推动力。"不相容原理"，标志了"建立在对应原理之上的量子论"的理论大厦的"封顶"。因为泡利这段不凡的"革命经历"，加上他个人的天才，使他成为对量子力学理论体系的了解和把握最全面深刻，而且最具权威的人物之一。所以在矩阵力学诞生不久，人们就邀请他撰写新量子力学的综述文章。跟大学时代写相对论一样，一写又成了经典，这篇题为《量子论》的论著共有 278 页，在 1926 年发表后被称为量子力学的"旧约"。紧接着，由于海森堡、薛定谔和狄拉克等人的新贡献，量子力学又有了新的发展，为了适应新形势，他又应邀写了 190 页的《波动力学的普遍原理》，被称为量子力学的"新约"，同样也是经典。

好像理论物理大师普遍拙于实验，泡利还有个"实验室破坏大王"的绰号。说的是他一进实验室，不是这个仪器失灵，就是那个试管爆炸，人们戏称为"泡利效应"，还为此编了不少故事。一个故事说：某实验室突然爆炸起火，实验人员开事故分析会，大家七嘴八舌，冥思苦想，集思广益而不得其解。这时有人进来报告："泡利刚刚乘火车经过本市。"哦——大家心有灵犀，事故分析会胜利结束。泡利对这类笑话不以为然，倒也觉得挺好玩。有一次一个天文台请他去参观，泡利坏笑着说："我就不去了吧。"邀请者知道"泡利效应"的典故，会心地哈哈大笑。就这样，也拦不住有人编故事：泡利一进天文台，望远镜的镜片"砰"地飞走了。

1928 年，爱因斯坦的母校苏黎世工业大学聘请泡利为教授，这里就成了他的终身岗位，除了 1940 年到 1946 年为躲避纳粹流亡美国。泡利也是那种"酒神状态"的老师，讲起课来就忘乎所以，板书很糟糕，字越写越小，越写越低，从黑板的左上方斜到黑板的右下方。不过那种沉迷状态本身也是一部好教材。对物理学的热爱到了如此程度，其他专业就不屑一顾了。泡利第一任妻子是位演员，跟他离婚后嫁了一个化学家，让他觉得自己的专业受到了蔑视。有次他跟人不忿地说："如果她嫁给一个斗牛士，我倒不觉得有什么，可是她嫁的是一个化学家。"不过由于泡利不相容原理在现代化学中的重要地位，也有人把泡利称为"伟大的化学家"。不知泡利听到会有什么反应，鄙人也说不准。

1945 年，当时在美国普林斯顿大学工作的泡利因不相容原理获诺贝尔物理学奖，普林斯顿的同事们为他举办了一个庆祝会。在会上，爱因斯坦发表了简短的贺词，那高度评价让泡利觉着爱因斯坦是要把他选定为接班人，自我感觉从来良好的泡利也当仁不让，因此一直念念不忘这个讲话。1955 年爱因斯坦去世后，泡利在给玻恩的信中又提到了爱因斯坦的那次讲话："这样一位亲切的、父亲般的朋友从此不在了。我永远也不会忘记 1945 年当我获得诺贝尔奖后，他在普林斯顿所作的有关我的讲话。那就像一位国王在退位时将我选为了如长子般的继承人。"令人痛惜的是，仅仅三年之后，泡利就追随爱因斯坦而去。

1958 年，已经回到苏黎世的泡利得了重病。他开始不以为意，忍着病痛继续工作，最后挺不住了才入院治疗。进病房时发现房号是"137"，心中就暗暗发笑。因为他长时间研究精细结构常数 α = 1/137 的物理本性，房号正好是这个常数的倒数。可惜这不是一个吉兆，也许注定了他要带着这个谜去见上帝，泡利在这个病房与世长辞，年仅 58 岁。真是天妒英才啊！坊间故事云：到了天堂，泡利向上帝追问 α = 1/137 的物理意义，上帝在一张纸条上写了些什么递给泡利，说："这就是解释。"泡利看了看，口头禅张口就来："我不同意你的观点。"嘿，"上帝之鞭"抽到上帝身上啦！

第十章　一个绝对的奇迹

一

到目前为止，我们还没有听到英国人的声音呢。这不对呀！近代以来，这个与欧洲大陆只隔着英吉利海峡的国家一直领欧洲风气之先，17 世纪的社会革命和科学革命都发生在这里，诞生了世界上第一个宪政国家和第一个完整的科学体系。现在量子革命从星火到燎原已经四分之一个世纪，英国科学家似乎在冷静地隔岸观火，除了实验室偶有响应，理论物理论坛几乎听不到 English，好像量子精灵只会讲德语。

最终为英国挽回一点面子的偏偏是一个小时候被规定不准说英语，长大了也惜字如金的英国男孩。保罗·狄拉克（Paul Dirac），1902 年出生于英格兰的布里斯托尔，父亲出生在瑞士一个说法语的州，移民英国后，1899 年与一个英国船长的女儿结婚，以教法语为生。狄拉克有一哥一妹。父亲专横独断，偏执粗暴，规定家人只准讲法语，孩子们无法用法语表达思想，就宁可选择不说话，因此家里一片死寂。狄拉克的父亲厌恶一切形式的社交，也不准孩子与外界有任何交往，说话的机会就基本上被剥夺了。父亲倒是偏爱自小聪颖过人的狄拉克，但这也进一步伤害了他——吃饭时只有父亲和他能在餐厅，而母亲和哥哥妹妹在厨房吃饭，家人的亲情也被剥夺了。童年家庭环境养成的寡言少语，在他成名后让新闻记者很头疼。1929 年狄拉克访美，一家报纸知道他的性格，特意选了一个最富幽默感的专栏作家采访他。作家说，整个采访应门时的"Please come in"（请进来）是狄拉克说得最长的一句话，后面的回答都是一个单词一个单词地往外蹦的。采访记录发表在报纸上，还真是这样。

我们前面拜访过的科学大师们，都是被丰富的文化营养喂大的——音乐、戏剧、文学和体育运动。狄拉克则是一样都不沾，父亲也提供不了。狄拉克聪明，还可以从读书和思考中获得乐趣，他的哥哥就惨了。哥哥不如弟弟聪明，加上父亲的歧视家政，因此从小就自卑。中学毕业后，他本想学医，但父亲一定要他学工程，他只好读了一个工程学院，以三等生的成绩毕业。毕业后供职于一家工程公司，他专业能力本来就差，公司安排他去拉业务，对于完全没有社交能力的他来说那真是要了命了。人生对哥哥来说就是一场没有希望醒来的噩梦，他最终选择了自杀。

狄拉克 12 岁入父亲任教的商业学校念中学。这所学校跟他父亲一样枯燥，不重视古典文学和艺术，只重视现代科学、技术和现代语言，这倒契合狄拉克兴趣狭窄的特点。他在中学里表现不错，但并不是出类拔萃的那种。1918 年，许多大学生奔赴一战战场，大学急需新生去填补空荡荡的教室，这使狄拉克得以连跳几级考上大学，成为布里斯托尔大学的学生，学习电机工程专业。1921年，他以优异的成绩从大学毕业，母校给他提供了一个免费研究生的名额，专攻数学。狄拉克杰出的数学才能马上被两位剑桥毕业的数学教授发现，在老师的鼓励下，1923 年夏，他考取了剑桥的奖学金研究生，开启了人生的新篇章。

狄拉克考取的是剑桥大学圣约翰学院的数学系，而在英国，不受重视的理论物理专业像弃儿一样由数学系托管，数学系给狄拉克指定了导师 R. 福勒（Ralph Fowler）。在剑桥的狄拉克沉默寡言、形单影只依旧。导师福勒是物理学领域的活跃分子，大量的学术活动使他在剑桥的时间有限，狄拉克害羞内向，接触到导师的机会更少。没有同学间的交流，又见不到老师，换成玻尔，恐怕得郁闷死，而单兵作战恰恰是狄拉克的强项。他闷头闷脑地恶补进入新学科所缺失的功课——原子物理、统计力学、各种期刊上发表的量子理论论文和相关的数学。狄拉克的能量简直令人匪夷所思，一个量子力学的门外汉，入门仅仅半年，1924 年 3 月，他就在专业期刊上发表了第一篇论文，涉及物理学前沿——量子力学、相对论和统计力学。由此狄拉克引起了剑桥乃至外校的物理大师们的注意，卢瑟福、爱丁顿、福勒、C. G. 达尔文（生物进化论鼻祖 C. R. 达尔文之孙）纷纷拿出困扰自己的难题让这位 20 多岁的年轻人破解。而狄拉克就像一部无坚不摧的"问题粉碎机"，无论什么样的难题扔进去，他都能嚼碎了再吐出来给你看。以这样的方式，到 1925 年夏，也就是他进入剑桥仅两年的时间内，他总共发表了 7 篇论文。

现在大陆"金三角"已经进入大战发动前的一级战备状态，"独立战争"一触即发，英国还像一头迟钝的长颈鹿，周一湿了脚，周六才感冒，对即将到来的疾风暴雨还浑然不觉。无主见的狄拉克更像一个空怀绝技的老农，不知道明天该去哪里种植。不过机会来了。

1925 年 7 月，从赫尔戈兰岛回来的海森堡把"一人论文"扔给玻恩就赶到了剑桥。7 月 28 日，他在卡皮查俱乐部做了一个旧量子力学框架内的光谱学的报告，新量子力学在报告中没有提及，因为海森堡自己还没有把握。但在会后与福勒的会谈中，他介绍了这个新发现的理论架构，并在回国后把论文的校样寄给了他。抽象晦涩的表述方式，福勒也未必能真正看懂，于是他想起了狄拉克这台"问题粉碎机"，也许他能嚼出些味道？现在是 8 月底，狄拉克已经回布里斯托尔度暑假去了。福勒可等不到开学，匆匆看过后就把论文寄往布里斯托尔，要求狄拉克仔细研究。

狄拉克最初看到论文并无多大兴趣，只是隐隐约约地感觉有些牵挂。一个星期后重读论文才明白自己在牵挂什么——海森堡这活儿干得太糙啦！表述太复杂，概念也不够清晰，明显的漏洞也存在。其实这也难免，"一人论文"是海森堡在赫尔戈兰岛突发灵感所作，未经精雕细刻，也未必深思熟虑。而狄拉克的写作风格，一个观点一定在脑子里反复酝酿，一旦下笔就是概念清晰、逻辑严谨、言简意赅，还优美流畅，连书写都那么一丝不苟、整洁优雅，没有涂涂画画，一篇文章写下来几乎不用修改。玻尔就说过："读他的文章简直就是一种美学享受。"我们"身怀绝技的老农"狄拉克，收成如何还是其次，首先眼中见到的要爽——地要平，土要细，垄要直，苗要齐。海森堡这东西得修整修整。好，来活儿了！

从现在开始，狄拉克就跟大陆的科学家们铆上劲了，迟到的英国方面军终于投入量子革命的主战场。不过，这是"一个人的战争"。

二

首先，海森堡论文出现的量 xy 与 yx 是不对易的（pq ≠ qp），这个漏洞太明显了，得找出两个量之间的差值，把这个对易关系重新建立起来。在布里斯托尔，狄拉克就开始考虑这个问题，但最初的尝试失败了。10 月初，狄拉克回到剑桥，又恢复了以往的生活方式。一个星期天，他又到郊区散步。散步中，xy − yx 总是在他脑子里萦绕，挥之不去。突然他想起高等力学中的泊松括号与 xy − yx 这个对易有些相似，但泊松括号的精确公式记不住了。现在在郊外，找不到资料查对，他只能搜肠刮肚地想，越想越像，越像就越想知道。一种大发现前的焦灼不安，使他再也无心散步，赶紧回家查资料。回到家他把自己的书籍、笔记乱翻一气，愣是找不到！这是一个星期天的傍晚，图书馆已经闭馆了，只能眼巴巴地等待明天太阳再次升起。那一夜狄拉克辗转反侧，第二天一大早就守候在图书馆门前。找到惠特克的《分析动力学》，他终于看到了泊松括号的精确公式。啊！

狄拉克后来说，这是他一生中最振奋人心的时刻。当天上午，他就把海森堡乘积的对易关系建立起来：

$$（xy − yx）≡（ih/2\pi）[x，y]$$

这是一个简单异常的差值公式，却填补了海森堡体系的一个基础性的漏洞，有了它，海森堡意欲建立的量子运动方程就基础扎实而且简单优美。这让狄拉克喜不自禁，马上写成了论文《量子力学的基本方程》。福勒欣喜地看到"问题粉碎机"吐出来的成果，马上意识到意义非凡，在他的催促下，仅三个星期，《皇家学会学报》就把论文刊发出来。收到海森堡的回应，狄拉克的心却凉了半截。在 1925 年 11 月 20 日致狄拉克的信中，海森堡告诉他，论文中的大部分成果，已经由德国科学家先期完成了，这主要是哥廷根的"二人论文"和"三人论文"。大家想起来了吧，玻恩建立、约尔当论证的差值公式——pq – qp =（h/2πi）I。看看模样，两个公式是不是惟妙惟肖？长得像倒还是其次，这个公式隐藏着量子精灵最深刻的一个秘密，随着这个秘密的揭开，量子史诗奏响了最华彩的乐章。这是后话。

优先权没有了，但狄拉克在国际舞台的这次莺鸣初试还是让大家见识到了这位量子美学家的独门绝技。海森堡在给狄拉克的信中说，狄拉克的文章比哥廷根的文章"表述更好、更精练"。在给狄拉克写信的同一天，他还有另一封信给玻尔，其中说道："就论文的写作风格来说，我觉得有些地方比玻恩和约尔当的论文更好。"

这个山头让你们先占了，没事儿，咱再抢下一个山头。这是一场力量不对称的竞争，大陆一方人多势众，消息灵通，交流频繁，不断的讨论和争论更容易激发灵感；而英国一方，只有狄拉克孤军奋战，无人可与之讨论，消息闭塞，往往失去先机。如此劣势，如果不是专制家教下磨砺出的超强的孤独承受能力，一般人很难适应。在人们纷纷抱怨海森堡的理论艰涩难懂的时候，狄拉克却发现这是一个有着无穷宝藏的富矿。

1925 年年底，矩阵力学就像一个怪物一样呈现在欧洲物理学家的眼前，无论是接受的还是抵触的，都急于看到这个体系解决实际问题的能力，以判定它纯粹是概念游戏、胡说八道或者相反。第一个问题当然就是导致玻尔模型诞生的氢光谱。狄拉克眼疾手快，马上着手以新方法推导氢原子的能级差，即光谱系。成果很快于 1926 年 3 月的《皇家学会学报》上发表。但是在文章发表前他又沮丧地发现，泡利又比他抢先一步，后者在 1925 年年底已经完成了这个推导，尽管正式发表在狄拉克之后，但优先权仍归泡利。狄拉克又失一城。但是看到狄拉克的论文后，目中无人的泡利比狄拉克更沮丧。虽然泡利完成在先，但狄拉克的方法显然更优越。更令泡利沮丧的是，他也同样想到过这种方法。

我们知道，海森堡"一人论文"的"魔术乘法"的数学基础是十分薄弱的，所以自 1925 年 7 月起，玻恩、约尔当和海森堡通力合作，在矩阵运算的框架内完善矩阵力学的数学基础。而狄拉克自 1925 年 8 月看到"一人论文"后，也独立发展出逻辑自洽的"q 数方法"。矩阵算法的操盘手约尔当看了狄拉克关于 q 数算法的论文后也不由得赞叹："我觉得这篇文章非常漂亮。对我来说，数学和物理学一样有趣。"内行看门道呀，约尔当从狄拉克那里扎扎实实地领略到了数学美。可是"漂亮"又有何用？狄拉克只知道低头拉车，却不注意抬头看路。在发展 q 数算法过程中，没认真关注矩阵算法的进展，搞完后才发现殊途同归，q 数算法就相当于矩阵算法！矩阵算法完成于 1925 年年底，q 数算法完成于 1926 年年初，军功章又一次归到大陆科学家的账上。

有完没完呀？这边 q 数算法和矩阵算法还没搞清楚呢，那边奥地利或瑞士那个"大器晚成"的薛定谔又弄出个"波动方程"来跟小朋友抢果果吃。开始狄拉克并没有把它放在眼里，觉得这是一个落后倒退的东西，不会有太大的生命力。不料波动力学以它的古典美吸引了大量的眼球，最终还被证明与矩阵力学——当然也是与 q 数算法——是等价的。既然等价，波动方程具有好懂易用的特点就显示出了巨大的优越性。有人说如果波动力学诞生在前，就不会有矩阵力学（当然也包括 q 数算法）的诞生了。敢情狄拉克，捎带着海森堡，之前的一切努力都是瞎折腾了？

革命时期的科学界就是这样，旧政权崩溃了，到处揭竿起义，群雄并立，万刃争锋，此消彼长，王旗频换。旧的科学范式式微，替代理论层出不穷，异彩纷呈，眼花缭乱，优劣难辨，最终谁能从竞争中胜出，难言有什么唯一的绝对标准。美国科学哲学家费耶阿本德说，科学史上科学理论取胜，"Anything goes"（什么都行），除了理论本身的品质，拉帮结派、推广谋略、能言善辩，都有可能成为成功的因素。如此说来我们的狄拉克就有点悬了，除了匹夫之勇，他 Anything 都没有，单枪匹马，笨嘴拙舌，知雄守雌，与世无争，厚积薄发，宁等三分不抢一秒。如此劣势，能否在这场混战中脱颖而出？真为他捏把汗！

三

1926 年 9 月，狄拉克第一次走出英国，出国访问一直持续到次年 6 月，其间他游历了欧洲量子物理重镇丹麦的哥本哈根、德国的哥廷根和汉堡、荷兰的莱顿，会见了几乎所有的当时的量子物理大腕。特别是在丹麦和德国会见了玻尔、玻恩、海森堡、泡利和约尔当这些风云人物。"金三角"的联系已经如此紧密，活跃分子不停地在各地游走，以至于原来的哥本哈根和哥廷根等学派的分野再没有什么实际意义，已经整合成以玻尔为中心的"哥本哈根学派"。这是一个"波－粒"或"波－矩"对峙已经白热化的时期，革命向何处去——波、粒或者波一粒？这是哥本哈根学派的热门议题，大家都在思考、讨论、辩论乃至争论，之后形成了量子史上具有里程碑意义的"哥本哈根诠释"。狄拉克这个时期到来，就是投入了一场飓风的中心。这么一个大开放的环境依然改变不了狄拉克封闭的性格，他依然故我地矜持、深沉、寡言少语。大家想象一下，玻尔这个"话痨"与狄拉克这个"闷罐子"相遇会是一种什么样的有趣情形？狄拉克后来回忆说，在哥本哈根，"我渐渐和玻尔混得很熟，我们常在一起长谈，实际上完全是玻尔一个人在讲"。回想一下我前面说过的那个美国记者的尴尬，能跟狄拉克"混得很熟"并且"长谈"，可见玻尔本事了得！

我们的"闷罐子"也不是"空腔"，只吸收不辐射，只不过他的辐射是"量子化"的，以"跃迁"的方式发生。有当事者回忆说，人们永远不知道狄拉克在想什么，所以他的一些重大发现也没有任何前兆，突然就石破天惊地从天而降。1926 年 11 月，出国仅两个月，他就完成了"狄拉克变换"的建构。所谓"变换"是科学家建立物理规律的一个强有力的数学工具，因为所谓规律从某种意义上说就是变换中的不变性。例如，通过洛伦兹变换，我们就建构出时空变化的相对论规律。狄拉克变换解决了量子力学中各种动力学变量之间、基本方程与实验观测量之间的变换规律，自然包含了哥本哈根诠释的"波函数概率解释"和"不确定性原理"定量解释，为哥本哈根诠释做了技术上的准备和铺垫。

狄拉克终于得到了一项优先权。几乎同时，同样寡言少语的约尔当也发表了一个变换理论。在口头语言方面，约尔当甚至比狄拉克还惨，后者主要是心理的原因，前者则还有生理的原因，"幼儿园园长"玻恩就曾出资让约尔当去治口吃，当然是没有什么效果。正所谓"讷于言，敏于行"，约尔当同样是身怀数学绝技，他的变换理论，在理论深度和形式优美方面都能与狄拉克的理论媲美，结果也一样，只是使用的方法不同。因此这个变换理论被冠名为"狄拉克－约尔当变换"，在量子物理天空上缀上一对"沉默双星"，让它们照亮我们前进的坎坷路。这一年，这对不哼不哈的难兄难弟同为 24 岁。

1926 年的量子物理世界，就是一个战争频仍的战国时代，统一六国的秦始皇要做的第一件事就是"书同文，车同轨"，量子世界要结束"战乱"，同样急需一个超越矩阵力学和波动力学的统一语言。如果说狄拉克变换是统一语言的语法规则，那么"狄拉克方程"就是这种语言自身。这座量子物理史上的伟大的里程碑是狄拉克在 1928 年年初建立起来的。

矩阵力学和波动力学在数学上是等价的，但都有一个共同的缺陷——不满足相对论效应。复习一下第七章，我们说薛定谔方程对应的是经典能量－动量关系式：$E= p^2/（2m）$，方程本身就表现为对时间是一阶微分，对空间坐标是二阶微分——时间和空间不在同等的位置。而相对论的能量－动量关系式是：$E^2=c^2p^2 + m^2c^4$，对应这个关系式的量子力学波动方程就必须要求时间和空间处在同等的位置。

这在理论上并不难，薛定谔去玫瑰山谷前在苏黎世大学宣布"已经找到了一个"的波动方程就是相对论性的，对时间和空间都做同等的二阶微分。这个方程形式上非常优美，可惜是个"花瓶"，不能解释氢光谱的精细结构，实际上是我们后来知道的由于电子自旋造成的微小偏离。薛定谔当时不可能明白，稀里糊涂地就把这个方案放弃了。1926 年春，玻尔的学生克莱因独立得出了一个与薛定谔如出一辙的相对论性方案，相同的是不能解释精细结构，区别仅在于克莱因发表了它。这个方案引起了科学家们的兴趣，以后被发展为克莱因－戈登方案（简称 KG 方案）。这是唯理派走演绎路线得出的失败方案——漂亮而不成功。

为了建立这种相对论性方程，经验派科学家又开辟了第二条道路——把相对论效应加进非相对论体系。1926 年春，约尔当和海森堡把相对论效应当作矩阵体系的一个微扰项，再移植上乌－高的自旋假设，成功地解释了精细结构。但这个体系就像一件打着两个大补丁的破衣服——成功却不漂亮。

我说过狄拉克是有"洁癖"的，在他眼里，漂亮第一，出活第二。两条道路，他宁可选择漂亮而成果不佳的那个。所以他很为薛定谔惋惜，他觉得如此漂亮的一个理论，薛定谔应该像克莱因一样大胆地发表出来，而不要被"方程与观察结果的不一致所扰乱"。

1927 年 10 月，索尔维会议邀请狄拉克参加，这标志着他已进入世界一流物理学家的行列。一次开会前，他想跟慈父般的玻尔谈谈自己关于相对论性的波动方程的想法，可是狄拉克刚说了一个开头，玻尔就说："这个问题克莱因已经解决了。"于是狄拉克的话就被打回到闷葫芦里。会议以后他就回家闷头闷脑地搞他的方案。仅仅两个月后，1927 年圣诞节前几天访问剑桥的达尔文就惊讶地写信向玻尔报告——狄拉克已经搞出了一个相对论性的波动方程！这就是《皇家学会学报》1928 年 1 月 2 日收到的狄拉克的划时代的论文《电子的量子理论》里阐述的"狄拉克方程"。

狄拉克的论文一开始就申明"基本定律"，指出理论的出发点是两个不变性：其一，方程的时空特性应满足相对论变换；其二，量子特性应满足量子力学变换（狄拉克－约尔当变换）。KG 方案的时空坐标的偏导数都是二阶，狄拉克发现，把非相对论性的薛定谔方程的空间坐标从二阶降为一阶，时空的偏导数就同为一阶，同样可以达到时空平权的目的，而这样做的好处是，这个一阶导数恰好就是动量。为了满足相对论的洛伦兹变换，方程中的两个系数 α 和 α_4 不能是一般的常数，而必须采取矩阵的形式。这就有了相对论性的量子力学方程——"狄拉克方程"：

$$(W/c + \alpha \cdot p + \alpha_4 m_0 c) \psi = 0$$

这里 W 是能量函数，p 是动量，m_0 是静止质量，c 是光速，α 是一个旧矩阵，α_4 是一个 4×4 的新矩阵，而 ψ 是一个四分量的波函数。

泡利有一个很形象的比喻，他说如果量子力学是一位绝色美女，海森堡就是她的第一个男人，薛定谔是她的最爱，狄拉克最后成了她的老公。狄拉克方程标志着量子力学的数学建模最终完成，它包含了之前矩阵力学方程和波动力学方程的全部成果，具有了更一般的公理意义，波矩之争已经变得没有意义，量子力学终于实现了"书同文"的统一。不仅如此，它还是现代科学两大范式——相对论和量子力学——的第一次成功的联合作战，使量子精灵乘上了高速（可与光速比拟的速度）列车，发放给微观量子进入宇宙大尺度空间的通行证。加上量子美学家特色，逻辑严整且形式优美，人们感觉久违的牛顿奇迹和爱因斯坦奇迹再一次降临人间，衣衫褴褛的量子军团穿上了最华贵的新装，扬眉吐气！人们惊叹：这是物理史上的"一个绝对的奇迹"！

四

狄拉克方程虽然漂亮，却是一个"数学怪物"。由于形式上的需要，必须引入一个 4×4 的新矩阵——α_4，于是 ψ 就是一个四分量的波函数 $\psi = (\psi_1, \psi_2, \psi_3, \psi_4)$。狄拉克毕竟是物理学家，而不是夸夸其谈的玄学家，他必须考虑这个漂亮方程的经验运用，最直接的就是要推导出遵循基本方程的电子在具体环境中的经验效应。于是他考虑把一个电子放在一个电磁场中，利用狄拉克方程推导出它的电量。经过一个很聪明而严密的数学操作，狄拉克得出了一个意想不到的结果——除了一个电子标准电量之外还有一个附加电量，对应着一个数值为 e（h/2π）σ/2mc 的磁矩。

不要去理会这个数值的形式和内容，我们只需要知道，这正是从乌伦贝克和古德斯密特开始，到泡利最后完善的电子自旋模型里假设的自旋角动量！之所以称之为假设，是因为这个理论没有基础理论，而是通过经验归纳加上大胆猜想形构出来的，而按科学理论完备性的要求，某个论域的一切命题，都应从一个基本方程自然导出，移植和外加的命题，总让人觉得来路不正，难继大统。

在狄拉克这儿就不一样了，电子自旋被从一个基本方程中自然导出，不仅使自己具有了理论的合法性，同时也彰显了基本方程深刻而丰富的内涵。量子力学终于摆脱了人为引入自旋的尴尬境地，自旋也从此有了尊贵的量子血统。狄拉克说这个意外发现使他"大为震惊"，因为在建立方程时他并没有考虑在方程中引进自旋。尽管电子自旋现象的发现在狄拉克方程之前，但在构建方程时并没有使用这个经验材料，方程只是满足两个变换——狄拉克－约尔当变换和洛伦兹变换，因此不期而遇的自旋结果，无异于一个新颖的预见。这个困扰了量子科学家多年的难题，前人是"有心栽花花不开"，狄拉克却"无心插柳柳成荫"。

真正伟大的预见还在后头。前面说过方程解是一个四分量的波函数，解释电子包括电子自旋用了两个，剩下两个分量看不出有什么用处，就像人体中的阑尾和扁桃体一样。其实从经典相对论性能量－动量关系式我们就可以看出这两个解是怎么产生的——

$$E^2 = c^2 p^2 + m^2 c^4$$

这个式子有两个能量解：

$$E = c\sqrt{m^2 c^2} \text{ 和 } E = -c\sqrt{m^2 c^2} + p^2$$

什么？有一个能量解是带负号的？太荒唐了！我们知道，在经典力学中，能量是一种标量，只有数值大小，没有正负之分。负能量，意味着还有负质量，就比如说，一个东西托在手上反而变轻了，我推你一把反而把你拉进了怀里，我要拉你一把反而把你推了个趔趄。

刚刚欢呼过狄拉克胜利的物理同人们又重新陷入了沮丧和不安。约尔当说："含混不清的电的形式不对称问题……这个理论为此陷入一时不能解决的困难。"海森堡则向泡利宣泄自己的郁闷，称这是"现代物理学最悲哀的一章"。

最简单的方法，也是数学中常用的方法，是把负能量解当作一个无用解人为地消掉，但如此一来，狄拉克方程就会变得丑陋不堪。如果死亡和毁容二选一，量子美学家狄拉克宁可选择死亡。舍弃负能量解，根本不是他的选项！

那么就要证明现实中负能量的存在。回到玻尔的原子模型，以前我们说过电子向下跃迁到1楼，也就是基态，就再也不能向下跃迁了。如果存在着负能量的电子，就意味着原子内存在着负能级，原子大厦还有地下室，而且无限深，电子可以无限地向下跃迁，同时不断地向外辐射能量，我们可以利用这无限的能量造成永动机，但这是比负能量解更荒唐的事情。

1929 年，狄拉克在周游世界的讲学中听到了韦尔的一个观点：狄拉克方程的两个正能分量属于电子，另两个负能分量属于质子。受此观点影响，1930 年他提出了后来被称为"狄拉克海"的假设，终于为两个来历不明的波函数，即负能量解找到了归宿，为它们在量子力学体系中落了户口，使它们成了合法公民。需要说明的是，狄拉克的解决此时还只是数学定量方面的，在定性方面，他仍然经历了多年的困惑才最终明白。这点我将在下一篇再细述。这里提前使用科学共同体最终认定的定性诠释方式。

好，让我们假设，与正能级对称的负能级确实存在，原子里确实有一个无限深的地下室。在这种情况下，如何与我们的观察现实相协调呢？即电子为什么不会无穷地向下跃迁呢？只有一种可能，就是负能态已经事先被负能量填满，就像大海被海水填满一样。那么根据泡利的"不相容原理"，每一能级不能容纳两个以上四个量子数都完全相同的量子，现在既然负能态已经被填满，就意味着电子跃迁到负能态的任何位置，都会遭遇量子态完全相同的能量，都是不相容的，因此电子向负能级跃迁的情况是不会发生的。

这个假设太大胆了，居然存在着一个与正能量世界完全对称的负能量世界——狄拉克海！那么为什么千万年来都没有人观察到这个世界呢？狄拉克说，狄拉克海是不辐射能量和不发射信息的，观察不到也完全合理。这个解释连我都不能答应，因为它完全违反了可观察量原则。为了拯救那两个无用的符号，你就引进一个负能量，问题是，负能量如果不能被观察，就算逻辑再严密，我又怎么知道你不是在胡说八道呢？

如果狄拉克想不到这一点，他就混不到今天了。"空穴理论"做了一个"原则上可观察"的补充：那些我们目前还没观察到的负能量，如果被一个足够大的正能量激发，它就会跃迁为一个正能量的、带负电荷的电子，跟我们已经观察到的电子一样。根据能量守恒定律，正能态不能平白无故地就多出了一个电子，为了守恒，负能态就必须产生一个能量相等、但电性相反的"空穴"。这个空穴，我们就可以理解为一个带正电荷的"电子"，它是"原则上可观察"的。

这是一个绝对新颖的预见吧？因为之前我们观察到的所有电子都是带负电荷的！1932年美国物理学家安德森在宇宙线实验中还真观察到了这种正电子，从而证实了狄拉克的正电子的假设，也是狄拉克方程的一个伟大验证。历史注定了这一理论还要走得更远，由"正电子"而"反粒子"而"反物质"，这些我都将在下篇再细述。

狄拉克方程是一个科学逻辑学和科学美学完美结合的光辉典范，以逻辑严谨和形式优美为追求目标，也可以产生巨大的经验意义。狄拉克的传记作者克劳说狄拉克的方法是反经验主义的，因为从经验原则出发，不可能引进4×4矩阵这样的"非物理项"，显见"原理方法优于经验性方法"。但这也不必然导致先验主义和唯理论——逻辑的起点不是上帝或自然的密授，逻辑严密也不能包打天下。建构主义似乎是更好的解释——基本假设尽可以是科学家天才的直觉和洞悉，逻辑的推演也不必亦步亦趋地追随经验，但"可观察量原则"必须如影随形。如果狄拉克没有可观察的辅助假设，最终把"非物理项"变换为"物理项"，理论的生命力还是有限的。

五

1933年，31岁的狄拉克因对量子力学的卓越贡献而荣获诺贝尔物理学奖，"金榜题名"，人生一大幸事，应该高兴才对呀！可是狄拉克却为此忧心忡忡，他想拒绝这个奖项。他现在是卢瑟福主持的卡迪文许实验室的教授，他对卢瑟福说，这个奖必将引起公众对他的关注，而他害怕这种关注。卢瑟福及他主持的实验室培养过两位数的诺奖获得者，被誉为"诺奖幼儿园"，拒奖这种事，"卢园长"却还是头一遭碰到。不过卢园长还真是个"优秀政治思想工作者"，知道有的放矢，以其人之道还治其人之身。他说："如果拒奖，你的名气将会比领奖更大，因此会引起公众更大的关注。"高手啊！一下点中了小狄的死穴，他只好乖乖地在母亲的陪同下赴斯德哥尔摩领奖。本来"诺委会"还特别关照他可以把父亲也一起带上，但狄拉克不愿重温昔日的噩梦。

同时领奖的还有海森堡和薛定谔，这三位分别代表了量子力学的三种表述方式——矩阵力学、波动力学和狄拉克方程，正好是一个完美的"正反合三段式"——粒子、波动和波–粒二象性。1930年，狄拉克出版了他的不朽著作《量子力学原理》，该书包含了量子力学的基本原理及数学基础，它的出版标志着量子力学的完整确立，以至于有人把该书与牛顿的《原理》相提并论。

"洞房花烛夜"呢？我们的狄拉克现在是"大龄青年"了，依然"像维多利亚时期的少女一样羞涩"（媒体语）。1935年，狄拉克和海森堡访问日本，轮船上晚上举办舞会帮助乘客打发枯燥的旅途。海森堡在场中热舞，狄拉克则在场边孤坐冷板凳。一曲下来，狄拉克冷不丁地向海森堡提出一个问题："你为什么喜欢跳舞？"海森堡就逗这个钻石王老五："跳舞可以碰到可爱的姑娘呀。"狄拉克又问："你如何能预见姑娘是可爱的？"嘿，这呆子！海森堡语塞——难不成还要有个运动方程？看来这个狄拉克是没救了，朋友们都认为他一定是铁杆独身主义者了。可是正如狄拉克的科学成果往往像是从天而降一样，人们事先一点风声都没有听到，他一拿出来就吓人一跟头。他于1934年在美国探访流亡至此的匈牙利物理学家维格纳时认识了他的妹妹吉玛，吉玛也是来探访哥哥的，这时吉玛已经离了婚带着两个孩子。没有轰轰烈烈，1937年1月，狄拉克与吉玛悄无声息地就结了婚。婚后有一次一个老朋友因事来访，发现屋里有女人感到十分惊讶，尴尬的狄拉克赶忙介绍："这……这是……维格纳的妹妹。"

英国伦敦的威斯敏斯特教堂，在古代是历代君王加冕登基和死后安葬的地方，近代以来，为世界和英国作出了卓越贡献的著名科学家、文学家、政治家和军事家的墓地和纪念碑也进入该教堂，如牛顿、达尔文、狄更斯、布朗宁和丘吉尔。18世纪初，法国大文豪伏尔泰目睹了在威斯敏斯特教堂为牛顿举行的隆重葬礼并为之震撼，感慨道："走进威斯敏斯特教堂，人们所瞻仰的不是君王们的陵寝，而是国家为感谢那些为国增光的伟大人物所建立的纪念碑。这便是英国人民对于才能的尊敬。"狄拉克于 1984 年去世，英国人民在威斯敏斯特教堂紧挨着牛顿纪念碑的地方建立了他的纪念碑，碑上镌刻着不朽的狄拉克方程的数学公式。有人曾以狄拉克是无神论者为由而反对此项动议，这个意见被置之不理，因为狄拉克无愧于这个位置！

第十一章　确定性的终结

一

花开两枝，兵分两路。当在形式战场，泡利为玻尔的原子大厦最后封顶，狄拉克为量子大陆的语言统一而艰苦奋战的时候，内容战场，量子革命的主帅们也在为平息波粒内战而殚精竭虑。

让我们回到量子二次革命的发源地哥廷根。现在让海森堡不爽的是，一块儿创立了矩阵力学的玻恩与敌对的波动力学眉来眼去！玻恩一开始就喜欢上了薛定谔的波动方程，他甚至认为波动力学是"量子规律的最深入的形式"。使用了"最"这个最高级形式，矩阵力学的地位还怎么摆？因此海森堡对老师的"变节"行为深表不满。

薛定谔方程形式的简单优美是大家公认的，这一点连海森堡也不能否认。那么在薛定谔漂亮的外衣下，又包藏着什么实际的内容呢？薛定谔自己胃口很大，当初不过是为了给德布罗意的物质波寻找一个波动方程，这个方程一旦找到，薛定谔就试图把德布罗意的"物质"踢掉，只留下"波"。什么物质不物质，这个世界的本质就是波，物质不过是波的表象，粒子是波的海洋翻腾的小泡泡。因此波函数就是对世界本质的正确反映，ψ 就不仅仅是一个概念符号，它还是一种现实的存在。

我也希望薛定谔的美丽的方程式能生下这么一个大蛋，那么物理学前途将一片光明，现在我们无论是学物理学还是哲学，都可以节约许多脑细胞，轻松而愉快。可是玻恩告诉我们，别瞎乐观，这个漂亮的公式什么也生不下来，这个漂亮的女人患有不育症！原来由于逻辑的需要引进了虚数 i（－1 的平方根），ψ 是一个复函数，而复函数是得不出实数的，所以不是能直接观测的经验值。玻恩虽然计算不行，数学道理还是懂得不少。不是得不出实数吗？我们就取它绝对值的平方（｜ψ｜²），这倒是一个实数，但是这个实数又代表了什么呢？也就是说，它的物理意义是什么呢？

在玻恩百思不得其解的时候，爱因斯坦像一盏指路明灯照亮了他。我们知道，爱因斯坦在量子物理史上有两大贡献——光量子说和波粒二象性思想。现在后者成了玻恩揭开波函数之谜的钥匙。玻恩说：

"爱因斯坦的观念又一次引导了我，他曾经把光波的振幅平方解释为光子出现的概率密度，从而使粒子（光量子或光子）和波的二重性可以理解。这个观念马上推广到 ψ 函数上：｜ψ｜² 必须是电子（或其他粒子）的概率密度。"

这就是玻恩于 1926 年秋天在一系列文章和讲话中阐述的"波函数概率解释"。简单地说，波函数 ψ 的绝对值的平方 ｜ψ｜² 代表我们在单位体积内发现一个粒子的概率。用这个解释画出的一个氢原子模型就像图 11.1，无数个黑点就是电子。

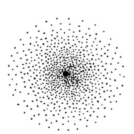

图 11.1 氢原子云图

你是在忽悠我们吧？氢原子不是只有一个核外电子吗？怎么现在变成了无数个？呵呵，这不是一个共时性图形，而是一个历时性的图形，代表着无数次观测的结果。如果你想看单次观测的图形，它们就会如图 11.2，电子每次都

会随机地出现在一个地方，把无数个瞬间观测的结果叠加在一起，就形成了图
11.1。在这个云图中，有些地方电子会比较密集，叫概率密度高；有些地方比
较稀疏，叫概率密度低。

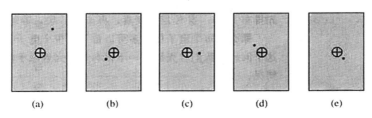

图 11.2　氢原子电子五个瞬间的照相示意图

　　好了，从玻尔开始，我们已经有了三种电子运动解释，现在比较一下三者的
关系。在玻尔那里，氢核外电子在若干条分立的运动轨道，电子的"变轨"是以
跃迁的方式发生的。用玻恩解释画出的氢原子能级的原子模型，如图 11.3，把电
子出现概率高的地方连起来，正好就是玻尔所说的半径为 r 的电子轨道或能级。
而电子概率密度连续变化的曲线，正好就是由薛定谔的波函数给出的。可见玻尔
解释只是一种近似的描述，而薛定谔方程"严格决定"的只是一个"概率"！

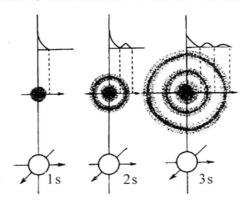

图 11.3　原子云图与概率曲线关系图

　　三个能级的氢原子云图及概率曲线，左图 (1s) 为电子的基态，中图（2s）包含了基
态和一个激发态，右图（3s）包含基态和二个激发态。所谓玻尔的轨道，不过是电子出
现概率最大的地方。从上方的概率曲线看，概率密度的变化是连续的，从中间的云图
看，能级则是分立间断的。

玻恩的"波函数概率解释"发布在秋天，一个萧瑟的季节！回顾波动力学刚发表时物理学界元老们欢天喜地的喜庆场面，才几个月啊，回归经典的美梦如昙花一现。概率来到科学世界，它历来都是科学家手中的一件工具，它或者是为了图方便，或者是暂时无能的代用品。大选前的抽样调查，以概率的方式预测何者胜算的可能性更高，不代表我不能在大选日赢得几亿张选票。天气预报使用概率，只说明目前的技术和运算能力还不能精细到每一个空气分子，不代表人类的无限进步也不可能达到这一步。可是现在概率变成了事物的本质，是微观物质的内禀属性。电子只能以概率的方式出现，与人的技术和能力无关！电子别说没有玻尔所描述的那种圆形的轨道，图 11.2 中那五个点之间的轨迹都没有，每一次都以跃迁的方式神出鬼没。如果你按常规方式问玻恩："电子到底在哪里？"玻恩一定会如是回答——

"在没有观察之前，这个问题是没有意义的。但如果你一定要这么问，我就只能说它在任何一个地方，这张云图上的每一个点都是这个电子，就像孙悟空的分身术一样。只有在观察发生的时候，我们说'波函数坍缩'了，坍缩为一个点，你才会在随便一个地方看到一个电子，也只能看到一个电子，图上其他地方的电子瞬间就消失了。就像菩萨化解了孙悟空的分身术，他才会在一个固定的点上现出真身，无数个孙悟空变成了一个孙悟空。这个时候说'在'什么地方才有意义。接着'意义'这个话题，实际上谈论单个电子的单次行为也是没有意义的。对于单个电子的单次行为，我不能说什么。但菩萨只要多次观察这个电子孙悟空，数量达到足够多，她就会发现，孙悟空在大多数的情况下都是在'轨道'及其周围的地方现出真身，大概是跑得太远会挨唐僧的紧箍咒，所以只会偶尔出圈。"

我不得不承认玻恩是专家，他把这个问题给说明白啦。但正因为他说明白了，我才更糊涂了。怎么会这样呢？都说"眼见为实"，我可从来没有见过这样的运动方式呀。

二

"呵呵，姜还是老的辣，"看到波函数概率解释，海森堡心头掠过一声窃笑，"想不到老师还有这一招，抽象肯定具体否定。薛定谔折腾出一身劲，老师一出手就把他的波函数'坍缩'成一个点——粒子。"兄弟阋于墙，外御其侮，争论归争论，哥本哈根学派还是一个团结战斗的集体，粒子军团无往不胜。1926年5月，海森堡已经拜别了玻恩，赴哥本哈根任玻尔的讲师和助手。秋去冬来，让南飞的大雁捎去对玻恩老师的问候吧。

海森堡关于不确定性的思想，恐怕最早得自泡利的启示。1926年10月19日，泡利在给海森堡的一封信中，对玻恩的波函数概率做了解释再解释，认为利用玻恩的解释，可以建立起可观察量和不可观察的电子定态运动之间的联系。特别是指出了玻恩的理论中包含了一个"暗点"："各个 p（动量）必须假设为受到（观察或计算）控制的，而各个 q（坐标）则是不受控制的。这就意味着，对于给定的 q 的初始值，永远只能计算 p 的确定改变量的概率并按一切 q 值求平均。"因此，"不能同时探索 p 和 q"。

1926年11月狄拉克的变换理论同样包含了不确定性的思想，狄拉克说："谁也不能回答数值既是 q 又是 p 的量子力学问题。"还说，"在这些坐标和动量的初始值和它们任意后来时刻的值之间，实际上就无法一一对应起来。"

1927年2月的一个晚上，海森堡一个人待在玻尔研究所的客房里，思考威尔逊云室的径迹问题。所谓威尔逊云室，是威尔逊1896年提出的一种实验装置，通过云室的粒子在经过的路径上会出现一条白色的雾，像喷气式飞机的尾巴。这个实验的解释对海森堡是一个考验，因为当初他提出矩阵力学，就是以否定电子轨道的可观察性为前提的。云室实验，是否推翻了自己当初的论断呢？忽然，他想起几个月前与爱因斯坦的一次谈话。

那是1926年4月，柏林大学邀请他去做一个关于矩阵力学的报告，现场冷冷清清，显然没有三个月后薛定谔的"波动之旅"的热烈场面，但引起了爱因斯坦的兴趣，并邀请海森堡到家中小叙。海森堡当然是如蒙圣恩似的高兴。之前这二位通过几次信，爱因斯坦显然不同意海森堡的激进观点。作为物理学界的大佬，老爱觉得有责任挽救这个年龄只有自己一半的"失足青年"。暮春三月，柏林街头依然萧条清冷，他们散步了半个小时，聊了聊生活、工作，也许还有风花雪月。爱因斯坦关于去哥本哈根而弃莱比锡的建议就是这时提的，这无疑对海森堡起了相当重要的作用。到了爱因斯坦富丽堂皇的书房，他们言归正传——

爱：你真的相信，单凭观察量就可以建立起物理学理论吗？

海：您当初创立狭义相对论时不就是这样做的吗？

爱：好把戏不能玩两次。不能单凭观察量建立理论体系，事实正好相反，是理论决定了我们能观察到什么。

…………

夜深沉，万籁俱寂，爱因斯坦那句"是理论决定了我们能观察到什么"像穿越时空的霹雳击中了海森堡的心田。是啊，我们看到的云室的那条径迹说明不了什么，它只是凝结在粒子上的一串水珠而不是粒子本身。那么，对粒子本身我们能观察到什么，应该有一个理论说明。要观察到粒子的轨迹，按经典物理，我们首先要取得位置和动量这两个值。好，让我们跟海森堡一起来做这个观测吧——

这是一个量子世界的 100 米短跑比赛，参赛运动员最耀眼的是电子博尔特，他在 2008 年的北京奥运会上创造过 9 秒 69 的世界纪录。首先我们要测准他的起跑位置，可别让他踏线哦。要看见东西首先要有光，我们所谓看到东西不过是看到这个东西反射的光。好，打开灯光。咦？一个空荡荡的运动场，可运动员明明进场了呀！

噢，我忘记说了，光线只能"看见"（分辨）比它波长大的东西，碰到比它波长小的东西它就会绕过去，不会反射，所以就看不到。可见光的波长最短的紫光约 400 纳米。而电子直径还不到 1 纳米长，怪不得平常的光线下根本就看不见电子运动员。

好，我们就改用波长同样不到 1 纳米的 γ（伽马）射线。测准了起跑位置，鸣枪开跑，电子博尔特状态特好，如疾风闪电，只一会儿，终点处欢呼声骤起——电子博尔特以 5 秒的成绩打破了他自己保持的世界纪录！这怎么可能？果然，兴奋剂检测呈阳性，成绩取消。博尔特一脸无辜地大叫："我绝对没有服用兴奋剂！我绝对没服用兴奋剂！"私下他却咕哝，"不过那灯光照在身上确实感觉力量倍增。"

量子国际田联的所有专家都解释不了这个问题，情急之下就请到了海森堡。海森堡狡黠一笑："你们算是请对人了。要知道这是量子世界的比赛，量子力学的基本知识是要知道的。最基本的一个，普朗克公式——$E = h\upsilon$。宏观世界能不能看到东西就说灯光够不够亮，这说的是光强，100 瓦不够 1000 瓦，1000 瓦不够 10000 瓦。但光强只决定光量子的数量，事实证明，可见光的光量子数量再多，对电子博尔特也没有用，之所以改用伽马射线是因为它单个光量子的能量大，这个能量就是由 $E = h\upsilon$ 决定的，更具体点是由频率 υ 决定的。频率是波长的倒数，想一想，原先用的紫光波长 400 纳米，而伽马射线波长短于 0.02 纳米，也就是说一个伽马射线的光量子的能量至少可以顶上 2 万个紫光量子。听说过康普顿实验吗？x 射线照射电子后变软了，波长变长了，就是因为有部分能量交换给了电子。你们用的 γ 射线能量比 x 射线还大，该有多少能量交换给了电子博尔特！他能不像打了鸡血似的吗？"

哦，原来如此！用短波光测准了位置，却改变了位置的共轭量——速度。马上改用波长较长的光线，以减少对博尔特速度的干扰。可是他照样创造了 5 秒的成绩。原来长波光下，位置又测不准了，博尔特是在起跑线前 50 米起跑的。

敢情是鱼与熊掌不可兼得，测准了坐标（位置），就测不准动量（速度），反之亦然。有朋友会问，既然动量和位置不能同时测准是由于观测的扰动造成的，那么能否这样理解——这两个变量理论上还是确定的，只是当观测扰动了对象时才变得不确定？

理论上？赫尔戈兰岛那个当时并没在意的谜团突然在海森堡的脑海里重放——pq ≠ qp！后来知道这是矩阵运算的不可对易律，这个问题就算有了答案。现在看来，还是治学不严谨哪。应当进一步追问：这个数学的不可对易律，在这里的物理依据是什么？传统数学的可对易律的物理依据是，两个变量的测量是互不干涉的，因此理论上两个变量的确定也不会产生互相影响。可是 $pq \neq qp$ 好像暗示我们，微观世界并不是那么回事。就让我们来看看，这两个变量，分开和合起来在理论上都是怎样确定的——

显然，位置不确定量 $\triangle q$ 由波长 λ 决定，是正比关系，波长越长就越不确定，波长越短就越确定，因此有——

$\triangle q \approx \lambda$

动量的不确定量 $\triangle p$ 可以直接套德布罗意的波长与动量的关系式（$p = h/\lambda$），可得——

$\triangle p \approx h/\lambda$

坐标和动量是一对共轭量，求出二者不确定量的乘积——

$\triangle q \cdot \triangle p \approx \lambda \cdot h/\lambda \approx h$

$$\triangle q \cdot \triangle p \approx h$$

——这就是**海森堡不确定性关系式**。

$pq \neq qp$ 的真正答案就在这里。在这个关系式中，h 是一个确定的支点，p 和 q 分别坐在跷跷板的两头，你按住了 p，q 就翘到了天上；你按住了 q，p 就翘到了天上。这就决定了 pq 和 qp 之间必定有一个差值，微观变量是原则上不确定的！微观世界的不确定性是由神奇的量子小精灵决定的，共轭量分果果吃，分到最后，一个 h 就没法分了，你多吃了我就得少吃，没有绝对的公平。宏观世界吃果果都是数以亿计，当然不在乎这一个的得失，微观世界就不同了，这一个 h 就是生死攸关，是厄里斯的金苹果，可以为此发动战争，搏命血拼，所以上演了许多在宏观世界看来匪夷所思的悲喜剧。

赫尔戈兰岛的激情燃烧之夜再次降临，哥本哈根的冷月看见了海森堡秉烛疾书，一封 14 页纸的致泡利的信如月光泻地，酣畅淋漓地倾诉着他的最新发现。这封信成了海森堡彪炳史册的雄文《论量子理论的运动学和力学的直观内容》的初稿。这篇 27 页的论文于 3 月完成，系统阐述了后来被命名为"不确定性原理"的思想和推论，并于 22 日寄往《物理学》杂志。

奇了怪了，海森堡似乎都要背着自己的老师，山高皇帝远才能出大活。上次他是到了赫尔戈兰岛才迸出的矩阵力学的主意，这次发现不确定性原理，玻尔老师又恰好去了挪威滑雪。在海森堡寄出论文的第二天，3 月 23 日，玻尔就回到了哥本哈根。接着发生的玻 – 海之争，是量子物理史上一件意义深远的大事。这是后话。

三

我好像又有点明白玻恩的波函数概率解释了，为什么不能严格决定，而只能是概率决定？其实我们可以把严格决定当作概率决定的一个特例，即概率等于 1 的情况。根据不确定性原理，概率等于 1 时会发生什么情况？比如，电子在轨道上的位置完全决定，就是在给定体积内概率密度等于 1，这就意味着 $\triangle q = 0$，则动量的不确定性 $\triangle p = h/0$。这是数学上不能成立的等式。我们做个思想实验，想办法做个坚硬无比的笼子，把电子固定在一个很狭小的空间内，让它的坐标不确定性接近于 0，将会发生什么情况？这种情况下，动量的不确定性将趋向于无穷大，有了这个不确定量，电子穿墙遁地，什么事都干得出来，结果什么样的笼子也关不住电子。同样动量也不可能严格确定，因为这就意味着位置密度概率无穷小，粒子出现在任何地方的概率都是相同的。那么我们要找一样东西就不是大海捞针，而是宇宙捞针甚至超宇宙捞针。据计算，把电子速度的确定度控制在 106 米的范围时，位置的不确定性将达到 10^{-10} 米，这时电子轨道的厚度就跟轨道半径一样大，也就是说跟原子一样大（原子的线度也是 10^{-10} 米），电子就平均分布在原子核周围的任何地方。

既然波函数坍缩了，量子精灵具有本质的不确定性，难道这就是决定波动军团失败命运的滑铁卢战役？波动军团俯首称臣，粒子军团一统天下？海森堡似乎是这样想的，但玻恩没这么想，玻尔也没这么想。俗话说，是骡子是马拉出来遛遛，电子是波是粒也得拉出来遛遛。好吧，我这就提供一个电子遛马场——双缝实验。美国物理学家费曼说过："双缝干涉实验隐藏着量子力学全部的奥秘。"咱得隆重介绍一下。

现代光学的创立，以牛顿1704年的著作《光学》为标志，牛顿根据光的直线传播的特性，认为光是一种微粒流。微粒从光源飞出来，在均匀媒质内遵从力学定律做等速直线运动。牛顿用这种观点对折射和反射现象做出了成功的解释。由此开始，粒子说统治了光学领域100年，直至1807年，英国物理学家托马斯·杨（Thomas Young）在他的《自然哲学讲义》中提出了光的波动说。而这个理论的实验依据，就是他本人发明的双缝实验：把一支蜡烛放在一张开了一个小孔的纸前面，这样就形成了一个点光源。在纸后面再放一张开了两道平行的狭缝的纸。从小孔中射出的光穿过两道狭缝投到屏幕上，就会形成一系列明暗交替的条纹，像道路上画的斑马线，这就是双缝干涉条纹。这种干涉现象是粒子说无法解释的，而我们却可以在肉眼也能观察到的水波中看到，由此类比，可以认为光是一种波动。波干涉的物理解释前面已经说过：当两列光波相遇时，如果二者同涨同落（叫"相位相同"），强度就会倍增；如果相反（相位相反），强度则会被抵消，因此形成了明暗相间的干涉条纹（图11.4）。

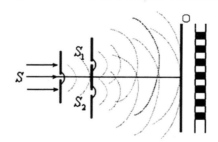

图11.4　托马斯·杨的双缝实验原理

光线从单缝S处发出，通过双缝S_1和S_2，途中发生干涉，照射在接收屏O处。最右边黑白相间的条纹是接收屏以胶片等方法记录下的光照效果，白色为亮条，黑色为暗条。

《费曼物理学讲义》中设计过一个分别是子弹、水波和电子的双缝的理想实验来说明量子力学的奥秘。

我们首先用子弹（粒子）来做实验，首先打开缝1，把缝2关闭。用一挺机枪方向不定地向开缝处扫射，当一定数量的子弹穿过缝时停下来，看接收屏的弹头点，我们会发现在源、缝、屏三点一线的地方最密集，旁边逐渐稀疏，旁边的弹着点可以理解为子弹打到缝板的边缘被反弹过去的，密集处是空心球，稀疏处是篮板球。按弹着点的疏密程度画出一条概率曲线，我们得出一个单峰曲线 P_1。然后关闭缝1，打开缝2，发射同等数量的子弹，又得出一个单峰曲线 P_2。把两条缝同时打开，发射每次单缝实验双倍的子弹从两条缝的任一条随机穿过，结果跟两条单缝实验结果的相加没有什么两样，总概率曲线正好是 P_1 和 P_2 的叠加，这种结果我们叫无干涉类型（图 11.5）。这种类型的实验两个波曲线简单叠加为一个单峰的波曲线，峰顶表示弹着点最密集，虽然每次单缝实验这里都不是最密集的地方，但两次的叠加就成了这样。因此总概率曲线 P 等于 P_1 和 P_2 的简单相加。

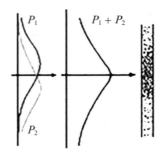

图 11.5　双缝实验的无干涉类型

水波实验按同样的次序进行，两次单缝实验同样得到两个单峰的波强曲线，峰顶表示波强最强的地方，对应子弹的概率密度最高；峰底是波强最弱的地方，对应子弹概率密度最低。当双缝同时打开时，概率曲线就不像子弹那样简单叠加为一个单峰的曲线，而是一个多峰的曲线（图 11.6）。不用说，这是波干涉的结果。理论上，我们可以根据单缝实验的两列波的相位差，描绘出双缝实验的多峰曲线。总波强不是两次单缝的简单相加，而是比二者之和有一个增加值，直观的表现就是，双缝实验的曲线 I 的振幅比单缝实验曲

线 I_1 和 I_2 的振幅都要高。

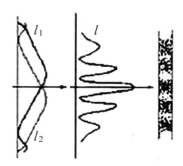

图 11.6   水波的双缝实验

现在把实验主角换成量子世界的电子（或光子），看看它们是按子弹那样行动呢，还是像水波那样行动。现代实验技术的发展，已经可以把费曼的思想实验变成真实的实验，让电子从发射源一粒一粒地"蒸发"出来，就像机枪打出的子弹一样，单粒电子穿缝打在涂磷屏幕上发出一个光点并用胶片记录下来。在两次单缝实验中，我们依然像子弹实验那样用 P_1 和 P_2 代表电子到达屏幕的概率曲线，它们跟子弹实验是一样的。这没什么意外，因为电子是一个一个发射的，不应有干涉发生。

但是，当双缝同时打开，电子依然是一个一个地发射，奇迹还是发生了！1 个亮点，2 个亮点，3、4……7 个亮点（图 11.7a），没什么异常，光子随机地落在接收屏上，子弹也是这么干的，20……30……50……80……100（图 11.7b），开始有点不对劲了，有些地方门庭冷落，有的地方却趋之若鹜，并不按三点一线的规则，1000……2000……3000（图 11.7c），双缝干涉条纹依稀可见，发射到 70000 个电子，双缝干涉已经是不争的事实，这和 70000 个电子一起发射形成的图像是一样的（图 11.7d）！

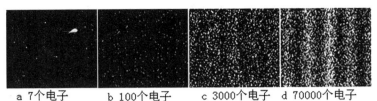

a 7个电子　　b 100个电子　　c 3000个电子　d 70000个电子

图 11.7　电子逐个穿过双缝的实验

很明显，尽管电子是单个发射的，但是双缝实验的图像并不是单缝实验图像的简单叠加。直观上，那些暗带的地方，只开单缝时是有电子光顾的，开双缝时电子就自觉地不在这些地方落脚。这就太神奇了！如果电子是一起发射的，我们还可以理解为是各粒子的物质波之间相互作用（干涉）而形成的这幅图像。问题是现在电子是一个一个发射的，这就给我们留下了太多的想象空间：电子要么像大型团体操的队员，每一个都看着自己的位置图行事，而且它们还要观察到实验条件，知道单缝时该到什么位置，双缝时该到什么位置；要么在冥冥中有一个"薛定谔妖"，按波函数图操控着每一个电子。理论上，我们跟水波实验一样，同样可以根据两个单缝的波函数的相位差，计算出在接收屏上每个地方电子的概率密度。问题是，在我们"看得见"的发射端和接收端，电子发射时是一个个的粒子，到达光屏也是一个个的光点，怎么会有波干涉的行为发生呢？我们似乎只能解释为：一个电子同时穿过了两条缝，在路途上自己跟自己发生了干涉。可有谁见过物质实体是这样的呀！真有孙悟空的分身术吗？如果用波动解释倒是顺理成章，一列波在遇到障碍的时候，会通过两个缺口，以两列波的方式继续传播，并发生干涉。难道电子的本质真的是波，当我们看不到它们的时候，它们就还原为波并严格按波的法律要求自己？

我现在还可以告诉你机枪子弹为什么不会有干涉现象：双缝干涉实验，只有在双缝距离的宽度能与波动的波长相比拟时才会有这种效应。而子弹的物质波，按德布罗意公式计算，其波长一定会小到连观察都不可能，要制造出距离那么近的双缝更是不可能，因此就注定不会有干涉效应。

薛定谔似乎并没有被打败，而是转入了地下，以看不见的手指挥着量子的千军万马！如此说来，输家是粒子军团喽？现在不告诉你，待会儿看玻尔的互补原理。

四

我对波函数概率解释和不确定性原理又有看法了。认识世界是为改造世界，这二位高人一上来就给我们一本糊涂账，这本书写满了"可能"和"不确定"，这本书甫说难读，读懂了又有何用？模棱两可，似是而非，可不是科学家们一贯的作风。哦，读了量子力学去当工程师，就这样说话？"我建这楼可能会垮，也可能不会垮；用不用钢筋，用多大的钢筋，这我不能确定。"

一个科学理论，经验适宜性是第一个要求，能够解释已知现象；接下来就是预见性，能提出具有新颖性的预测；最后就是应用性了，能转化为技术，造出对人有用的产品，这算是最高境界了。说来也怪，这"打官腔"的波函数概率解释和不确定性原理还真能创造出经典科学无法想象的技术奇迹，让我不得不自叹浅薄。

回到第七章的图 7.1，小球从 A 坡绝对高度 h 处下滚，然后顺势爬上 B 坡，在没有外力作用的理想条件下，可以爬到同样的高度 h，从而具有与起始点同样的势能。但这也是极限了，它再往上爬一分一毫，就会有超出起始点势能的能量，从而破坏能量守恒定律。但如果这是一个量子球，我们说话就得打量子"官腔"：很大的可能这是极限，但有一个很小的概率，量子球的高度可以超过 h。在经典力学，这高于 h 的高度对这个小球而言是一面不可逾越的壁垒，而量子力学说有可能逾越这个壁垒，这叫"势垒贯穿"。又好比量子是通过一个无形的隧道穿越了这个势垒，所以又叫"隧道效应"。就像图 11.8 在陷阱中的狮子，它会有一个很小的概率通过一个无形的隧道贯穿陷阱，把在陷阱外怡然自得的你撵得屁滚尿流。

图 11.8 隧道效应

不能吧，违反能量守恒定律？玻尔可是有过失败教训的哟！没错，尽管在量子领域经典定律失效，但量子运动的宏观表现是不能违反经典规律的，这是一条铁律。不过还好，正是玻恩和海森堡，为"隧道效应"或"势垒贯穿"貌似的违法行为提供了合法性的依据。原来在量子力学里，能量 E 和时间 t 也是一对共轭量，因此有不确定关系 △ E·△ t≈h，对于时间的不确定性 △ t，我们不可能把能量测量得比 △ E≈h/ △ t 更精确，也就是说我们总可以"偷"到一个不确定的能量 △ E 来穿越势垒，只要在 △ t≈h/ △ E 的时间内把这个能量还回去，能量守恒警察就抓不到你违法的证据，在法庭上就无法给你定罪。

那么狮子真的可以贯穿陷阱喽？以前在《聊斋志异》里看过一个崂山道士穿墙的故事，还以为是鬼故事呢，难道这也是真的？记住喽，在量子力学，没有什么是严格决定的，"势垒贯穿"也是一种可能性，其概率大小，与势垒的高度有着很敏感的反比关系，会随势垒的变化而指数式地急剧变化。据计算，对于能量为几电子伏的电子，势垒的能量也是几电子伏，当势垒宽度为 10^{-10} 米时，粒子的透射概率达零点几；而当势垒宽度为 10 米时，粒子透射概率减小到 10^{-10}，是微乎其微。至于狮子贯穿陷阱，崂山道士穿墙，理论上也会有一个很小的概率，也许等上几百亿年会发生一次。

这里有必要讲一个不成文的科学法则——"小概率事件是不存在的"。比如，让一只猩猩随机地敲击电脑键盘打出一部《红楼梦》也会有一个极小的概率，但我们必须认定这是不可能的，我们根本无须讨论猩猩写《红楼梦》这样的问题。这是由人类自保和发展的思维经济法则决定的，否则，科学和迷信就没了界限，人类会为许多虚无缥缈的问题浪费宝贵的智力资源，这无异于人类集体自杀。所以我们说狮子贯穿陷阱和崂山道士穿墙理论上也会有一个很小的概率，但我们还是会说这实际上是不会发生的。这也是杜绝宏观世界的工程师打量子官腔的理由。但量子效应在微观尺度就不可忽略，一则可能会有可观的概率；二则即使是很小的概率，相对微观世界的大数事件，也有可能产生可观的绝对量。隧道效应就是如此。

1978 年，31 岁的德国青年格德·宾尼希（Gerd Binnig）以论文《超导材料（SN）x 的隧道光谱学》在法兰克福大学取得博士学位，同年被 IBM 公司的苏黎世研究实验室的瑞士物理学家海因里希·罗雷尔（Heinrich Rohrer）聘为研究员。德国人嘛，喜欢宏大叙事，容易产生思辨偏好。可是生不逢时哪，物理学已经过了英雄时代，所以宾尼希觉得物理学没有哲理，过于机械，缺乏刺激，对自己的事业也不见得那么热爱。倒是当年已经 45 岁的罗雷尔从年轻时就从事前沿理论的技术转化，兢兢业业，雄心勃勃。经罗雷尔一忽悠，宾尼希就来了劲，产生了制造扫描隧道显微镜（简称 STM）的想法。这项技术的理论依据就是量子力学的隧道效应。构思是这样的：以一个很尖锐的探针（针头只有几个原子大）接近金属表面（距离同样也只有几个原子大），在二者之间有一个由真空构成的绝缘层，也就是势垒，施加一个电压，探针的电流就有一定的概率贯穿这个势垒到达金属表面。由于贯穿电流的波函数对势垒厚度（探针与金属的距离）反应敏感，通过电流的变化，我们就可以描绘金属表面的形状。可以想象这是一项十分精密的技术，研制过程，宾尼希和罗雷尔用了两年多时间。代表人类第一次"看"原子的形状是一个激动人心的时刻，宾尼希是这样记述的：

　　那是在一个晚上测量出来的，当时我几乎不敢呼吸，我这样不是因为激动，而主要是为了避免呼吸引起振动，我们终于得到了第一幅清晰的、电流 I 与针尖 – 表面距离 s 关系按指数规律变化的隧道电流图。这是 1981

年 3 月 16 日一个不同寻常的夜晚。

不出所料，贯穿概率的变化是异常敏感的，原子直径大小的距离变化也会引起隧道电流变化 1000 倍，这就使科学家能分辨到一个原子 1% 大小的细节。真是了不起，利用隧道电流图，可以描绘金属表面原子排列放大 1 亿倍的清晰的三维立体图，看上去真的很壮观，像大阅兵整齐的方队。STM 后来被称为 20 世纪 80 年代的十大发明之一，但其一开始并没有得到人们的热烈追捧，大概它的理论依据什么隧道效应听上去有点像崂山道士一样不靠谱。直到 1982 年，他俩用 STM 解决了当时困扰科学界的一大难题——硅表面原子排列方式，大家才纷纷投来关注的目光。1986 年，宾尼希和罗雷尔因发明了扫描隧道显微镜而共同获得诺贝尔物理学奖。

隧道效应理论的技术应用多了去了，为此还摘了不少的诺奖。1957 年，受雇于索尼公司的江崎玲于奈（Leo Esaki）在改良高频晶体管的过程中发现，当增加 PN 结两端的电压时电流反而减少，江崎玲于奈将这种反常的负电阻现象解释为隧道效应。此后，江崎利用这一效应制成了隧道二极管（也称江崎二极管）。 1960 年，美裔挪威籍科学家加埃沃（Ivan Giaeve）通过实验证明了在超导体隧道结中存在单电子隧道效应，是对超导理论的一个重要补充。 1962 年，年仅 20 岁的英国剑桥大学实验物理学研究生约瑟夫森（Brian David Josephson）预言，电子可以穿过绝缘体从一个超导体到达另一个超导体。约瑟夫森的这一预言不久就为安德森和罗厄耳的实验观测所证实——电子通过两块超导金属间的薄绝缘层（厚度约为 10 埃）时发生了隧道效应，于是被称为"约瑟夫森效应"。 江崎玲于奈、加埃沃和约瑟夫森一起获得了 1973 年的诺贝尔物理学奖。

看来知之为知之，不知为不知，确定为确定，不确定为不确定，承认不确定性，并没有妨碍人类的技术进步，我们可以"偷"到不少不确定量，创造出经典理论无法想象的奇迹，何乐而不为？

第十二章　波粒共和

一

玻尔有一"软肋"——需要有人听他讲话，哪怕是工作时，他都希望身边有人能让他随时把自己的想法讲出来。当然他也喜欢听别人说话，包括批评、批判，甚至是挖苦，比如泡利。玻尔对泡利的喜欢是由衷的，绝不是会做人或者虚伪。玻尔如此一个伟人、名人，被泡利像学生一样训，换了谁涵养再好都受不了。玻尔也不是受虐狂，只是从泡利的揶揄挖苦中，他能嚼出思想营养。因此每次泡利来信对玻尔来说都是重大事件，他会把信揣在兜里，有空就拿出来看，也会与别人一起分享。然后再花上几天时间写回信，而且脑子里还必须想着泡利那一脸坏笑的形象，好像他就在身边，信才能写下去。

喜欢讲又不怕听，跟谁发生学术争论都是很正常的事。有人认为其实玻尔的批判能力比泡利还强，只不过他没有那么犀利，会讲策略和婉转，加上玻尔的为人，说学术争论会伤感情简直就是天方夜谭。玻、薛的"哥本哈根会战"，薛定谔被战到病倒在床，就算这样，多少年后薛定谔回忆起这次会面心里仍充满融融的暖意。可奇怪的是，这次跟海森堡的争论双方都动了感情，甚至到了哭天抹泪互不搭理的程度，尽管之后矛盾消弭，但有没有留下阴影还很难说。

海森堡是 1926 年 5 月到哥本哈根赴任玻尔的助手的，他住在研究所三楼的客房，玻尔住在研究所隔壁的新居。玻尔待海森堡如儿子或兄弟，让他在家里吃饭、弹钢琴。海森堡也在家书中写道："我已经把玻尔家看成半个家了。"热情周到、殷勤好客的家庭主妇玛格丽特，给玻尔所有的同事和朋友都留下了美好的印象，但晚年她有次跟人说，"从来都不喜欢海森堡"。

也许由于家教不同吧。海森堡家族似乎世袭着追求成功的渴望。父亲一辈，海森堡的叔叔有次偷了姐姐（海森堡的姑妈）一笔钱，事发后海森堡的爷爷因势利导，再多给了他一笔钱，让他去美洲冒险，以后这个叔叔成了家族最富有的成员。海森堡还有个哥哥，兄弟俩自小就被灌输竞争观念，为了在父母亲那儿争宠，兄弟俩明争暗斗，每每老拳相向，以至于自小就互不交往，并且终身不和。家中尚且如此，社会上更是特点鲜明。海森堡中学的报告单里经常有这样的评语："该生自信心特强，并且永远希望出人头地。"

1926 年秋，随着矩阵力学和波动力学数学形式等价性的证明，海森堡的矩阵力学由于缺乏直观和数学艰深而和者甚寡。这对海森堡而言是一个沉重的打击。他绝不能容忍让他出人头地的矩阵力学被人们弃之如敝屣，他汲汲于寻求战机，在这场波矩之争中反败为胜。价值观上，玻 – 海师徒就有了裂隙。自 BKS 理论被实验证伪了以后，玻尔就转变了观念，他越来越确信在量子力学的体系中必须实行波粒平权，而海森堡对老师对波动的宽厚强烈不满。为此师生于 1927 年 2 月开始了旷日持久的辩论，谁也说不服谁。结果不胜其烦的玻老师悻悻地自个儿到挪威滑雪去了，而不像往常那样带海同学一起去。

不料玻尔于 1927 年 3 月底从挪威滑雪回来，海森堡已经把自己偏狭的观点夹带在不确定性原理中写成了论文《论量子理论的运动学和力学的直观内容》，连招呼都不打一个就寄出去准备发表。作为助手，这种做法是不合规矩的。玻尔觉得这是一个严肃的原则问题，希望海森堡能收回论文，考虑成熟后再做发表的决定。海森堡又怎么会同意呢？他抢在玻尔回来前寄出论文，就是为了防止玻尔这一手。

于是一场玻 – 海之争不可避免地爆发了。这又是一场"哥本哈根会战"，不过这次是自己人干起来了。在玻尔看来，海森堡关于伽马射线的理想实验只偏执了粒子一端，而应当补充一个波动的诠释，而缺少后一种诠释，不确定性原理将是一个跛足巨人，难以到达成功的远方。此外这个理想实验的分析还缺乏实验仪器的元素，具体来说显微镜分辨率也是不确定性的根源。位置和动量这对共轭量，不仅与射线的波长相关，而且跟显微镜的孔径即分辨率相关，位置的不确定量与显微镜的分辨率成正比，与动量则成反比，也就是，显微镜的孔径越大，分辨率越高，位置就测得越准，但同时动量就越测不准。这实际上就是玻尔"互补原理"的思想，细节我后面再说。

又是显微镜的分辨率！海森堡的历史伤口再一次被揭开。当年在慕尼黑那个跟我有"仇"的维恩就拿这个为难我，玻尔我拿你当良师慈父，你怎么也用上这个损招啦？激烈的争论持续了两天，玻尔又想起了"物理学的良心"——泡利，写信表示愿出路费请他来当裁判。可能泡利不愿蹚这个浑水，来信云因故不能前往，十分抱歉。这时恰好瑞典的年轻物理学家克莱恩来到哥本哈根，参加了玻尔阵营。卡西弟的《海森堡传》是这样记述的：

> 按照海森堡的报道，克莱恩出于和玻尔的友谊以及对沃尔纳（海森堡的名）的反对而支持了玻尔，因为沃尔纳显然因过分批评克莱恩的著作而得罪了他。争论很快降低到"重大的个人误会"。在争论的热潮中，海森堡有一次流下了眼泪，承认他也用尖刻的语言伤害了玻尔。

二

意大利的科莫市坐落在阿尔卑斯山脚，市里有欧洲第三大湖，也是意大利最美丽的湖泊——科莫湖，旖旎的湖光山色使这座城市成为一个旅游胜地。这个美丽的城市曾诞生了意大利伟大的物理学家伏特（Alessandro Volta），他发明了人类的第一个电池，因此他的名字成了我们今天的电压单位。1927年9月，为纪念这位伟人逝世100周年，在科莫市召开了一次世界物理学峰会，让物理学的巨星们到这里聚光，增加这座城市的荣耀，昭示新世纪物理学的新的辉煌，也让我们的物理大师们有个机会在灵山秀水之间来一次精神聚餐。

玻尔和海森堡当然是被邀嘉宾。5月中旬，他们之间已经达成表面的和解。

玻尔承认海森堡的不确定关系式是量子力学的一个基本公式，而海森堡同意玻尔关于伽马射线显微镜实验的解释，并同意在即将发表的论文《论量子理论的运动学和力学的直观内容》后加个附注："玻尔一直关注几个被我忽视的要点，其中主要是认识到，观察中的不确定性同时与波粒二象性有关，而不是或者只起源于不连续的粒子，或者只起源于连续的波。"

6月，在海森堡的再三请求下，玻尔把海森堡的不确定性论文副本寄给爱因斯坦，但在附信中声明，他对这个问题另有看法，将见诸专门的论文。这当然是指互补原理，这个从挪威滑雪时就形成的观点，到现在还不能形成文字。题目确实太大了，而且现在没有合适的谈话对象，海森堡顶着牛，其他人水平又达不到。

科莫会议就成了互补原理的催生剂。玻尔那性格活泼的弟弟哈拉德显得比哥哥还积极，撺掇哥哥无论如何都要把互补原理在会议上公布。在他的催促下，玻尔勉为其难地在会前写了一篇短文，打算寄给英文的《自然》杂志。写完文章，玻尔连夜携玛格丽特赶火车去科莫，把稿子留在研究所让同事于第二天寄出。不想忙中出错，到了火车站才发现护照落在所里。只好打道回府，取上护照再赶第二天清晨的班次。这回可好，该拿的护照倒是拿了，不该拿的稿子也顺手牵羊给带走了——第二天克莱恩（玻－海之争的第三者）要寄稿子却发现稿子找不到了。不过后来证明，这是坏事变成了好事——这篇稿子似乎离成熟还很遥远。

科莫会议群星荟萃，出席的有洛伦兹、普朗克、索末菲、玻尔、玻恩、泡利、海森堡、德布罗意、康普顿、费米、冯·诺依曼，除了后面两位都是熟悉的名字（不要心急，这两位马上就会熟悉了），但也有两个熟悉的名字没有出现——爱因斯坦、薛定谔，这两位当然是在被邀请之列，但都因故不能前来。

玻尔在会上发表了题为《量子公设和原子理论的新近发展》的演讲（史称"科莫演讲"），首次公布了互补原理思想。玻尔尽管有强烈的表达欲，却难说是个优秀的演说家，分贝太低，还口音不准，加上思想深邃，其效果只能是以其昭昭，使人昏昏。玻尔演讲进入投入状态，就只知道自己想什么，不知道讲了什么，听上去就经常只有状语而没有主句——"因为……所以……"那空缺的地方，恐怕只有他肚子里的蛔虫才听得到。于是"科莫演讲"无香无臭，既没有引起热烈的追捧，而且由于爱、薛的缺席，连反对的声音都听不到。

毕竟还有"肚子里的蛔虫"听到了，并且做出了强烈的反应。海森堡在会场中站起来，旗帜鲜明地表态支持玻尔的诠释。后者在演讲中提出不确定性关系式应提升到原理的地位，这让海森堡获得了心理平衡。再就是泡利。会后大家都去欣赏科莫的湖光山色，玻尔就遭罪喽！在旅馆里，泡利对玻尔又是一顿无情的狂轰滥炸，同时也对他的处境深表"同情和理解"（克莱恩语）。得，为老师两肋插刀。在泡利的积极协助下，那篇未寄出的稿子用德文重新写了一遍，当然经过泡利的批判，比原先的要完善得多了。这样一来，玻尔一回到哥本哈根，文章就可以打印寄给德文的《自然科学》，英译文几乎同时寄给了英文的《自然》杂志。很快，1927 年 10 月，海森堡就赴莱比锡大学当教授去了，奥斯卡·克莱恩（Oskar Klein）接替了海森堡这个助手的位置。据克莱恩说，稿子的寄出仅仅是一个开端，之后，整个研究所都为修改文章清样而努力。这项工作一直持续到了 1928 年春天。真是千锤百炼哪！

科莫的风平浪静只是个假象，不过是留点时间，给现代派做最后的弥合，也让经典派准备粮草弹药。预告——经典派和现代派的第一次世界大战一个月后爆发！

三

得，光顾着讲故事，互补原理还没介绍呢。互补原理是什么？它就像中国道家的阴阳鱼图。道家讲的是"一阴一阳之谓道"，讲究一个"阴阳互补"；玻尔的互补原理讲的是"一波一粒之谓量子"，讲究一个"波粒互补"。1947 年，丹麦王室颁发给玻尔大象勋章，这是王室只授予外国元首和王族的最高级别的勋章。玻尔为此亲手为玻尔家族设计了徽章，其主体部分就是这个阴阳鱼图（图 12.1）。

图 12.1　玻尔族徽

互补原理的第一方面：**波动性和粒子性是互斥又互补的。**

当人类的触角伸进微观世界，量子精灵就像一个捉摸不透的双面女郎，忽而粒子，忽而波动。研究波动时，发现她有分立和间断的粒子性；研究粒子时，又发现她有连续和干涉的波动性，像心高气傲的美女总在调皮地戏弄她的追求者，以至于有布拉格一三五粒子、二四六波动的无奈之说。量子精灵到底是波动还是粒子？

费曼不是说，量子力学的全部秘密都藏匿在双缝实验里吗？看看能不能从这个密室里找到量子精灵双重国籍的证明。好吧，就来一个对比实验。首先是正常的双缝实验（图 12.2 左图），量子精灵唱着波函数之歌，在接收屏上造成了干涉条纹，这个实验只能证明量子的波动性而无法证明它的粒子性。现在我们把这个实验稍微改造一下，在两条缝上各安装一台观测仪，这样岂不是既可以在接收屏上看到波动，同时又在电子过缝时看到它粒子的模样？

实验开始。电子照样唱着波函数之歌启程，可是就在过缝的瞬间，观测仪验证身份的灯光一闪，歌声戛然而止，果见一个电子（而不是两个），通过左缝或右缝（而不是同时通过双缝）——电子是粒子无疑，等着看接收屏的干涉条纹，就能证明量子双重性质。

啊！实验结果令人大跌眼镜——在没装粒子观测仪前的干涉条纹到哪儿去了？眼前看见的只有单缝衍射条纹，这不能证明波动性呀！（图 12.2 右图）

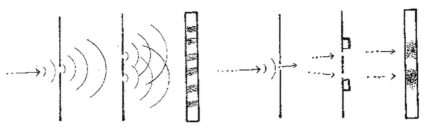

图 12.2 改造的双缝实验原理图

　　左图，正常的双缝实验，光子会按波动规律在接收屏上造成干涉条纹；右图，在双缝上安装了粒子观测仪，波函数在双缝处即坍缩为粒子，并且在接收屏处只有两条单缝衍射条纹。

　　这两个实验说明，微观物质具有粒子性或波动性，而不是粒子性和波动性，因为你永远也不可能同时观测到两种性质。而具体到每一次观测它们具有什么性质，这是由实验设备的特性决定的。比如，双缝实验观测到的是波动性，光电效应实验观测到的是粒子性。

　　玻尔的互补原理告诉我们，在说明量子现象时，不得不借用经典的波动和粒子概念，但这两个概念是互相排斥的，当我们看到波动现象时，粒子现象就消退了；当我们看见粒子现象时，波动现象就隐藏了。波动与粒子现象的互斥，是实验告诉我们的不争的事实。然而理论又告诉我们，建构一个完整的量子世界模型，波动和粒子这两个方面又缺一不可，唯有二者互补，才能全面地反映量子特性。玻尔的原话是这么说的："如果要使这些现象的'量子'特性表现出来，则两种图景均属必需。当这些概念的局限性被恰当地考察后，它们之间的矛盾就消失了。这样，我们可以说波动图景与粒子图景互补。"

　　为什么会这样呢？互补原理还有第二个方面——

四

　　令我们困惑的是，电子怎么就知道缝上有粒子观测仪，从而变身为粒子？其实说出来也很简单，观测仪要看见东西，必须发射一束光线照射对象，这束光线与电子耦合，波函数就坍缩成了一个粒子。双缝实验是由发射源、双缝、接收屏三者共同构成的一个完整的实验场合，而在缝上安装了观测仪，就变成了从发射源到双缝和从双缝到接收屏的两个实验场合，在这两个实验中，都没有双缝这个环节（双缝成了第一个实验的终点和第二个实验的起点），当然就不会有干涉的波动效应。

互补原理的第二个方面：**"两大类不同的实验场合（或称观测方式）也互斥互补**"。（玻尔语）

粒子实验和波动实验是互斥的，看到粒子就看不到波动，反之亦然。同样，测量共轭量的实验也是互斥的，测准了动量就测不准位置，反之亦然；测准了能量就测不准时间，反之亦然。我们可以把测准能量和动量的实验归为一类，把测准时间和位置的实验归为另一类。然而这两类目标互斥的实验，恰恰又要通过波粒互补才能说清。

回到玻 – 海之争，海森堡试图用不确定性原理来扭转粒子军团的颓势，玻尔说，错，只有波粒平权，才能说清不确定性原理。看看量子力学的两个基本的物理量：

能量：$E = h\upsilon$

动量：$p = h/\lambda$

式子的左边是粒子（都是分立间断的量），右边是波动（分别带有频率和波长的符号）。多像一个跷跷板哪，h 是个不变的支点，粒子和波动则互斥又相关地起落，粒子上去了，波动就要下来；波动显现了，粒子就要隐形。另外，令海森堡难堪的显微镜的分辨率揭示了一个基本原理——实验仪器也是不确定性的一个基本原因。要看一个电子，不仅要用射线照射它，更需要看照射后的射线散射。为了看清电子的位置，我们要选择大孔径的显微镜，但同时孔径越大，散射角度就越测不准，而这个数据与动量的测准直接相关。在经典光学中，电子的位置不确定性 $\triangle x$ 与照射光的波长 λ 成正比，与显微镜的孔径角 θ 成反比——

$$\triangle x = \lambda / \theta$$

再往下说就有点大逆不道了，但我们必须面对严峻的事实。式子的右边，照射光的波长是不是由实验者决定的？显微镜的孔径角是不是由实验者决定的？结论居然是：量子精灵的不确定性是由实验安排决定的，更准确地说，是由实验条件与微观粒子的量子耦合决定的。我们不可能获得一个没有观察者的纯客观对象的图像。有朋友说："就算你说的是对的，但通过合理的实验安排，我们照样可以获得关于客观对象的不以实验为转移的真实图像。比如，我通过一个动量观测，使光线的波长尽可能长，显微镜的孔径尽可能小，测准了动量，然后做另一种相反的实验安排，测准了位置，我们不就获得了一个位置和动量都比较准确的电子图像了吗？正如盲人摸象的故事，尽管每一个盲人的感觉都是片面的，但把几个盲人的感觉综合在一起，我们不就获得了关于大象的全面真实的认识了吗？"

好吧，我们把盲人摸象实验简化为两个盲人，一个测大象腿的粗细（P），另一个测大象尾的长短（q）。经典观察，这两个盲人谁先谁后都不打紧，因为 pq = qp，pq − qp = 0。但量子观察则不能得出这样的等式，pq 跟 qp 是不可对易的——

pq − qp =（h/2π）Ⅰ（参看第六章）

所以你把 pq 的 p 跟 qp 的 q 并接在一起的时候，你不是获得了一个更真实的大象，而是一个腿粗和尾长都同样不清楚的大象。用泡利的话来说："一个人可以用 p 眼来看世界，也可以用 q 眼来看世界，但是当他睁开双眼时，他就会头晕眼花了。"

而量子观测的或波或粒的显现，正是为了满足实验者对共轭量的不同要求：当你希望确定动量分布时，现象的波动性就凸显出来，但同时位置分布就无法确定；而当你想方设法确定了位置分布，现象的粒子性就凸显出来，但同时动量分布又变得模糊不清——波动性又没有了。我们为了建构量子世界的运动规律，就不得不面对两类图像，不得不使用两类实验。而结果呢，我们就不能提供一个牛顿式的包打天下的基本方程，只能提供一个随机应变的运算程序，然后用运算结果来编织世界的完备图像。

诡异的量子测量是个很恼人的问题，更大的苦头还在后面！但大家放心好了，只要我们一路同行，就会有收获。

五

互补原理赋予波动和粒子平权的地位，如此一来，波－粒大战就不用打了。既然科学实践已经证明了，这对立的两派谁也无法用自己的论纲一统天下，那就只能和平共处。但和平共处不是回避矛盾、和稀泥，而是由一个超越对立的两个论纲的更高层的论纲来统摄，共避其害，各得其利。就像社会，只有在一个共同的宪法下，不同的阶级和阶层才有可能真正共和。在我们的量子新大陆，也需要一个宪法来平息波粒内战。这个宪法由三个部分构成：

玻恩的波函数概率解释

海森堡的不确定性原理

玻尔的互补原理

这就是所谓的"哥本哈根诠释"。有了这个宪法，自普朗克以来量子革命的所有积极成果都被逻辑自洽地安排在一个完整的体系中，梁山好汉一百单八将各得其名，各安其位，各显其能。文左武右，波左粒右，波粒团结如一人，试看天下谁能敌！

屈指算来，大家也伴随量子革命的先驱们走过了风风雨雨的 27 年，终于迎来这量子共和国宪法颁布，一个独立完整的国家巍然屹立在量子新大陆。哥本哈根诠释一经提出，就以其强大的动量迅速弥散整个物理学界，你可以怀疑、反对，但不能漠视。科莫会议，大家愣了一下神，但很快地就感觉到了它的震慑。经过频繁的沟通交流、激烈的争论，哥本哈根派内部的矛盾也迅速弥合，求大同存小异，这个诠释成为学派的共同纲领和坚定信仰。学派的核心成员性格各异，但一个个魅力四射，玻尔、玻恩、海森堡、泡利、狄拉克、约尔当，他们分布在各个国家各个城市，有一个人在，这座城市就会成为世界物理学重镇。物理学的老将新秀在这些重镇间革命大串联，"宪法"精神以指数方式迅速传播。经过以后的几次物理学界最高级别的大辩论，看来能与哥本哈根诠释势均力敌的替代方案根本无法提出，哥本哈根诠释就这样势不可当地树立起其权威地位，直至今天仍是量子力学的正统解释。一个现代科学范式——量子力学，就革了经典科学范式——牛顿力学——的命，科学登上了一个新的高度，人类开拓了新的视野，将迎来继牛顿时代之后的又一个科学技术开发狂飙突进的新时代。

一个科学理论体系还需要一个"诠释"，这也是量子力学的 queer（奇特）之处。这是一个人类自然感官无法到达的世界，真正的高深莫测、鬼使神差。这就是一个"鬼城"，不是我故弄玄虚，爱因斯坦就曾把光波称为"鬼波"。超常的想象力和直觉能力绝不是小时候给我们讲鬼故事的老奶奶可比的。更具有挑战性的是，这个鬼故事还必须用逻辑语言来讲，可以用数学公式来计算。这绝对是对人类智力极限的挑战，其强度绝不亚于任何一项体育世界纪录。难堪的是，历经千难万苦，把超常难度的动作都做完了，故事里的主人公还什么都不明白。一个叙事结构缺了最重要的因素——who（谁），真正是一个莫名其妙的无头案。量子力学需要一个物理解释，这个物理解释又倒逼科学家的哲学思维。自古以来都是哲学家干科学家的事，牛顿以后，科学才自立门户，现在历史开了一个大大的玩笑——把科学家又逼回去当哲学家啦。量子力学不仅是一次科学革命，更是一次人类思维方式的革命。

首先传统的"实在性"概念被颠覆了。一个脱离了人而独立存在的世界，这个世界隐藏着无穷的秘密等待着人类去发掘，这个信念曾是科学发展的巨大动力。这种信念似乎是不可辩驳的，因为大家都知道，人类只是在宇宙演化极晚的时期才出现的。这种观念在 19 世纪末就受到了马赫主义或实证主义的冲击，哪怕是人类产生之前的世界，也是主客不分的要素——感觉——的复合。说来也是，说人类产生之前就有一个世界存在，不正是人的感觉发现的证据吗？对这个世界的描述，不也最终可以还原为一个我们可以用感觉元素想象的图像吗？也就是说原始宇宙的图像一定是人类特有的，如果蝙蝠具有人类的智力，它们一定会写出一部完全不同的宇宙进化史，因为它们使用的是超声波的语言。科学家去钻哲学的牛角尖一般就有科学目的，马赫哲学的最重要成果就是颠覆了牛顿的绝对时空概念，直接导致了相对论的诞生，当然这是由他的学生爱因斯坦完成的。

那一代的科学家几乎都是马赫的学生，但有一拨人似乎走得更远。爱因斯坦声称"好把戏不能玩两次"，玩完相对论就不想玩了。这是可以理解的，科学毕竟是追求确定性的，一个可以随意拿捏变形的世界是很悲催的。我们可以不否认感觉能力对对象的形构，但人类的感觉能力是一样的，每个人都可以对同一对象获得相同的图像。这就够了，我们又不需要跟蝙蝠讨论问题。可是现在这一点也做不到了，通过感官的延伸——观测仪器，我们对同一对象可以获得不同的图像，跟蝙蝠讨论问题的事还真发生了——你不能以一个五彩缤纷的世界去否定一个五声俱全的世界，这两个世界似乎不可通约却同样是真的。你不得不承认，这个世界从来就没有脱离观察者而独立存在。

爱因斯坦也应想想，其实量子力学对实在性概念的颠覆，与相对论对绝对时空概念的颠覆，有异曲同工之妙。观察会给对象产生不可忽略的影响，我们称之为量子效应。量子效应在宏观现象中并非不存在，不过是可以忽略不计而已，正如相对论效应——量尺收缩、时钟变慢、空间弯曲——在慢速运动中并非不存在，而是可忽略不计而已。比如动量与坐标的不确定性——$\triangle p \cdot \triangle q \approx h$，其中动量等于质量与速度的乘积（$p = mv$），将此关系式代入不确定性公式，我们将得到——

$\triangle v \cdot \triangle q \approx h/m$

可以想象，当质量达到或接近 1 时，这个不确定量就是小数点后几十位的数。哪怕是质量只有 10^{-7} 克的尘埃，位置和动量同时测准的精确度依然可以达到 0.00000001%，相应的不确定性，那真是小得"荒谬可笑"。但对质量为 10^{-27} 克的电子来说，$\triangle v \cdot \triangle q$ 的乘积将达到约 100，这种误差，我们就无法忽略了。

相对论和量子力学正好是物理世界的两极，前者的 c（光速）是无法超越的无穷大，后者的 h（普朗克常数）同样是无法超越的无穷小，经典的宏观慢速运动只是处于二者之间的特例。

颠覆掉以"独立存在"为定义的实在性，一个直接的后果就是经典的严格决定论也灰飞烟灭——"拉普拉斯妖"死了！

一曲令人神往的古老的田园牧歌！自牛顿 1687 年的《原理》发布以来，严格决定论的信念被"牛四条"的无数成功百炼成钢万炼成钢，1857 年，海王星的发现达到光辉的顶点。这种信念被 18 世纪末法国数学家拉普拉斯（Laplace）在《论可能性》（*Essai sur les probabilities*）一文中做了经典的表述：

> 如果有一种至高无上的智者，能了解在一定时刻支配自然界的所有力，了解各个实体的各自位置和初始数据，并且他还有足够的能力去计算这些物体的运动，那么从最大的天体到最小的原子运动将被纳入同样的公式进行处理，对他而言，将没有什么是不能确定的，未来和过去将展现在他眼前。

这个"至高无上的智者"被人们戏称为"拉普拉斯妖"，根据哲学老师的教导，我们可以合理地把他理解为不断发展进步的人类。似乎没有什么原则上的障碍，阻止我们了解宇宙某一时刻所有物体的一切细节、掌握一切初始数据——关于位置和动量的数据，从而精确地预知未来任一时刻的宇宙状态，当然也不能阻止我们通过改变初始数据的方式，精确地决定宇宙的未来。如此我们控制偌大的宇宙，就像控制一辆汽车一样轻松自如。过去"全知全能"只是上帝的专利，现在似乎人类也可以做到。所以当拿破仑质疑上帝在拉普拉斯宇宙体系的位置时，他倨傲地回答道："陛下，我不需要这个假设。"

尽管经典电磁理论和热力学理论不可避免地引进了概率统计方法，但并未摧毁科学家严格决定的信念。这只被理解为权宜之计或有利的工具。了解到每一个质点，不是不能做，而是不需要做。以太的每一个质点，每一个分子原子，依然是"牛四条"的忠实臣民，我们不观察它们，不控制它们，它们照样"随心所欲而不逾矩"。因此控制到每一个分子的"麦克斯韦妖"依然是可能的。奇哉怪也，现在人类的观察能力、计算能力和控制能力已经发展到了牛顿时代无法想象的高度，但这些成果恰恰是以摧毁严格决定性的方式达到的。这是我们无法回避的佯谬。人类认识发展到了这个阶段，不划定人类认识的极限就举步维艰，承认我们原则上不可能获得确定的初始数据反而开拓出广阔的视野。

　　沉重的战靴在量子大陆再次踏响——咚、咚、咚……

第十三章　月亮和骰子

一

量子共和国的建立，爱因斯坦厥功至伟，可是现在他一点也高兴不起来。量子精灵，也就是我们现在说起来风光，在爱因斯坦以前，它不过是一个被普遍漠视的概念，是物理学辞海里的一个词，可能还是个生僻词。正是伟大的1905 年，爱因斯坦第一次使量子变身为弥漫于整个宇宙的活灵活现的精灵，正是他把被生母遗弃在荒野的王子迎回了王宫。他的波粒二象性思想，更是量子精灵在微观世界显赫身份的皇诏天宪。现在，这个他看着长大的精灵终于惹来了一场大火，经典物理大殿在烈火中墙倾梁塌，他却感到了怅然若失。

屹立于经典物理的断壁残垣，凛冽的寒风吹乱爱因斯坦一头长发，岁月已在他的脸上刻下了皱纹，深邃的灰眼珠隐藏着对物理前途的忧虑。他不是旧朝的遗老遗少，他并不为旧体系的崩溃而神伤，让他痛心疾首的是，经典大殿里的两件宝物眼见与旧体系一道玉石俱焚，而这两件宝物并不专属于牛顿，它们是科学的精髓！想到这儿，他不由得喃喃自语："事情还没有定论，但愿牛顿方法精神能够使我们重新恢复物理实在与牛顿学说最深刻的特征——严格因果性之间的联系。"对，这两件宝物就是——实在性和严格的因果性。

贝索，曾是爱因斯坦生命中的一个"贵人"，1905 年的相对论论文，爱因斯坦还在文章的最后郑重地写了一句："最后，我要声明，在研究这里讨论的问题时，我曾得到我的朋友和同事贝索的帮助，要感谢他一些有价值的建议。"而这个建议，就是要爱因斯坦注意马赫对牛顿绝对时空的批判，从而让爱因斯坦找到了撬动牛顿大厦的支点。现在爱因斯坦好像有点数典忘祖了。有次他用讽刺的口吻跟贝索谈论一个实证主义的粉丝："他骑着马赫那匹可怜的马，直到把他累得精疲力竭为止。"贝索就觉得爱因斯坦现在是忘了本，因此回复说："至于马赫那匹可怜的马，还是不骂为好，穿过相对性那个可怕的地狱，难道不是靠的它吗？说不定，驮着爱因斯泰纳（贝索他们给爱因斯坦起的外号）这个堂吉诃德穿越讨厌的量子的也还是它。"爱因斯坦死不认账，拧着说："我知道我对马赫那匹小马是怎么想的，它不可能创造出什么有生命的东西，而只能消灭有害的虫豸。"哦，明白了！原来实证主义在爱因斯坦那儿只是批判的武器，而不是建设的工具。至少，现在他看到这个哲学已经危及他心目中的科学价值，就打算抛弃这件工具了。

人哪，年轻时对长辈教导的一切都有本能的仇父情结，怀疑叛逆，离经叛道；及至年长，特别是有了地位，就开始妄言"知天命"，热衷于为上帝代言。矩阵力学诞生之后，爱因斯坦就感觉量子物理偏离了正确的方向，眼见与自己信仰的"老头子"（爱因斯坦对"上帝"自然的昵称）渐行渐远，再不发话就愧对"上帝"了，所以有了这段著名的论断：

> 量子力学固然令人赞叹，可是有一种内在的声音告诉我，那不是真实的东西。这个理论说得很多，但是一点也没有使我们更接近"老头子"的秘密。无论如何，我都深信上帝不是在掷骰子。

更离谱的是，按照哥本哈根诠释，似乎根本没有一个实在的量子世界，只有我们对它的一个数学描述，这个世界还需要从观察者那里领取准生证，需要观察坍缩波函数才能成为一种现实。于是爱因斯坦提出一个很形象而深刻的质疑：

月亮在无人观察时难道就不存在？

已点燃的导火索嗞嗞作响，一座叫布鲁塞尔的城市将在侵略军事先埋好炸药的爆炸声中毁于一旦，小于连挺起小鸡鸡，一泡童子尿拯救了一座城市。我们难道还不如一个乳臭未干的孩子，对一次物理学毁灭性的大爆炸无动于衷？跟我走吧，到布鲁塞尔去。

比利时，号称"欧洲十字路口"，一个只有五万平方公里的小国家，却东南西北与德国、法国、荷兰和卢森堡四个国家接壤，还隔海与英国相望。现在物理学也走到了一个十字路口，宿命让代表人类最高智慧的物理学家们云集于这个国家的首都布鲁塞尔，代表科学共同体对物理学的走向做出他们庄严的抉择。

让比利时的布鲁塞尔在量子物理史地图上闪亮的不是物理界的哪位大腕，而是一个"民科"，一个似乎离科学很遥远的百万富翁。比利时实业家欧内斯特·索尔维（Ernest Solvay）生于 1838 年，其父亲以精制食盐为业，其叔父为煤气厂经理。到了欧内斯特这一代，他发明了以食盐、氨、二氧化碳为原料的一种制碱法——氨碱法，后称索尔维制碱法，这种方法不仅经济，制出的碱纯度还高，因而他大大地发了一笔财。富贵思科学，索尔维虽没受过什么正规教育，却有学术研究的雅兴，在生意之余，就鼓捣出一个自己的物理学体系，并出版了一本书《引力－物质基本原理的建立》。然而学术毕竟是共同体的事业，单打独斗就意味着自说自话，不会有什么社会价值。问题还出在索尔维为人太好，富贵不淫，仁慈仗义，对他那小儿科的"体系"，还没人忍心去损他。所以书出版后是无香无臭，既无人喝彩，也无人批判。蒙在鼓里的索尔维只有自叹"阳春白雪，和者盖寡"。有次他向德国著名化学家能斯特提起，有什么办法能让洛伦兹、普朗克和爱因斯坦之类著名科学家注意他的理论，能斯特马上抓住这个机会，提议他资助一个世界物理学的峰会。这正挠中索尔维的痒处，于是计划马上付诸实施。这就是索尔维物理会议的由来。

第一届索尔维物理会议于 1911 年在布鲁塞尔召开，二十多名世界顶级的物理学家享受了总统级的待遇，住在布鲁塞尔最高级的首都大旅馆，除包吃包住包行之外，每人还有1000比利时法郎的"辛苦费"。索尔维也如愿以偿，会议首先安排他向这个地球上最聪明的物理脑袋宣讲他的"引力 – 物质原理"。吃别人的嘴软，也没有哪位大师愿下狠手去批改这个小学生的作业。索尔维发言完之后，物理大师们就言归正传地讨论他们自己关心的论题去了。会议结束的时候，索尔维决定这个会议长期开下去，每三年一次。索尔维本人只见到了三次索尔维会议，由于一战的中断，1921年才召开第三届索尔维会议，1922年索尔维就与世长辞了，让我们为他默哀！而索尔维会议一共开了18次，我在网上搜到的，前17次在布鲁塞尔召开，最后一次，第十八届索尔维会议，1982年在美国举行，后面的我就不知道了。但这已经不重要了，只要有1927年的第五届和1930年的第六届，就足以让索尔维不朽！而这两次会议，恰恰是索尔维没能亲眼看到的！

二

1927年10月，秋高气爽的布鲁塞尔，空气也为之激动得发颤——第五届索尔维物理会议在这里召开，29名世界物理学大腕会聚于此。他们在会议的酒店前拍了一张合照，这张照片被称为物理学史上含金量最高的全明星照（图13.1）。老一辈物理大师——洛伦兹和居里夫人，量子革命的首义英雄——普朗克、爱因斯坦和玻尔，量子革命新军领袖——海森堡、泡利、狄拉克、薛定谔、德布罗意和玻恩……三代同堂，几乎全部都是诺奖得主或准得主。而且这样的合影还具有不可重复性：下一届索尔维会议洛伦兹已去世，再下一届爱因斯坦和薛定谔已逃难，又下一届居里夫人已去世。在那个令人神往的物理学英雄时代，这也许是集中度最高的一次英雄会。

图 13.1　第五次索尔维会议全明星照（从左到右）

第一排：朗缪尔、普朗克、居里夫人、洛伦兹、爱因斯坦、朗之万、古耶、威尔逊、理查森

第二排：德拜、努森、布拉格、克雷默、狄拉克、康普顿、德布罗意、玻恩、玻尔

第三排：皮卡尔德、亨里奥特、埃伦费斯特、赫尔岑、顿德尔、薛定谔、维夏菲尔特、泡利、海森堡、福勒、布里渊

　　会议为期六天，主题是"光子和电子"。会议召开时的态势是，哥本哈根诠释的诞生已经使物理学界分成了泾渭分明的两大阵营，一是同意这个诠释的激进的现代派，一是反对这个诠释的保守的经典派。在此之前，两派已经以书信和论文的形式隔山打牛、超距发功，这次碰在一起，一场近距离的肉搏在所难免。经典派派出了豪华阵容——先锋德布罗意（35岁）和薛定谔（40岁），中军爱因斯坦（48岁），后援洛伦兹（74岁）和普朗克（69岁）；现代派派出了梦之队——先锋泡利（27岁）和海森堡（26岁），中军玻尔（42岁），后援玻恩（45岁）和狄拉克（25岁）。双方各具特色、各有优势，经典派年龄偏大但经验老到、位高权重，现代派年轻气盛、精力充沛、心灵手巧。

自第一届开始，索尔维会议就由洛伦兹主持，第五届依然是他主持，但也是最后一次，几个月之后，洛伦兹就逝世了。会前洛伦兹原委托爱因斯坦做开场的物理学发展形势报告，后者先是接受后来又反悔了。他在给洛伦兹的信中解释道："我断定我没有能力报告当前的形势，这部分是由于我不赞同新理论的纯统计的思路。"所以开场报告改由玻尔来做。他观点鲜明地指出，确定性和严格的因果性在亚原子层次并不存在，没有什么决定论的定律，只有概率和偶然性，脱离观察和测量谈论"实在性"是没有意义的，根据所选择的实验类型，光可以是波或粒。在这条论纲的统摄下，关于波动的量子力学和关于粒子的量子力学可以而且必须统一在一个完整的逻辑自洽的量子力学体系之内，二者是互补的。接着洛伦兹鸣锣宣布开战。

豪华队法国王子德布罗意首先拍马杀出，直捣不确定性理论的命门。他在会上抛出了一个"双重解理论"，还是他那同时既是波又是粒的思路，认为微观粒子质量集中在一个区域，具有确切的位置，因此具有粒子性，同时粒子又必须服从波动方程所表示的波动性。所以我们可以用一个波动方程的两个解来描述一个粒子，一个是波动的寻常解，另一个是体现粒子性的奇异解，一切都由严密的方程式严格确定，不确定性让它见鬼去吧。这个理论也被称为"导波理论"，因为在这个世界中，物质波裹挟着粒子运动，像导盲犬一样引导粒子前进。

梦之队派出快枪手泡利应战。泡利眼疾手快，一柄长枪把王子的破绽一一挑出，无情地逐条痛打。泡利尖刻地指出，按照德布罗意的理论，连普朗克的公式都得不出来，这样的倒退也太离谱啦。

王子环顾四周，薛定谔言辞闪烁、模棱两可，洛伦兹表示未有研究无力相助，爱因斯坦只是暗暗发功相助但不出手。面对泡利的犀利攻击，王子只好挂出免战牌，自认剑法不精，待修炼好再战。

薛公子一看势头不对，忙挺起 ψ 戟接阵，向波函数概率解释阵门杀去。薛定谔在会上做了"波动理论"的专题报告，他说："空间中确有某种东西存在，它连续地充满着整个空间，人们可以获得它的瞬间'照片'……换言之，真实

系统是经典系统以 ψ 、ψ* 为权重函数在所有可能状态的一个复合像。"这样的表述与波函数概率毫无二致，分歧是哲学层面的。薛定谔认为波函数是一种真实的存在，我们观察到的微观粒子是这个实体的现象或"照片"。而按哥本哈根诠释，波函数既然无法观察，它就不是一种真实的存在，真实的存在只能是我们观察到的波函数坍缩，也就是薛定谔说的"照片"。

梦之队海森堡听得薛公子叫阵，抡起矩阵锤奋勇迎敌，玻恩也扬起概率戟上前助攻，一时间杀得天昏地暗。洛伦兹很欣赏小薛回归经典的良好动机，但他理论的技术破绽却是令洛老难以苟同。德布罗意不满于薛公子抽掉物质波的物质，故也无心相帮。几回合下来，豪华队颓势尽显，只好鸣金收兵。爱因斯坦依然按兵不动。

当海森堡和玻恩得意扬扬宣布最终胜利，发出"我们把量子力学看成一种完备的理论，它的基本物理假说和数学假说已经不再有修改的余地了"这种话时，爱因斯坦再也按捺不住了。他用上帝的骰子幽了哥本哈根诠释一默，说玻尔他们告诉我们一个掷骰子的上帝，所以他们只能用一大堆"也许"来构造量子力学理论，这样的理论，即使在经验上和逻辑上很正确，归根结底它还是错误的。而玻尔则反唇相讥："爱因斯坦，麻烦您不要老告诉上帝该做什么。"好！物理学最重量级的 PK 终于开始了，会场中每个人都像是同时吸食了兴奋剂，情绪一下子高涨起来，纷纷举手要求发言参战，会场秩序一时大乱。会议主席洛老 70 多岁的人了，哪经得起这样折腾啊。埃伦费斯特急中生智就在黑板上写下一行字："上帝终于变乱了人们的语言。"典故大家应该知道——上帝为阻止人类的通天塔工程而变乱了工地民工的语言。于是大家会心地哄堂大笑，会议在亲切友好的气氛中继续进行。

海森堡回忆说："讨论很快就集中到爱因斯坦和玻尔就目前原子论能否被视为最终的解答的决斗上来。"我们知道，爱因斯坦到瑞士后，为考大学在阿劳中学补习过一年。这所学校特别重视"对概念的视觉理解"。正是这一教学特色，让爱因斯坦受益终身，成为物理界公认的"思想实验"大师。他的狭义相对论的火车、广义相对论的升降机，是我们现在学相对论依然需要的意象。这次他又使用了这套幻影大法来对付方兴未艾的哥本哈根诠释，一个接一个地抛出他睿智的思想实验。他会在早餐会上提出一个思想实验，然后海森堡和泡利貌似轻松地互相鼓励"会好的，会好的"，玻尔则"忧心忡忡，暗自抓狂"。到了晚餐会，哥派就会找到破解的办法，第二天早晨玻尔就在弟兄们的声援下底气十足地提出他的反驳，直至对方哑口无言。然后爱因斯坦又提出一个新的，前面的过程又重复一遍。正如埃伦费斯特在给他的留守在莱顿的乌伦贝克和古德施密特这些弟子的信中的描述："爱因斯坦像一个弹簧玩偶，每天早上都带着新的主意从盒子里弹出来，而玻尔则从云雾缭绕的哲学中找到工具，把对方所有的论据都一一碾碎。"最后的结果是，哥本哈根诠释非但没有因为质疑而逊色一丝一毫，相反，由于经受了严峻考验而鼓舞了哥派人物并征服了犹豫不决者。一个科学新范式的确立，实验和理论两个方面的严峻考验都是必要的程序，在这一点上，爱因斯坦之于哥本哈根诠释功不可没。

哥派干将海森堡在会后的家书里说道："我对科学结果的每一方面都很满意，玻尔和我的观点已被普遍接受；至少没人再提出认真的反对意见，就连爱因斯坦和薛定谔也没提出。"埃伦费斯特是爱因斯坦的铁哥们儿，也忍不住当面数落："爱因斯坦，我真为你感到害羞。你现在对玻尔的看法就像当初绝对同时性的拥护者对你的看法一样。"所谓"绝对同时性的拥护者"，也就是狭义相对论的反对者。至少在观众的眼里，这次物理界的奥运会，梦之队大获全胜，豪华队全面落败。这场竞技的效果，使现代派的哥本哈根诠释得到更广泛的认同，正统地位至少也算是初步确立。

爱因斯坦一直是德布罗意的偶像，德布罗意终于在这次索尔维会议上如愿以偿地拜谒到了爱因斯坦。爱因斯坦与德布罗意也是神交已久，从德布罗意波"揭开了大幕的一角"开始，这次见面更是由衷地欢喜。两人相谈甚欢，惺惺相惜。正好爱因斯坦散会后要去法国参加菲涅耳逝世100周年的纪念会，两人可以同车到达巴黎。当年正是这位31岁的法国青年菲涅耳提出的横波理论，才使从托马斯·杨开始倡导的光的波动说被科学界广为接受。现在眼前这个35岁的法国青年的"双重解理论"，能否成为经典实在性和决定论的一根救命稻草呢？

在巴黎火车站分手的时候，萧瑟的秋风从站台上掠过，向人们预告冬的寒意。他们在站台上就"双重解理论"做了最后的交谈，临别时爱因斯坦颤巍巍地握着德布罗意的手，殷殷地鼓励："坚持下去，你的方向是正确的！"

岂料计划没有变化快，转眼到了1928年，形势的发展是如此迅速，哥本哈根诠释好像是在一夜之间就成了科学界的共识；而德布罗意的"双重解理论"研究却没有什么进展，他不得不放弃自己的立场，宣布归依哥本哈根诠释。

看来爱因斯坦只有孤独求败了。

三

1930年10月，又一个秋风萧瑟的季节，第六届索尔维物理会议如期在布鲁塞尔举行。自上届索尔维会议的三年以来，哥本哈根诠释狂飙突进，稳稳地占据了统治地位。这些观点被编入教科书，哺育一代又一代的物理学家。狄拉克在上一次会议中几乎没有参战，这不是他的特长，但由于会议期间与玻尔的一次中断的谈话而开始琢磨"狄拉克方程"，把哥派的哲学思想形式化为严密的数学方程，不仅统摄了历史的成果，而且开始提出新颖的预测。这些工作无疑为哥本哈根诠释增添了真理性和权威性。

在明显一边倒的形势下，似乎只有爱因斯坦顽固地坚持他反对哥本哈根诠释的"反动立场"（泡利戏语）。"道之所在，虽千万人吾往矣"，这点应赢得我们的尊重。爱因斯坦坚持认为，统计方法只是权宜之计，微观个体原则上一定是严格决定的，因此，哥本哈根诠释一定会有不可克服的内在矛盾，它一定会露出破绽。那么这三年里爱因斯坦又练出了什么真招，能破除哥本哈根魔咒呢？上次与玻尔交手，爱因斯坦对这个对手算是领教了，瞒天过海的幻影大法，经不住任性的玻尔见招拆招、死缠烂打，所以改变了战术，由全面进攻转为重点突破，伤其十指不如断其一指，集中打击不确定性原理。因此练得一招掏心降龙法，以期一招致命。还甭说，这一招还真把玻尔逼到了狼牙山的悬崖绝壁上，就差没高呼口号往下跳了。

一个早餐会上，老爱突然抛出了一个思想实验——"光盒佯谬"（图13.2）：

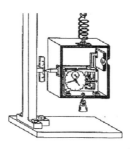

图 13.2　爱因斯坦光盒

你们不是说时间 t 和能量 E 是一对不可能同时测准的共轭量吗？设想一个不透明的盒子，里面有若干个光子，一个精准的弹簧秤测出整个光盒的总重量也就是总质量 M_0。盒子有一小孔，由一个灵敏的开关控制，用盒子里一个精准的时钟来记录它开关的时间。好，实验开始。打开开关放出一个光子，时钟精确地记录下打开时间 t。精确度只与开关的灵敏度和时钟的精确度有关，只有技术上的限制而无原则上的限制。我们只要把开关做得无限灵敏，时钟无限精确，t 就可以无限精确，不准量 $\Delta t \approx 0$；光子的精确的时间原则上可能。精确的能量就更不是问题了。放出一个光子后弹簧秤会称出一个轻了一点的光盒质量 M_1，则这个光子的质量为 $m = M_0 - M_1$；由质能关系式可求出这个光子的能量为 $E = mc^2$；不准量 $\Delta E \approx 0$；光子精确的能量同样是原则上可能的。因此，在不确定关系式"$\Delta t \cdot \Delta E \approx h$"上打上一个大红叉，正确的关系式是——

$\Delta t \cdot \Delta E \approx 0$

瞧一瞧，看一看——时间和能量，同时测准！

无懈可击啊！有目击者记下了玻尔当时的表情——"脸色惨白，呆若木鸡，张口结舌"。完啦，完啦！新建成的哥本哈根诠释大厦竟然是一个豆腐渣工程，基础水泥标号不够，钢筋不足，不，压根儿就没有钢筋水泥，是用竹条和黏土做的！实际的 $\Delta t \cdot \Delta E$ 是多少我们不知道，哪怕它是大于 h，那也是技术问题而不是原则问题，人类无限发展的认识能力和实践能力总可能克服它，原则是可以趋于 0 最后等于 0。如果这个不确定量与量子精灵 h 无关，所谓不确定关系原理就是坑蒙拐骗的江湖数术。而没有了这个不确定关系，概率解释又从何谈起？互补原理又有何科学依据？老爱今儿真高兴，微观领域的探索尽管任重道远，量子世界尽管变幻莫测、扑朔迷离，但至少给我们留下对经典决定论的念想。

玻尔一时想不出什么来反驳，就使用了很低级的"悲情法"——"他极力说服每一个人，试图使他们相信爱因斯坦不可能是真的，不然就是物理学的末日了"（玻尔助手罗森菲尔德语）。散会后照例爱因斯坦和玻尔同行，前者高视阔步，周身弥散着扬扬得意的波函数，把一地落叶踏得"吱吱"作响；而后者是一脸沮丧，小碎步地亦步亦趋，口中还念念有词："如果这个装置管用，物理学就完蛋了，物理学就完蛋啦！"（图 13.3）海森堡和泡利照例是"会好的，会好的"，玻尔照例是"忧心忡忡，暗自抓狂"，但这一次似乎不是那么好过关了——爱因斯坦这三年的功也不是白练的。小于连的一泡尿真的能把一个好端端的新理论给浇灭了？这一夜玻尔辗转反侧，搜肠刮肚地寻求应敌之策。

图 13.3　索尔维会议期间的爱因斯坦与玻尔

当太阳再次照亮布鲁塞尔，爱因斯坦见到了一个与昨天判若两人的玻尔，他就知道大事不妙——后者已经一扫昨日的晦气，精神抖擞地站到了讲台上：

"老爱呀，您的狭义相对论发表已经二十五年，广义相对论发表也十五年了，看来我们都得复习功课啦。咱们都忘记了一个细节，当光盒放出一个光子，箱子轻了 Δm 时，弹簧秤会让盒子略为升高一点，也就是说发生一个位移 Δq。根据您老广义相对论的红移效应，箱子在引力场移动 Δq，就会有相对论的时钟效应，精确的时间 t 必然会相应改变 Δt ——不好意思，时间的不准量 Δt 又鬼使神差地冒出来啦！瞧一瞧，看一看——时间和能量，还是不能同时测准！"

这个玻尔呀，学术论战时就是这么不厚道。老爱还能说什么呢？总不能说他自己的相对论是错的吧？总不能把牛顿的绝对时间重新请回来吧？玻尔对中国哲学很感兴趣，看来把"以子之矛，攻子之盾"的矛盾法也学去了。现在轮到爱因斯坦"脸色惨白，呆若木鸡，张口结舌"啦。两届索尔维物理学会议给爱因斯坦留下了噩梦般的回忆，他后来曾这样描述："群魔在布鲁塞尔聚首。"

玻尔胜利了，"物理学又得救啦！"（罗森菲尔德语）如果说第五届索尔维会议是一次严峻考验，这一届就是严峻考验的平方，所幸的是，我们扛过来了！

昨夜西风凋碧树，独上高楼，望尽天涯路。

四

经过两届索尔维会议的论战，哥本哈根诠释的逻辑自洽性经受住了严峻考验。蓄谋已久的"光盒佯谬"火焰山虽然烫了一下玻尔的猴屁股，但最终还是让他挺过去了，这方面至少在短期内无懈可击了。爱因斯坦就属于那种撞了南墙也不回头的主，自洽性没问题是不是？咱再找下一个攻击点——完备性。第六届索尔维会议后，爱因斯坦说过："玻尔的理论在逻辑上是可能的，但与我对科学的直觉想法如此相左，以至我不能放弃对更具完备性的概念的寻求。"

1935 年，希特勒的淫威已经把爱因斯坦驱赶到了美国的普林斯顿大学。这年的 5 月 4 日，《纽约时报》以醒目的大标题刊登了一篇报道：《爱因斯坦攻击量子理论——一位科学家和他的两个同事发现它尽管正确但并不完备》。

事情的起因是这样的：1935 年 3 月，爱因斯坦与他的同事波多尔斯基（Podolsky）和罗森（Rosen）合写了一篇论文《物理实在的量子力学描述能否认为是完备的？》，对量子力学的完备性提出质疑，这个质疑史称"EPR 佯谬"（EPR 是三个作者姓的头一个字母）。5 月，论文在美国《物理评论》第 47 期刊登。在论文未刊发之前，新闻记者就嗅到了这一动态，当作重大新闻发布出去了。

玻尔当时的助手罗森菲尔德说："EPR 论文对我们不啻当头一盆冷水，这对玻尔的冲击尤为严重。"玻尔别无选择，只有迎接挑战，捍卫新生的量子共和国！从第五届索尔维会议算起，这已经是经典派和现代派的第三次世界大战了，前两次是当面激辩，这一次，这二位巨人已经没法在欧洲见面了。爱因斯坦现在是希特勒的通缉犯，连 1933 年的索尔维会议都不能参加。重洋远隔，二战前的政治风云诡谲险恶，却拦不住这对老冤家为物理学的前途掐架，想起来真的觉得可爱可敬！

玻尔当时正与罗森菲尔德合作进行量子电动力学的研究，当下两人马上放下手头的一切工作，全力以赴撰写反驳文章。经过紧张的日日夜夜，第 47 期《物理评论》发表玻尔的文章，标题与 EPR 一模一样——《物理实在的量子力学描述能否认为是完备的？》。文章的主要观点是，EPR 所主张的"不受干扰"的"物理实在"是根本不存在的，物理学的对象必定是被观测的，对象与观测构成不可分离的统一场合，因此 EPR 是从一个错误的前提出发得出的错误的结论。说明白了吗？不——明——白——！对，我也这样认为。那就让我说得再直观一点。

EPR 中提出了一个双粒子的位置和动量的思想实验，史称"EPR 实验"：两个初始相互作用的粒子 A 和 B，我们知道它们的总动量和初始位置。现在 A 和 B 向相反方向飞离，当二者距离足够远时，我们首先测量 A 的动量。我们承认，这个测量会影响 A 的位置，但总不会影响千里之外 B 的位置吧？精确测准了 A 的动量，我们也就能精确地预测 B 的动量，因为动量是守恒的。呵呵！成功了一半。现在我们再测量 A 的位置，同样承认，这会扰动 A 的动量，但总不会扰动千里之外的 B 吧？精确地测准了 A 的位置，根据时空的对称性，我们又能精确地预测 B 的位置。哈哈！B 的动量和位置，同时测准，让不确定性原理见鬼去吧！

玻尔脸色惨白地断喝："打住！你凭什么认为对 A 的测量不会影响到 B 呢？"

爱因斯坦不紧不慢地放出他的"撒手锏"："哼哼！我就让你心服口服。可分离性！就算你说的观测与对象不可分离当真，你总得承认 A 粒子与 B 粒子的可分离性吧？当二者之间没有相互作用时，它们是彼此独立存在的。物理对象的可分离性，就是物理理论的'实在性'标准。"

玻尔："如果存在相互作用呢？"

爱因斯坦："呵呵！早料到你有这一招。传递相互作用的载体无非是信息或能量，根据相对论原理，传递信息和能量一定要有时间的。比如，测量 A 的动量时改变了 A 的位置，那么这个位置改变的情况至少要发个电报 B 才能知道并做出相应的改变吧。电报的电磁波是有 30 万公里的秒速的，在收到电报前，B 是不是不可能做出改变？哈哈！在收到电报前，不确定性原理失效！当然，除非存在着'幽灵般的超距作用'。传递信息和能量需要时间，这是物理理论的'定域性'标准。你的量子力学，必定在实在性标准和定域性标准之间陷入矛盾，承认了实在性，就必须乞灵于'幽灵般的超距作用'，从而违反定域性标准；反之，要符合定域性标准，又不得不违反实在性标准。而一个完备的理论，必须同时满足这两个标准，称为'定域实在性'。"

玻尔："爱老呀，看您的原话：'当我们不对体系进行任何干扰，却能确定地预言某个物理量的值时，必定存在着一个物理实在的要素对应于这个物理量，即实在性判据。'这是您全部论证的前提，但问题就出在这里，您说的不受观测干扰的物理是根本不存在的。您观测弯曲光线，观测的扰动您可以忽略不计，可是量子世界不行啊！观测必定给对象造成不可忽略的根本性的影响。什么是量子力学的'物理实在'？那就是我们观察到的，至少是原则上我们能观察到的量子现象。观察前，我们只有一个描述量子运动的波函数方程，'不对体系进行任何干扰'，我们就根本没有什么物理实在，而一旦观测到了物理实在，它们就必然包含了观测的扰动。用量子力学定义的实在性，就不存在您所说的与定域性的悖谬。在观察之前，根本就没有分离的两个粒子，它们是一个统一的波函数叠加态，当观测发生时，波函数坍缩，波函数这才跃迁为实在的粒子，两个独立的粒子才成为一种物理实在，因此它们符合物理守恒规律而呈现就是一件必然的事件，对 A 粒子的观测扰动到 B 粒子也是题中应有之义。A 粒子和 B 粒子是一个统一的实验场合，而不是分离的场合，它们始终不可分离地纠缠在一起，根本不需要'幽灵般的超距作用'。相反，按您定义的'可分离的实在性'，恰恰需要乞灵于违反相对论的超距作用。结论，EPR 定义的'定域实在性'根本不存在，量子力学的解释是完备的。Over。"

听明白了吗？爱因斯坦与玻尔的分歧就在于对实在性的定义，前者定义的实在性是不依赖于观测并先于观测而存在的，后者定义的实在性却包含了观测本身，是对象与观测不可分离的共轭。EPR 所揭示的实在性与定域性无法同时满足的矛盾，史称"EPR 佯谬"或"EPR 悖论"。而爱因斯坦和玻尔从自己定义的实在性出发，理论都是逻辑自洽的，因此佯谬或悖论的帽子就扣到了对方的头上。然而经过先前的两次索尔维会议，物理共同体已经接受了哥本哈根诠释的基本信念，经典派与现代派的第三次世界大战，又一次以哥本哈根诠释的统治地位进一步加强为结局。

还是第五届索尔维会议的经典联盟，爱因斯坦在美国放炮，薛定谔就在英国举事（他已与爱因斯坦在同一年前后脚逃离了德国）。这位薛公子真是个性情中人，在给爱因斯坦的信中，我们几乎能看到他手舞足蹈的样子："我非常高兴，你在《物理评论》上刚刚发表的文章已经明显地抓住了独断的量子力学的小辫子！"给玻尔雪上加霜，他在同一年晚些时候也提出了一个"薛定谔的猫"的思想实验（图 13.4）。

图 13.4　薛定谔的猫思想实验原理图

　　在薛定谔暗室中，衰变的波函数控制小锤砸碎毒药瓶毒死了小猫，不衰变的波函数控制小锤不落下，小猫还活着，因此薛定谔的猫既死了又活着。

　　一只猫被关在一个钢制的小室里，小室里有一个放毒的仪器，一个试管中有微量的放射性元素，一小时里只有一个原子衰变或不衰变，其衰变和不衰变的概率各为50%。现在由这个试管来控制放毒仪器，有原子衰变，试管就给出信号让仪器放毒，猫就中毒身亡；原子没有衰变，放毒仪器收不到信号，因此不放毒，猫就安然无恙。按量子力学，在没有观察前，原子的波函数是衰变和不衰变的叠加态，就是说既衰变又不衰变，既放毒又不放毒，也即猫既死了又活着，这只猫是活猫和死猫的量子纠缠态。待到观察，波函数坍缩，我们才有了确定的活猫或死猫。问题是，观察前那只又死又活的猫是可以想象的吗？

　　"薛定谔的猫"没有"EPR佯谬"深刻严谨，然而形象生动，能勾起人们的兴趣，调动人们的情绪，因此比"EPR佯谬"更有名气。比如，"动物保护者"霍金就说过，一提起"薛定谔的猫"就有找手枪的冲动（杀死虐猫的薛定谔？）；特别在20世纪70年代后流传更广，甚至印到了小学生的T恤上。1936年3月薛定谔在伦敦偶遇玻尔，事后他很得意地写信告诉爱因斯坦，玻尔表示"非常震惊"，想不到会有薛定谔这样的"高级叛徒"，竟对量子力学下此狠手。

　　怎样用量子力学理论解释"薛定谔的猫"？大家先试试，我后面再说。

五

从 1927 年到 1935 年经典派和现代派的三次世界大战，科学共同体公认是现代派获胜，哥本哈根诠释遂成为量子力学的正统。但认为从此万众一心、天下太平，也是一厢情愿。人类既然有过坚实而明晰的经典物理，实在性和决定论就是一种几乎永远无法戒除的心瘾。由于爱因斯坦声称应当还存在着一个作为量子力学基础的更深刻的理论，有物理学家就发展出了一种"隐变量理论"，成为人们回归经典伊甸园脱离不确定灾难的一艘方舟。说白了，科学家在进行他们的理论建构时，头脑里总会有一个理想图式，当解决方案不能满足这个图式时，就怀疑背后还存在着一种"隐变量"，一旦掌握了它，就像在一缸浑水上撒上一把漂白粉，马上会清澈见底。在量子力学领域，只要有了它，就可以接上被哥派拆解得支离破碎的因果链，并破解掉乱麻似的不可分离性，恢复世界决定性和实在性的本来面目。

但这艘方舟很快就被一个神童出身的年轻人一棍子打翻了。匈牙利裔美国物理学家和数学家约翰·冯·诺依曼（John von Neumann），1903 年出生于匈牙利，是狄拉克的同龄人。1932 年，他出版了一本著作《量子力学的数学基础》，为量子力学提供了严密的数学基础，其中捎带着做了一个隐变量理论的不可能性证明。冯·诺依曼何等聪明的人哪，读书过目不忘，6 岁时就能用古希腊语同父亲闲谈，一生掌握了七种语言，许多语言可以同步翻译。他被誉为"计算机之父"，当初发明计算机时，有人见过他心算后调侃道："还发明什么计算机？这儿就有一台。"这又是天才的"最小作用量原理"，小冯一出手，二十年内隐变量理论居然就无人问津。

到了 20 世纪 50 年代，这时二战结束，世界太平，物理学界又有人惦记起河清海晏的经典伊甸园。美国物理学家戴维·玻姆（David Bohm），1917 年生人。曾师从奥本海默获得博士学位。1947 年，由奥本海默举荐任普林斯顿大学助理教授讲授量子力学。这时，他还自认为是玻尔的拥趸。为加深对量子力学的理解，他一边讲课，一边撰写一本名为《量子理论》的教材。这本书于 1950

年出版，玻姆把它寄给了爱因斯坦、玻尔和泡利。玻尔没回信，泡利回信说书写得很好。爱因斯坦则因地利之便邀他到家里讨论。实际上他在写完这本书时已经对哥本哈根诠释产生了不满和怀疑。跟爱因斯坦长谈后更坚定了完成爱因斯坦 EPR 论文的未了心愿，为量子力学提供"完备"解释的信念。

说来玻姆跟冯·诺依曼的家庭还有许多相似之处，他俩的父辈都是奥匈帝国人，以后他们这一代人又都在美国发展，都是企业家，有殷实的家境，使他们能享受良好的教育。然而现在玻姆的工作，却是为冯·诺依曼的隐变量不可能性证明提供一个反例。1952 年，他在美国《物理评论》上连续发表两篇文章，提出了量子力学的隐变量理论。在玻姆的量子世界中，微观粒子不仅受常力支配，还受另一种微妙的隐变量影响，这种神秘的力量叫"量子势"。量子势掌握了波函数所描述的整体信息，这种信息引导着粒子的运动。这就神了，比武打片里的秘籍还神，得到它就等于得天下了。前面说的双缝实验，电子怎么知道是单缝还是双缝，不就因为有这本秘籍吗？玻姆说微观粒子运动有别于宏观物体运动的一切奇异乃至诡异之处，全在于量子势的存在。在哥本哈根诠释那里，粒子的运动是随机的，没有轨迹的。现在好了，只要有量子势（隐变量）和传统力（显参量）互补，粒子就有了连续的轨道，不再需要"鬼怪式的跃迁"。那么量子势又怎样起作用呢？玻姆说量子势是一种由粒子发散开来的充满了整个宇宙的势场——波函数（ψ）场，这个场满足薛定谔方程，严格按方程规定演化。如此 EPR 实验里的双粒子的相关性也就好解释了——它俩不过是同一方程式里的两个因子：变量和应变量，同步的变化是逻辑应有之义。量子力学在哥本哈根的迷途上彷徨了二十年后，现在又回到了经典实在性和决定论的康庄大道！

玻姆的隐变量理论发表出来之后，德布罗意发现这不过是自己双重解理论的翻版。当年哥本哈根学派电子没有运行轨迹的观点让他很郁闷，在他的双重解理论中，波函数被当作一个指引粒子轨迹的"飞行矢"或"导波"，从而确保了轨迹的确定性和实在性。可是在那个哥本哈根学派春风得意的时代，这个思想却被大家当作了笑料。现在玻姆让他看到了死灰复燃的希望，在这一年他接连发表了几篇重述双重解理论、批判哥本哈根诠释的论文，已经归依了哥本哈根阵营的法国王子再一次举起叛旗。

可是时代不同了，实证主义"拒斥形而上学"的理念已经深入人心，原则上不能观察 ψ 场和粒子轨迹怎么可能找到相信者？所以玻姆的理论遭到了普遍的冷遇。而爱因斯坦呢，当初他确实鼓励小玻探索，然而现在拿出来的东西却也没有逃出"EPR 佯谬"的魔咒，玻姆在捍卫实在性的同时却抛弃了定域性，玻姆用量子势同时作用于不同区域的双粒子，这正是爱因斯坦诅咒的"幽灵般的超距作用"，也即"非定域性"。因此爱因斯坦很沮丧地评论，用这样的理论来解决沉重的历史积案也未免"太廉价"了。"上帝之鞭"泡利更是毫不留情地指出，这纯粹是"新瓶装老酒"，让那早被批倒的东西还魂。

不过玻姆的工作也不是浅薄的胡闹，在冯·诺依曼插上了"STOP"路牌的道路上他有声有色地走了一遭，没走通至少也证明了不是完全不能走，英雄时代的先贤也不是那么不可挑战或逾越。而且他把 EPR 实验里双粒子动量和位置的复杂测定，简化为粒子自旋的测定：一个总自旋为 0 的粒子衰变为两个粒子 A 和 B 并向相反的方向飞离，为遵守角动量守恒，A 和 B 应当永远保持自旋相反的相关关系，A 自旋向上，B 就必定自旋向下，反之亦然，如此二者角动量之和才会等于 0。需要解释的是，当测量 A 为自旋向上时，B 如何能在 A 的测量信息到达前做出自旋向下的正确选择？这个简化使这个理想实验转化为现实实验迈出了极具实质意义的一步，从而激励了贝尔在回归经典的道路上前仆后继。

贝尔研究"EPR 佯谬"时，爱因斯坦已经去世，这个佯谬的提出也将近 30 年。但爱因斯坦完备性的呼唤在贝尔心中依然神圣。他坚信量子力学还有一个未探明的底部，在那里会有定域实在性的明媚阳光，"EPR 实验"依然是我们前进的路标。1963 年到 1964 年，贝尔在美国斯坦福大学访问期间写了两篇具有开创性的论文。第一篇论文分析了冯·诺依曼隐变量不可能性证明的逻辑瑕疵。他的第二篇论文题为《论爱因斯坦 – 波多尔斯基 – 罗森佯谬》，1964 年发表在一家不入流的杂志上，也许是省钱的缘故。据说杂志不久后就停刊了，而在这个杂志上发表的"贝尔定理"永存！

其实贝尔的首要目标跟玻姆一样，是要建立一个隐变量模型，但在这个模型中，不能有玻姆那种恼人的非定域性，不过没有成功。建模那是物理学家的宏图伟业，是总工程师干的活儿，至于改进 EPR 实验，那是给总工修改图纸，那是小工程师、小技术员的活儿。不料正是这个小活儿，成就了贝尔的伟业。贝尔很形象地解释了爱因斯坦的思路，他说一对同卵生子，打一出生就把他俩分开，若干年后我们千辛万苦找到了其中的一个，发现头发是红色的，那么我们就可以很确定地预测，另一个的头发也一定是红色的，因为这是由基因决定的。玻尔的思想呢？头发的颜色是在观测的那一瞬间才确定的，而且还会对另一个孪生兄弟产生影响，当我们发现哥哥的头发是红色的，弟弟的头发瞬间就变成了红色，不管他们之间相隔多远。尽管结论是一样的，但二者解释的头发颜色形成机制是不一样的。如果说在爱因斯坦那里是先天（基因）决定，在贝尔这里则是后天（观测）决定。总之，双粒子的相关，是因果决定还是超距作用，就是爱、玻分歧所在，尽管玻尔从来没有直接肯定过超距作用。

后来有个科学家写了一本叫《古怪性哪里去了》的书，用与贝尔相同的方法，以"手套佯谬"来说明"EPR 佯谬"，我这就借用手套这个道具来说说贝尔：我在中国买了一双手套，分别寄给纽约和伦敦的两个朋友 A、B，包裹会同时到达两地并被同时打开。纽约 A 一看是左手套，自然就知道伦敦 B 是右手套。这种一左一右，叫作"相关"。自然这种相关是在我寄出去时就确定了的，跟 A 打开包裹看见手套这个动作无关。这个解释符合常规想法，我们叫这种关联为"经典关联"。而量子论者呢，他说寄出手套时还左右不分，是左手套和右手套的叠加态，这种相关是在开包裹的时候（观察时）才确定的，还美其名曰"波函数坍缩"——A 处坍缩出了一个左手套，B 处就一定会坍缩出一个右手套；反之亦然。这种鬼怪式的相关，我们叫"量子关联"。

贝尔说，这也没有办法，因为装包裹时谁也没看见。但别认为就治不了你。你不是说相关性是由开包裹这个动作决定的吗？好，我在纽约邮局做个手脚，在 A 领包裹前调包，反正看见是左手套就换成右手套，看见是右手套就换成左手套。纽约和伦敦间没有任何通信联络，我这边的动作伦敦不可能知道。

那我就可以预见，肯定会发生一次"不相关事件"，A 和 B 会同时看到左手套或右手套。玻姆对定域实在性没有信心，所以虚构了一个量子势，说它会同时在伦敦调包，以保证一双手套的相关性。但贝尔不信这个邪，说不存在这个能超距调包的量子势，不相关事件该发生还是会发生。

当然寄手套只是个比喻，宏观事件初始变量是确定的并且可以测准的，但对贝尔来说，一个定域实在性的量子理论原则上跟寄手套的例子毫无二致。量子事件只是测不准而不是原则上的不确定，量子手套同样是在寄出时就已经分了左右，只是还有一个隐变量未被发现，一旦发现，还是可以测准的。因此完全可以按照寄手套的思路来设计我们的实验，按定域实在原则设计评估方案。例如，按照玻姆设计的双粒子实验，从同一粒子源向相反方向的 A 处和 B 处发射两个粒子，我们假设这是可分离的两个独立的事件，状态是在粒子源时就已经确定，并且在两处的观察没有超距作用，那么，在 A 处的观察不会对 B 处的观察产生影响，反之亦然。如果我们在两处同时观察到自旋向上和自旋向下的两个粒子，这用定域实在性是可以解释得通的，当然量子力学也解释得通。但是在少于 A 和 B 间信息传递所需时间内改变某处的观察条件，如果破坏了向上和向下搭配的这种相关关系，超距作用论就解释不通了，这就证实了定域实在性，同时证伪量子力学；反之，这种相关关系并不被破坏，定域实在论就解释不通，就被证伪了。系统考虑微观粒子运动的复杂性，贝尔推导出一个"贝尔不等式"，也称"贝尔定理"——

$|Pxz–Pzy| \leq 1 + Pxy$（经典关联）

我们就不去管这个定理的推导和具体诠释，总之，如果定域实在论成立，实验结果必然符合这个不等式；反之，如果量子力学是正确的，贝尔不等式必然被违反，不等号就会被颠倒过来——

$|Pxz–Pzy| \geq 1 + Pxy$（量子关联）

泾渭分明，真假立判！这就不是一个过嘴瘾的思想实验方案了，而是一个具有可操作性的实验方案，可以用这个定量标准，判定定域实在性和量子力学谁是谁非。现在爱因斯坦和玻尔都不在了，如果还在的话，不知有何感想。这对冤家过招无数，但都是文明的比赛场所，剑封刃，枪藏锋，思想实验，物理原理，哲学概念，打得轰轰烈烈、热闹非凡，但不动骨见血夺人性命。现在可是刺刀见红的血拼，输家恐怕就得横着下台。"严峻考验"，这可是一个有特殊含义的科学哲学的术语，是具有极大的残酷性的。定域实在性和哥本哈根诠释，过去总坐而论道，现在是签了生死状，真刀真枪干啦。下注吧，你买谁赢？

六

　　贝尔不等式问世后，科学家们就开始积极地组织实验，以了结这桩最大的现代科学公案。检测的内容除了前面说过的自旋关联外，还有偏振关联，方式虽不同，但原理是一样的。法国物理学家阿莱恩·阿斯派克特（Alain Aspect）领导的巴黎小组从 20 世纪 70 年代末到 80 年代初也进行了多次实验。图 13.5 是他们 1982 年报告的一次偏振光型的贝尔实验。

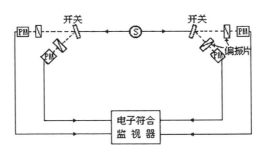

图 13.5　阿斯派克特实验原理图

从光源 S 发出的光子会运行数米就到达开关，由开关决定光子通过哪个偏振器，并被偏振器背后的光电倍增器（PM）探测到，最后由电子符合监视器做出光子对相关性的判断。

　　我们平常看到的自然光线都是非偏振光，但可以用人为的方式使它们具有固定振动方向的光即偏振光。比如 3D 电影，用两台摄像机摄下同一画面，放映时在两台放映机的镜头前分别安装一个偏振器，使一台机出来的光线具有垂直的振动方向，另一台具有水平的振动方向，看 3D 电影的眼镜实际上就是两台方向互为垂直的偏振器，使两个方向互为垂直的光线只能分别进入一个镜片，两幅画面就在人的大脑中叠加成一个立体画面。再看阿斯派克特实验：S 为一个双光子发射源，可以激发一个钙原子向相反方向发射两个光子。遵守动量守恒定律，两个光子的偏振方向应该是一致的。光子的偏振方向我们是不知道的，只能由探测器观测光子能否通过偏振片的结果来分析。实验装置的左边和右边分别安一个开关，使光子既可以通过透射沿水平方向被后面的探测器测知通过或不通过，也可以折射到下方的偏振片和探测仪。每边的两个偏振片可以设置为不同的角度，意味着具有了两种不同的观测条件，相当于我前面说的手套调包或不调包。

好，就让定域性和非定域性在这个擂台上 PK 吧！两个开关之间相隔 12 米，光行时间需要 40 纳秒（1 纳秒为 10 亿分之一秒），而两次转动开关的时间间隔为 10 纳秒，也就是说，每边将进入何种实验场合（上面的或下面的）的信息不可能按定域性条件（不超光速）传达到对方。玻尔不是说观测会影响到对方的粒子吗？我就要看你在没有收到信息前无法做出调整的窘境！实验开始了，一对对光子分别向两个方向发射，开关眼花缭乱地转动，不！我们的眼睛根本分辨不出 10 纳秒的变化乃至无法缭乱，我们不可能找到合适的形容词来形容实验场合的变化之快。三个小时下来，电子符合监视器把一份成绩单颤巍巍地送上了裁判台——

啪！贝尔的眼镜跌落在地。啪！天堂里的爱因斯坦的眼镜也跌了下来。玻尔脸上不厚道地露出了宽慰的微笑——与经典关联偏离了 5 个标准方差，与量子力学预测却符合得严丝合缝！世界的科学技术还在不断进步，贝尔实验也在不断地重复进行，总的趋势：实验条件越精密，达到的标准越高，比如光子对的距离越远，结果就越青睐玻尔，越远离爱因斯坦。从 1970 年到 1986 年，正式报道的贝尔实验总共 15 个，其中不符合量子力学预测的只有 2 个，其余的 13 个都违反贝尔不等式而与量子力学的预测相符。1997 年，日内瓦大学实验室用光纤网络把双粒子送到相距 10 公里的两组探测仪，证明双粒子仍有互相影响，并且违反贝尔不等式至少 9 个标准方差。1998 年，美国国家实验室得到一个在少于三分钟的时间内违反贝尔不等式 242 个标准方差的结果……我们用"飞离"这个概念似乎都不准确，两个光子似乎就不曾分离过，始终是一个整体的两个部分，始终存在着相互作用，物理学家称其为"量子纠缠态"，因此无论怎样改变观测条件，两个光子总像有心灵感应似的表现出相关性，经典关联总是被无情地粉碎！

够了，够了！从 1927 年的索尔维会议开始，以爱因斯坦为代表的经典派为捍卫人类的实在性和决定论信仰，已经前仆后继地进行了超过半个世纪的顽强不屈的斗争，可吊诡的是，他们发现每一次有意义的辩论，结果都为对方提供了更有利的砝码，所进行的恢复实在性和决定论的努力，都反逼量子力学做非实在性和非决定论方向的修改和完善，辛辛苦苦，发现都是为对方打工。西方谚语曰："我播下了龙种，收获的却是跳蚤。"难道真的存在"幽灵般的超距作用"？似乎没谁站出来扛这个结论，好像量子力学的大佬们也没有必要冒这个相对论天条的风险了。

哎哟！薛定谔的猫！说到量子纠缠态，才想起薛定谔的猫还待在铁房子里呢，是死是活，怎么忘记去关照啦？罪过，罪过！

欧洲有句谚语："这里就是罗德岛，就在这里跳舞吧！"典故大致是：一个人天花乱坠地吹嘘自己在罗德岛上舞跳得如何仪态万方，旁听者冷冷地说出了这句名言。现在哥本哈根派极力鼓吹什么跃迁、坍缩，薛定谔牵出了他的爱猫，冷冷地回了一句："这就是波函数，你就给我坍缩吧！"

玻恩看到这个老冤家来踢场子甚是不满："老薛，你这不是胡搅蛮缠吗？令猫是个宏观物体，完全可以用确定量描述，如何比得微观世界的波函数？"

薛公子不怀好意："在我这个铁盒子里，原子衰变或不衰变，跟猫死或活，是不是一回事？"

玻："是呀。"

薛："那观测前原子衰变了没有？"

玻："那我怎么知道？它现在还是衰变和不衰变的波函数叠加呢！"

薛："也就是说，观测前，原子既没有衰变，也没有不衰变；也就等价于，猫既没有死，也没有不死，它处在既死又活的叠加态。哈哈哈哈！"

　　薛定谔的猫的狠处就在于，通过一个精巧的设计，把哥本哈根的微观描述转变为一种宏观效应，把肉眼看不到的原子与活灵活现的猫画上了等号，把高傲的教授自以为逻辑自洽的理论跟人民群众怜惜的猫的命运联系在一起，这就成了一个很揪心的问题。爱因斯坦就很欣赏这个比喻，指出可能性只是我们的一种认识状态，比如我们在观察前判断这只猫可能已经死了，可能还活着，但不代表一种实在的状态，把认识态混同实存态，正是玻尔的"温和的迷雾"。

　　世界上怕就怕"认真"二字，科学家就最讲认真，薛定谔一时的口舌之快，竟然启动了科学共同体寻找薛定谔之猫的征程。这只猫诞生半个多世纪之后，20世纪90年代，实验室里就陆续传来了关于薛猫的报告。1996年，美国科罗拉多州博尔德的国家标准与技术研究所用单个铍离子做成了"薛定谔的猫"并拍下了快照，发现铍离子在第一个空间位置上处于自旋向上的状态，而同时又在第二个空间位置上处于自旋向下的状态，而这两个状态相距80纳米之遥！接着科学家就想办法把薛猫做大。刚进入21世纪，美国国家标准与技术研究所和奥地利因斯布鲁克大学实验室就报道做成了分别是6个和8个离子的薛定谔猫，可以在几微秒的时间内处于相反量子态的叠加纠缠。人们惊呼："薛定谔的猫长胖了！"

　　薛定谔和爱因斯坦还有什么话说？

营地夜话（3）

朋友们：

  又结束了一站的访问，是不是有点意犹未尽的感觉？记得小时候读《桃花源记》，有句"复行数十步，豁然开朗"，可是我们探寻"量子源"之旅，怎么好像没有此番境界，反倒是越走越糊涂了？——行踪诡异的量子精灵，匿影潜形的鬼波，鬼怪式的跃迁，幽灵般的超距作用，生死叠加的薛定谔的猫……

  于是，还有其他版本的量子故事：波函数能不能不坍缩？那就是"多世界诠释"，在这个诠释中，波函数永远不坍缩，只是在不同的世界实现，薛定谔的猫在一个世界里活着，在另一个世界死了。但无限个宇宙的图像比生死叠加的薛猫更令我们抓狂！能不能让波函数自动坍缩？这就是"退相干理论"，把环境加进量子和观测系统，外加的力量自然触动波函数的坍缩机制，而不需要劳烦薛定谔开箱观测。但无论再多加多少附加项都逃脱不了量子魔咒，因为这个附加项也是一个量子系统。冯·诺伊曼和狄拉克的妹夫维格纳把意识推出来为坍缩负责，于是又有了"维格纳的朋友"的故事。糟糕！这下月亮在无人观察时至少不是我们见到的模样——只能是模模糊糊的波函数叠加态……总之这一站还有很多景点，限于你们交给我的团费（篇幅），就不能带大家——观看了。

  不过已经够令我们抓狂了！玻尔说过，在量子力学领域，问题不是荒唐，而是是否足够荒唐。接受荒唐，才使玻尔得以成为哥派领袖，最终创造出哥本哈根诠释这种科学史上非常独特的方式，把量子革命的成果整合为一个逻辑自洽体制完整的理论体系，与爱因斯坦创建的相对论一道，成为替代经典物理的科学新范式。哥本哈根诠释为科学界所公认，标志着量子革命的英雄时代结束。这是一个历史长河中可遇不可求的阶段，在这一时期，奇迹成为常态，常人被赋予神力，年轻成为资本，勇气产生智慧，激情成就梦想。量子革命三十年，尤其是一战后的 20 世纪 20 年代，成批的年轻科学家脱颖而出，挑落一顶顶经典皇冠，标新立异出一个个天才构想，一夜之间成为历史目光聚焦的英雄。公瑾当年，英姿勃发，真是令人神往！但这只是聚光灯下最绚丽的场景，台前幕后，谁知还有多少汗水和泪水、辛酸和痛楚、困惑和迷茫、凝重和绝望、梦想和破灭？

革命是年轻人的盛大节日，然而小孩爱过节，大人怕过年。对于一个科学家来说，事业就是他的生命，而一个科学范式的基本信念又是科学事业的生命。经典时代两百多年养育并积淀下来的信仰，在一场疾风骤雨式的革命中被一朝摧毁，对许多人来说并不是一起轻松的事件。洛伦兹哀叹没能在旧理论基础崩溃之前死去，普朗克已经"退居二线"，在哲学书斋中寻求实在性和决定论的慰藉。而量子力学的二次革命，更挑战到牛顿时代最深层次的哲学理念，连"革命的同路人"也无法承受了。薛定谔说，如果新科学一定要容纳"跃迁"这种令人沮丧的概念，他宁可从未涉足过量子力学。爱因斯坦绝望地说，如果电子有自由意志随意选择跃迁的瞬间，他"宁愿当皮匠，甚至是赌场的雇员，也不愿当物理学家"。

埃伦费斯特在哥本哈根诠释后再一次感到了前路迷茫。他在留给爱因斯坦和玻尔等好友的信中说："这几年我越来越难以理解物理学的飞速发展，我努力尝试，却更为绝望和撕心裂肺，我终于决定放弃一切。"1933 年 9 月 25 日，他在枪杀了智障儿子后饮弹身亡。

还不得不说的是，英雄是由对手成就的，量子力学所获得的光辉成就，反对力量和保守力量功不可没。作为"反动派"的首领，有人说爱因斯坦在 1925 年后改行钓鱼，物理学也不会有什么损失。在我看来，这损失是大了去啦。按照英国科学哲学家玻普尔的科学发展模式，科学发展是从问题开始的。一个没有"慕尼黑遭遇战""哥本哈根会战""三大战役"，没有"光盒佯谬""EPR佯谬""薛定谔的猫"和"贝尔不等式"的量子力学史是不可想象的。正是这些睿智的批判、质疑和挑战，揭示出量子力学的建设者们没有发现的问题，而不断地解决问题是科学臻于成熟和完善的动力。一种基于科学良知，遵守游戏规则的"忠诚反对"，是科学发展的积极力量。尊重反对派，是科学里的政治。当然我们也希望这能成为政治里的科学。

我们还可以发现，这种张牙舞爪、剑拔弩张的学术争论还充满了审美价值。1923年夏，爱因斯坦到哥本哈根探访玻尔，主人自然到火车站接车，然后一同乘有轨电车回家。这对冤家在路上就吵了起来，结果就坐过了站。然后坐回头车，照样又坐过了站。如此来来回回，在旁人看来就是一对呆子或疯子。像玻尔这样的量子物理的常青藤，正是因有了爱因斯坦这样的反对力量的存在而永葆生机。1955年爱因斯坦去世后，玻尔总是怅然若失。每当他有新的想法，他总要设想爱因斯坦会怎样攻击。直到1962年他去世后，人们还在他办公室的黑板上看见老爱的光盒图。估计到了天堂，这对老冤家还是少不了掐架。

玻恩不仅是"量子数学家"，还是"量子预言家"。1924年，他正确地预言了量子力学的诞生，到20世纪30年代初，随着第五、六届索尔维会议哥派的胜利，哥本哈根诠释被科学共同体接受，他又断言："两三年以后，我们把电动力学研究完毕，再过几年，原子核也将研究彻底，那时，物理学将宣告结束，我们就可以改行去搞生物学。"

这话怎么听起来那么熟悉？对，1874年，普朗克选择物理学专业，他的导师物理学家祖利对他说过："这门科学中的一切都已经被研究了，只有一些不重要的空白需要填补。"可是这个执迷不悟的学生以后成了量子力学的创始者。再过了二十年，1894年，迈克尔逊（A. A. Michelson）在一次演说中公开宣称："未来的物理学真理将不得不在小数点后第六位中去寻找。"可是三年之后他自己和莫雷所做的以太风观测实验成为物理天空的一朵"乌云"，成为以后引发爱因斯坦相对论的导火索。前车可鉴，对于科学前途过于乐观的预言我们还要多一分小心。

　　量子力学严格说来从诞生到现在才几年的时间，涉及的主要还是基本概念和数学论证，大致也就做完牛顿1687年《原理》所做的工作（牛顿写这部书花了两年时间），基础还未必有牛顿的扎实。倒不是说现在的科学家没有牛顿聪明，实在是量子世界比牛顿的世界深邃复杂多了。科学理论要做的事多了去啦，理论的进步之后是经验的进步，解释更多的现象，预见更多的新事实，之后还有技术转化。要做的太多太多，量子力学现在做到的实在是太少太少。就像灰姑娘穿上了红舞鞋，一个科学范式一旦诞生，就不会有消停的时候。哦，只有一种情况会"结束"，那就是被新的范式所替代。呸，呸，这个时候说这话，也太不吉利了。

　　当然我们可以把玻恩的话理解为，暴风骤雨式的科学革命的时期已经结束，将进入和风细雨式常态科学的阶段，收割机已经制造出来，开着去收割成果就是了。就算这样也是过于乐观的预言。量子世界山幽水深，现在还未及十之一二。继续深入进去，谁知还会有什么妖魔鬼怪、魑魅魍魉？理论和实验的严峻考验还会扑面而来，能否经受得住，还得拭目以待。

　　革命尚未成功，同志们仍须努力。朋友们抓紧时间休息，养精蓄锐，我们又将进入量子力学的一个新篇章。

量 子 世 界

LIANGZI SHIJIE

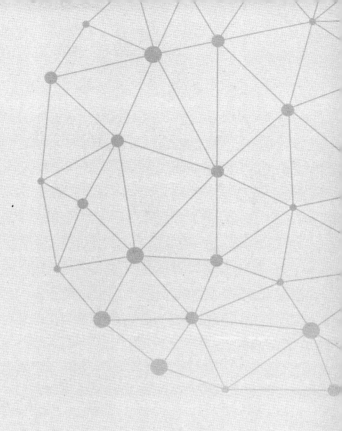

第四篇 | 原子世界的量子幽灵

Number

4

第十四章　征伐原子世界

一

在古希腊哲学家形形色色的世界构成学说中，最诱人的是公元前 5 世纪德谟克利特的"原子"论。在他的"宇宙大系统"中，构成万物的最基本的单元是细小的物质粒子，因其"不可分割"（atom）故叫"原子"（Atom）。原子没有性质的区别，只有形状、排序和位置的区别，原子构成万物，就像字母构成单词一样。如果说原子是"存在"的话，"虚空"就是"非存在"。虚空同样是宇宙构成的必要条件，它为万物的运动和变化提供场所。由原子和虚空构成的宇宙的简单画面，是几千年来还原主义的理想天堂。19 世纪，原子假设被引入化学和热力学领域，取得了辉煌的研究成果，连否认原子存在的马赫都不得不承认这是一个很有用的假设。

可是自原子由一种假设变成一种观察事实的第一天起，这个词的本义（atom——不可分割）就被破坏了，科学家只能以一个新名词——"基本粒子"（elementary particle）——来表征物质还原的新发现。人类获得的第一个基本粒子是 1897 年 J. J. 汤姆逊发现的电子（electron）。他多年后回忆说："开始只有很少人相信存在比原子更小的物体。一位著名的物理学家听了 1897 年我在皇家学会的演讲之后很久，还对我说，他认为我在'愚弄他们'（pulling their legs）。"电子是构成一切物体的基本粒子，但还不是原子，因为电子带有一个单位的负电荷，而构成物体的原子应该是电中性的，否则满世界的电子同性相斥，根本不会有什么能成形的东西能形成。因此原子应该是由电子和另外一种带正电的基本粒子组成。1911 年，汤姆逊的学生卢瑟福发现"原子核"，于是一幅原子图画清晰可见——带负电的电子围绕着带正电的原子核，刚好构成一个电中性的原子。 1919 年，卢瑟福继续用 α 粒子轰击氮原子核，从中打出了氢核，这种粒子跟电子一样带一个单位的电荷，只是电性相反，为正电，质量为电子的 1836 倍，氢原子刚好是由一个电子和一个氢核组成的。其他多电子的原子，原子核的电荷正好是氢核电荷的整数倍，质量也差不多是氢核质量的整数倍，由此他推论，氢核也是一种基本粒子，每种原子的原子核由数量不等的氢核组成。科学家们用"质子"（proton，希腊文的意思是"第一"）来命名氢核这种新发现的基本粒子。

量子力学到现在的全部发展，已经解决了原子模型的可行性，按泡利的不相容原理，核外电子已经被安排得井井有条、妥妥帖帖。阿弥陀佛，就到此为止吧，最好不再有什么新的粒子出来煞风景，奥卡姆的教导我们要牢记于心——"如无必要，切勿增加实体"。

不是还有光子（Photon）吗？对，我们可不能忘记了光子，在量子革命这场伟大的战争中，电子和光子都是我们忠诚的向导。尽管爱因斯坦的光量子假说提出在前，但自玻尔的量子化模型提出以后，关注的目光似乎都集中到了电子身上，不过也别忘喽，科学家研究电子的行为，不也是通过光谱这个途径吗？尽管我们现在的认识水平已经有了很大提高，不会认为光只是软乎乎的波动，它们同时具有粒子性在理论上我们是很清楚的，但是在我们的直觉里，光子跟电子和质子这些基本粒子还是判若异类的。对，电子似乎更尊贵和沉稳，行不更名坐不改姓，我们可以想象每一个电子自宇宙创生以来就存在了，而且还会永远地存在下去。而光子则居无定所、没名没分，一个光子，它可能被一个电子吸收，从而使电子以其增加的能量跃迁到一个更高的定态（轨道），以后这个电子又会放出这个光子，重新跃迁回原先较低的定态，光子就像电子随时吐纳的空气。同样都是粒子，差距咋就那么大呢？

1923 年，29 岁的印度科学家玻色把自己的研究论文《普朗克定律和光量子假说》寄给伦敦《哲学》杂志，但稿件很快被退回。英国人不识货也很正常，寄给德文杂志嘛，可他的德文又不好，于是他想到了爱因斯坦。爱因斯坦不仅为他做了翻译并寄往德国《物理》杂志，还写了篇赞赏有加的推荐文，论文在该杂志的八月号上发表。爱因斯坦紧接着又写了三篇论文，对玻色的思想做了深化和拓展，从而开创了量子统计这一革命性的新方法，称为"玻色－爱因斯坦统计"。1926 年，费米和狄拉克分别独立地在泡利的不相容原理的基础上发展出一种适用于可区分粒子（如电子和质子）的统计方法，称为"费米－狄拉克统计"。几年后，狄拉克发明了适用于玻－爱统计的粒子（如光子）为"玻色子"、适用于费－狄统计的粒子（如电子）为"费米子"的称谓，这种称谓于 1945 年为科学共同体所正式采用。

再回头看光子，它们是遵循玻－爱统计的玻色子，具有整数的自旋（0、1、2…），但不遵循不相容原理，即允许多个光子占有同样的量子态。相应地，电子和质子是符合费－狄统计的费米子，具有半整数自旋（如 1/2、3/2、5/2 等），严格遵循不相容原理，不允许两个以上的粒子占有同一量子态。有了狄拉克"玻色子"和"费米子"的称谓，光子也取得了与电子和质子平等的地位，也是一种基本粒子。

粒子以及粒子组成的物体之间会发生相互作用，作用力无非两种：牛顿方程规定的万有引力和麦克斯韦方程规定的电磁力。光子这种基本粒子，它的功能就是传递电磁力。这也揭示出我们的宇宙需要两类基本粒子的原因——费米子构成物体的材料，是宇宙大厦的砖块；玻色子是传递作用力的媒介，是连接这些砖块的混凝土。

三种基本粒子，两种相互作用力，就是 20 世纪 20 年代末我们的世界图像。虽然原子（atom）不再具有"不可分割"的原意，但这幅图画仍不失简单优美，也挺符合科学的经济原则和审美原则。

可是从 19 世纪末起居里夫人等科学家发现的放射性射线又算是什么？以前认为一切自然光都来自伟大的太阳，可是 19 世纪末逐渐发现有些物质也能使感光片感光，而且相较太阳光有更强的穿透力，因此就有了"放射线元素"和"放射线"的概念。这些放射线是什么东西呢？我们的卢园长农民出身，天花乱坠咱不会，什么东西咱拿到实验室说话。他就用一个强磁场来"看"这些射线，结果发现有三种：

第一种射线为老卢最爱，它通过磁场时会发生偏转，偏转的方向与阴极射线相反，这说明它是一种带正电的粒子流，老卢称它为 α（阿尔法）射线。α 射线的穿透能力很小，一张纸片就可以把它挡住，1/50 毫米厚的铝片它也穿不过去。

第二种射线穿过磁场时会发生比 α 射线更严重的偏转，偏转的方向与阴极射线相同，说明它是由带负电的粒子组成的。老卢把它叫作 β（贝塔）射线。β 射线的穿透能力比较强，能穿透大约半毫米厚的铝片。

第三种射线根本不受磁场的影响，一往无前，不带偏转，说明它是不带电的粒子，像光子一样，但具有比光强得多的穿透力，老卢把它叫作 γ（伽马）射线。

α、β 和 γ 就是我们发现的三种自然的放射线，是由铀之类的放射性元素自然产生的。用"三粒二力"的宇宙密码本，应该不难破解这三种放射线吧？可是一上手，麻烦来了……

德谟克利特有句名言："得到一个原因的解释，胜过当波斯的王。"追根究底，大概是科学的一个根本"德行"，为此科学家可以散尽家财，可以藐视权力，由此也注定了科学事业就是一个"西西弗斯苦役"——这位犯了错误的希腊神被宙斯处罚往山上推滚石，但一旦推到了山顶，石头又会滚到山脚，于是一切从头，永无休止。我们辛劳的科学家是问题解决者，更是麻烦制造者。为了得到新的观测现象的"原因的解释"，新的麻烦又出来了，我们又有故事讲了。

二

现在介绍大家认识一位卢瑟福培养的"量子幼儿"。詹姆斯·查德威克（James Chadwick）1891 年出生于英国的曼彻斯特市，自小性格内向，沉默寡言，不合群，没什么朋友，跟狄拉克一样。不一样的是查德威克上学一直成绩平平，没有显示出哪方面有过人的天赋，但他很认真，从不抄同学的作业。他的格言是"会做的事就一定要做好"。1908 年，他考入曼彻斯特大学物理系，依然是形单影只，有女同学恶作剧，给他写了封"情书"，这让小查感到世界末日似的恐怖。也许是把谈恋爱的时间给省下来了，所以他学习成绩还不错，因此 1911 年他大学毕业时得以留校当了卢瑟福的助手。在卢瑟福的指导下，他做了那个著名的用 α 射线轰击金箔后发现原子核的实验，小查因此获得了英国国家奖学金。

有了这笔钱，小查就想到外面去长长见识，于是到了德国柏林，跟随盖革从事研究。盖革是盖革计数器的发明者，也是放射性研究的权威，小查自然受益匪浅。可是祸福相倚，1914 年第一次世界大战爆发，英国成了德国的敌对国，朋友们都劝他快逃。性格内向的人容易优柔寡断，加之有些研究割舍不下，这事就拖了下来。直至有一天几个德国兵以迅雷不及掩耳之势把他擒获，他才知道这个世界原来没有后悔药。德国人诬陷他为间谍，并施以酷刑，但他倔强地挺过来了。有个英国青年军官埃利斯和他一样成了倒霉蛋，被关进同一个战俘营。反正闲着也是闲着，查德威克就教埃利斯原子物理，战争结束后，埃利斯居然成了物理学家。这所监狱大学感动了德国同行，由于他们的呼吁，监狱给他们在一个旧马棚里建了一个简陋的实验室，这两个英国年轻人就终日不亦乐乎地伴着马屎马尿味做 β 射线实验，以至于忘记了外面世界的那场惨绝人寰的战争。1918 年德国战败，查德威克才回到祖国的怀抱，继续跟随卢瑟福从事实验研究，次年卢瑟福赴任剑桥卡文迪许实验室主任。还好，由于小查这几年没有荒废学业，现在业务还不生疏。

好，我们现在来揭开第一种射线——α 射线——的身世之谜。这种射线简直就是卢瑟福的火眼金睛，他的几个重大发现都是 α 射线"看见"的，但 α 射线自身是什么呢？卢瑟福经过艰苦研究，发现它是一种带正电的粒子，电量是一个电子的 2 倍，质量是一个电子的约 7300 倍。卢瑟福让这个粒子吸收两个电子以抵消掉正电荷，结果就得到了一个氦原子。没错，α 射线就是氦原子核！可是且慢，用电子 – 质子模型来套一套：氦在化学元素周期表上序数是 2，有两个核外电子，两个电子对应两个质子，两份正电荷倒是合适，可是质量呢？一个质子的质量是一个电子的 1836 倍，称为 1 个单位的质量，α 粒子有 4 个单位的质量，就应该是 4 个质子！可是 4 个质子又应该是 4 个单位的正电荷。1920 年卢瑟福假设，原子核中存在由一个质子和一个电子组成的电中性的复合粒子，也就是一个坍缩了的氢原子，卢瑟福称之为中子（neutron）。用这个假设就把 α 粒子解释通了——氦原子核是由 4 个质子和 2 个电子组成的，与 2 个核外电子，刚好构成一个 4 个单位质量的中性原子。挺不错的解释嘛！不错什么？玻尔费了老大的劲才解决了电子坠落的问题，为了一时之需，你又把电子塞进原子核啦！

嘿，生啥气呀？老卢也就这么一说，大家也没太在意。倒是查德威克这个闷葫芦记在心上了。他继续科学研究，成绩卓著，1923 年被任命为卡文迪许实验室副主任。事业倒是很成功，就是婚姻问题是个老大难，查德威克 30 多岁了还光棍一条。不过俗话说鹈人有鹈福，布朗小姐看上了这个踏踏实实的小伙子。机不可失，小查，你得抓紧哪！可是小查在这方面并不开窍，对姑娘一点表示也没有。刘三姐教导我们："世上只有藤缠树，人间哪闻树缠藤？"但是树被逼急了也会去缠藤的。布朗小姐无奈只好放下身段主动追求，终于在 1925 年与查德威克洞房花烛，婚后跟海森堡一样得了一对龙凤胎。布朗小姐功德无量，让一台实验机器也过上了人间的幸福生活。结婚后查德威克性情都变了，居然喜欢上了养花，搞得别人进他的实验室还认为误入花房。

比查德威克小一岁的德国物理学家沃尔塞·玻特（Walther Bothe）是普朗克的学生，与查德威克有相似之处，他也是个一战中的倒霉蛋，在战场上当了俄军的俘虏，被遣送到荒凉的西伯利亚。不过他比查德威克活泛多了，在西伯利亚他不仅继续他的物理学研究，还和当地一个俄国女子恋爱结了婚，战后是夫妻双双把家还，重操旧业。1928 年，他和助手在做用 α 粒子轰击铍的实验中发现了穿透力极强的中性射线，甚至能穿透几厘米厚的铅板。尽管这种射线的强度明显大于 γ 射线，但由于穿透力强和电中性这两个特点与 γ 射线吻合，所以他在 1930 年发表的实验报告中就照此做出了结论。

这份报告引起了两位法国物理学家的注意。弗里德里克·约里奥（Frederic

Joliot）和伊雷娜·居里（Irene Curie）是一对科学夫妻，后者是居里夫人的女儿。他俩重做了玻特实验，果不其然，获得了强大的中性射线，然后他们又在铍靶和观察仪之间插上一块石蜡板，发现这种射线居然从石蜡中激发出了质子流，说明这种射线确实十分强大。跟玻特一样，他们把这种强大的中性射线当作 γ 射线，在 1932 年 1 月 18 日的实验报告中发布出去。

这样接力棒又传到了查德威克手上。哲理曰：人只能看懂他懂的东西。自卢老师提出中子假设后，查同学一直尝试通过实验找到这种粒子，只是一直没有成功。现在看到约里奥、居里的报告，马上有了似曾相识燕归来的感觉。有什么东西能把质子打得鸡飞狗跳？必定是与质子质量相当的东西！粒子质量，质子下来就是电子级别的，质量也只有质子的近二千分之一，那不是蚍蜉撼树吗？ γ 射线、光线类的，没有静止质量，只不过波长短，单个光量子能量大，但撼动质子那是力气活儿，要有大块头，γ 射线是不可想象的。查德威克在卡文迪许实验室重复了这些实验，还设计了更多精细的实验。通过比较这些实验结果，他证实，这种辐射是一种质量相当于质子的中性粒子流，于是于 1932 年 2 月 17 日写了封信寄给《自然》杂志，发表了这一结果。信中说："如果我们这种放射性物质是由质量为 1 电荷为 0 的粒子，即中子构成的，那么一切难题就迎刃而解了。"

不过查德威克的中子概念还是卢瑟福的由一个质子和一个电子组成的坍缩氢原子，是不是一种新的基本粒子他还不敢断言。最后还是靠量子力学原理下了裁决。当时理论和观察都认定，7 个电荷和 14 个质量的氮原子核是一个符合玻－爱统计的具有整数自旋的玻色子。因为构成原子的基本粒子电子和质子都是半整数自旋的费米子，所以氮核的基本粒子应该是偶数个，否则就会出现半整数的自旋。用卢瑟福的模式，氮核就含有 14 个质子和 7 个电子，加起来是 21 个——奇数！但如果把中性粒子当作一种基本粒子，氮核就由 7 个质子和 7 个中子组成，总共 14 个基本粒子，符合偶数个基本粒子的要求。经过反复论证，科学共同体最终认定了中子是一种新的基本粒子，具有半整数的自旋，与质子具有基本相同的质量，但不带电荷。我们现在就把 α 粒子——氦原子核——也搞清楚了，它就是由 2 个质子和 2 个中子组成的，两份电荷，四份质量。

仅仅一个月时间，一项令物理界震惊的伟大发现就诞生啦！与其失之交臂，约里奥和居里夫妇唯有扼腕叹息。这对科学夫妻是很勤勉的实验物理学家，他俩去世得比较早，可能是实验时不太注意辐射防护。但也正是由于太专业（专业分工明晰，这是欧洲科学的特点），与学界联系不密切，对理论动态不敏感，就看不懂一些新颖的实验现象。他们其实也怀疑过是不是 γ 射线，问题是他们压根儿就没听说过"中子"的概念。相比之下，也不能说查德威克"得来全不费工夫"，毕竟他也经历了十多年的"踏破铁鞋"，一旦碰上，就不会有失机的可能。查德威克因此获得了 1935 年的诺贝尔物理学奖。据说卢瑟福坚持让查德威克独得这份奖，有人提出约里奥、居里也为这个发现做出了重大贡献，老卢说凭着他们的聪明一定还有机会。

中子的发现是量子力学发展的又一个新的里程碑，量子军团在电子和光子的引导下已经攻下了原子城堡，现在中子又打开了一道暗门，发现还有一个广阔的新天地，原来不仅原子有内部结构，原子核也有内部结构。文章另起一行，又会演绎出什么新的精彩？ 1932 年是科学史上一个"伟大的发现年"，中子只是其中一项，还有——

在查德威克把他关于中子的报告寄送给《自然》杂志后的第二天，美国的《物理评论》收到了纽约哥伦比亚大学的化学教授哈罗德·尤里（Harold Urey）等三人署名的报告。文中说发现了质量为 2 的氢的同位素，也就是后来命名的氘。氢一直是量子研究的忠诚伙伴，我们都知道它是序数为 1 的元素，是由 1 个质子和 1 个电子组成的，即质量为 1、电荷为 1 的原子。现在发现的氘，质量为 2，电荷为 1，新发现的中子，刚好给这种原子结构提供了合理的核反应堆的慢化剂和冷却剂。氘是一种很重要的同位素，它本身是热核燃料，氘氧化合物——重水。第二次世界大战期间，尤里成了曼哈顿计划中用扩散法分离同位素工作的主管。1934 年，尤里因此发现而获得了诺贝尔化学奖。

再有就是我们在前面提到的证明狄拉克方程的正电子的发现。1932 年 8 月 2 日，加州理工学院的卡尔·安德森（Carl Anderson）从云室观察中发现一个正电粒子的运行轨迹，而这个粒子又不可能是质子。安德森当时并不知道狄拉克已经预言了正电子，但通过这个粒子的轨迹分析，他断言这就是一种带正电荷的电子。安德森因为此发现获 1936 年诺贝尔物理学奖。其实居里和约里奥在安德森之前就在云室中看到过正电子。然而，他们把它理解为向放射源移动的电子，而不是从源发出的正电子——作为一种反物质，正电子的运动方式与正常物质刚好是相反的。1933 年他们又用 α 射线轰击铝核，使铝衰变为磷核不稳定的同位素，在停止 α 射线的轰击后，铝核依然发射出正电子。这就意味着除了天然的放射性，还可以造出人工放射性。卢瑟福所料不虚，约里奥和居里夫妇因人工放射线的发现获得了 1935 年的诺贝尔化学奖。

1932 年真是一个奇迹迭出的年头，在查德威克宣布发现中子，尤里宣布发现氘的同一个月，1932 年 2 月 20 日，美国《物理评论》收到美国加州大学伯克利分校教授欧内斯特·劳伦斯（Ernest Lawrence）的一篇论文，介绍他关于回旋加速器的研制成果。我们知道，此前对原子核的轰击，科学家们大多使用 α 射线，其缺点是能量太小，轰击的强度有限。我们从哥本哈根诠释中已经得知，对微观世界的观察是一种"拷问"，必须给对象施以"酷刑"，α 射线是目前最"酷"的，但科学家们还嫌不够"酷"。有人就提出可以用质子（氢核）来代替 α 粒子（氦核），但以电离氢原子获得的质子依然不理想，还得想办法给它增加能量，即加速。1929 年，劳伦斯在图书馆里浏览物理杂志时偶得一篇关于正离子多级加速问题的德文论文。劳伦斯德文很烂，主要靠图表和数学公式大致了解了作者的意思，由此开始了回旋加速器的构思。1930 年，他就做出了第一个加速器，直径只有 11 厘米，使用 1000V 的电压就可以将质子加速到80000V 的能量。之后他又造出了一个能量更大的 68.8 厘米的加速器。

劳伦斯同样有错失诺奖的遗憾。约里奥、居里的那个获奖实验他更早的时候也做过，问题仅仅出在他的加速器与探测仪是联动的，因此停止轰击以后，放射线就无从发现。看了居里夫妇的报告后，他才想到要把二者的开关分离开来。果然关上加速器后依然工作的探测仪的盖革计数器还在响，而这就是人工放射性，但优先权已经花落别家。不过我们也可以像卢瑟福一样预言，凭着他的聪明，一定还有机会。果然，1939 年他因回旋加速器的发明而获得诺贝尔物理学奖。虽说劳伦斯的加速器跟现在占地几十公里长的加速器没法比，但他开创了探测微观世界的一种新工具，其意义无论怎样评价都不会过高。当 103 号元素被发现后，人们把它命名为"铹"，以纪念这位伟大的科学家。

1932 年确实是不平凡的一年，但如果体谅当时科学家的心情，我们就不该表现得那么兴高采烈。特别像狄拉克这样的科学美学家（"如无必要，切勿增加实体"始终是他的信条，增加一个负电子的反粒子——正电子，是他极不情愿的。）他设想过这个反粒子是带正电的质子，如此我们这个世界真是太漂亮了！只由两种基本粒子构成——电子（质子不过是反电子）和光子，或者质子（电子不过是反质子）和光子，一个费米子和一个玻色子，前者是砖块，后者是混凝土。可是韦尔用数学模型证明，狄拉克方程的电子与正电子在质量上是严格对称的，而电子和质子的质量无论如何都对称不起来，现在观察又证实了正电子的存在，狄拉克的统一梦不得不破灭。认同中子同样是一件不得已的事情。跟 20 世纪 20 年代末的世界图景比，基本粒子非但没减少还平添了不少，从同质性统一的观点看是令人沮丧的倒退。科学就是这么一回事，事实和逻辑是强有力而看不见的手，最终总会逼科学家们就范。你要说是倒退也没有办法，进取的科学家也只能以退为进。

麻烦还没完呢！

三

量子力学史之精彩无异于悬疑小说，探索 α 射线的身世之谜，导致了中子的发现；而拷问第二种放射线——β 射线，又牵扯出一桩"盗窃案"，最终"窃贼"被抓获，又是一个伟大的发现。

科学家们很早就认定，放射性射线源自原子核。现在我们已经知道了，α 射线本身就是氦原子核，通过电离氦原子（去掉核外电子）而获得，或者从重母核中分裂出来。β 射线呢？卢瑟福的实验观察已经证实了其是带负电荷的电子流，但这种电子不是来自核外电子，而是来自原子核，这也是在中子问题上他一直坚持原子核内有电子存在的一个依据。现在我们已经证实了原子核内并没有电子存在，那 β 射线的电子又是怎么无中生有的呢？这个后面再说，现在急需解决的两大问题是——

　　所谓 β 射线，是放射性元素衰变时产生的，该元素放射一个带负电的高能电子，此后元素就衰变为周期表上后一位的元素，也就是说多了一个单位的电荷，但质量的份数不变。虽说质量数不变，但总质量会少那么一点点（$m_X - m_Y$，前者为衰变前的元素质量，后者为衰变后的质量）。这不要紧，不是发射了一个高能电子吗？虽然基本没有静止质量，但能量高呀，可以认为损耗的质量转变为这个电子的能量了。我们可以用质能关系式算出这个衰变能 Qβ ——

　　$Q\beta = (m_X - m_Y)c^2$

　　这就是一张能量守恒的平衡表，衰变前后有一个 Qβ 的能量亏损，大家说问题出在 β 的身上，把 β 抓来一拷问，β 大叫冤枉：乘上光速平方的能量那可是大数呀，在我的保险柜里就这么一点能量 e，问题是，$Q\beta - e = \triangle e$，这个 △e 可不能赖到我的身上啊！这第一大问题就是，在 β 衰变中，有一个能量 △e 失窃了！

　　这还没完，还有第二个大问题。原子核跟电子一样，也是一个量子系统，具有分立的能量，那么它们释放的能量也应该是量子化的。可是实验观测发现，同一种核在 β 衰变中释放的能量并不同。这也就罢了，问题是这不同的能量还有一个连续的能谱分布，可以从 0 一直到一个最大值 Emax。唉，真是世道变了，当初为分立的能谱头疼，现在出现了连续的能谱，科学家们又不习惯了！

　　这是一场物理共同体的新的危机！能量守恒原理，还是量子力学，我们似乎要做一次二选一的豪赌。危机当前，玻尔好像总跟能量守恒定律有仇，上次为反对光量子说用过的一招，现在又用来对付这个失窃案。他说能量守恒定律只是一个统计平均，不一定要确定到每一次 β 衰变。这倒是一个好办法，就相当于警察局破不了的案就做死案处理，银行收不了的账就做坏账处理。可是科学不能这么干哪！能量守恒定律可是物理共和国的一条基本国策，虽说是牛顿时代传下来的，但到目前为止证明还是不能废止的呀！可是奇怪的是，这么荒唐的提议，居然也得到了包括索末菲、薛定谔，甚至年轻的狄拉克、朗道和伽莫夫在内的多数科学家的支持。

在能量守恒定律墙倒众人推的紧急关头，有一个年轻的科学家挺身而出，他就是我们已经熟悉的"物理学的良心"——泡利。1930 年 12 月，泡利给在杜宾根参加放射性工作会议的科学家们写了一封信。在这封信中，泡利提出了一个假设：在 β 衰变中，除了发射一个电子外，同时还发射一个不易观测的粒子，这个粒子有电子级别甚至更低的质量，具有 1/2 的自旋，是一种费米子，不带电，所以叫"中子"（此时查德威克还没有发现中子），β 衰变中没着落的能量就是被它携带跑的。同意这个假设，就能把失窃案给破了，同时也能合理地解释连续能谱的问题。但增加一个新的粒子可不是件小事，破坏当时公认的质子 – 电子二粒子结构大家至少在感情上难以接受。况且没有给出观测方法，违反"可观察量原则"。其实泡利也不愿意增加实体，而且这个假设还需要一个精细结构的解释。比如，原子核里怎么冒出了一个电子？

泡利的这个假设引起了一位 29 岁的意大利物理学家费米的注意。费米，是我们这部史书值得大书特书的一个重量级人物，不过现在"破案"事急，留到以后再介绍。1931 年，在罗马召开的一个物理会议期间，泡利和费米又交流了关于这个假设的想法，后者是前者当时少有的支持者。1933 年 10 月在布鲁塞尔召开了第七届索尔维物理会议，这次会议的主题是原子核。在这个领域，老一代以居里夫人和卢瑟福为代表，爱因斯坦已经逃往美国没能参加；年轻一代由泡利、约里奥、查德威克、伊雷娜·居里、玻特、费米、劳伦斯和伽莫夫为代表。劳伦斯是此次会议唯一的美国人，不过马上会增加一位——苏联物理学家伽莫夫会议后再没回苏联而永远定居在了美国。在这个会议上，经过一段犹豫彷徨的泡利再次站出来捍卫"中子"假设。会议后两个月，费米就写出了一篇关于"中微子"的论文，把泡利的假说系统化和定量化。这时"大中子"已经被查德威克发现，所以费米给"中子"这个词加了一个意大利语后缀 ino（微小的），形成"neutrino"（中微子）这个概念。这个概念后来被科学共同体接受。

让我们先简单浏览一下原子核的内部结构。在原子核的外面，科学家发现的自然力有两种——引力和电磁力。当认定原子核由质子构成后，问题就出来了：质子是带正电的，按电磁理论，它们之间必然互相排斥，如何能形成一个坚强的核心呢？1928年，24岁的苏联科学家伽莫夫提出原子核内还有一种核力，即后来说的强相互作用力，把核内粒子吸引在一起。顾名思义，强作用力要比电磁力强大得多，但强作用力是一种短程力，作用范围跟重核的直径差不多，出了门就不管用，而且还不叠加，只能在相邻的核子间起作用。而电磁力是长程力，并且是叠加的，核子越多，电磁力就越强。这就是为什么核子数越少的元素越稳定，越多的就越不稳定，天然的元素只到92号，超过这个界限就不能自然存在。这也能解释为什么重元素包含的中子多，因为中子不带电，所以没有电磁力参与叠加，也是核内的一种力的平衡。伽莫夫是朗道的同学，20世纪20年代末他们曾一起在欧洲游学，当时他俩就探讨过脱离苏联的可能性，伽莫夫利用1933年会议的机会跑了，而朗道留在苏联几乎丧命。

与狄拉克的华丽高深相反，费米的学术风格质朴无华，但质朴不等于肤浅。费米用量子化眼光看原子核世界，把质子和中子看作两种不同的量子态，而不是本质不同的两种粒子。就像不能把电子"轨道"当真，所谓轨道其实只是电子的不同能量态，所谓"变轨"只不过是不同能量态间的量子化跃迁，质子和中子之间也可以通过能量态的跃迁而相互转化。所以原子核内并没有什么电子和中微子，只是有一个"弱相互作用力"作用于原子核，使一个中子从原先的能量态跃迁到质子的能量态。由于跃迁前后发生了质能亏损，就相当于电子从高能态跃迁到低能态会辐射光子，中子向质子跃迁就会辐射一个电子和一个中微子，以保持质能守恒。论文最先寄给英国的《自然》杂志，被其以包含有猜测成分离物理现实太远为由退稿。论文最终于1934年由意大利的一本杂志和德国的《物理》杂志发表。当时由于他心里对纳粹存有抵触，费米已经有意识地不给德国杂志投稿，唉，可惜英国人不识货呀！

由于费米提了弱相互作用力，我们认识到的四种自然力就齐了——引力、电磁力、强核力和弱核力。

费米的中微子理论以其严密的逻辑和丰富的经验旁证征服了物理共同体，能量守恒定律再一次被拯救，在单次 β 衰变中能量依然是守恒的。大家相信有中微子这个"窃贼"存在，但要"捉拿归案"实在太难了。中微子以光速运动，但它不是光子。光子非常容易同物质粒子作用，被反射或吸收。而通过 β 衰变放射出来的中微子却不会被物质吸收。它要穿过大约 1000 亿个地球才会与其中的一个原子核碰撞一次。换个说法，即使做成像地球那么大的探测器，向它发射 1000 亿个中微子，大约也只能探测到 1 个。如此身手的盗贼，只能发全球通缉令。全世界的科学家都绞尽脑汁设计实验方案来探测它，捉拿这个穿墙遁地的江洋大盗。人类真正观察到中微子，是 20 世纪 50 年代后的事，不过毕竟是观察到了。

顺便说一下，第三种天然放射线——γ 射线——是光子流，常伴随 α 衰变和 β 衰变发生，实际上是激发态的核子的一种退激效应，相当于电子从激发态跃迁到基态辐射的光子。

唉，又多了一个基本粒子和两种相互作用力！还有呢——

四

1907 年，汤川秀树（Yukawa Hideki）出生在日本东京一个知识分子家庭，次年随当地理学教授的父亲迁往京都。他的外公是一个汉学家，自小教他念中国的儒家经典——"四书五经"，他自己上高中时又迷上了中国的道家著作。估计汤川自小除热爱文学外也没表现出什么过人的才华，以致 1926 年高中毕业时父亲连大学都不想让他读，希望他去读技术学校，将来混口饭吃得了。好在爱子心切的母亲的坚持最终让他报考大学，受到 1922 年爱因斯坦访问日本掀起的一股物理学热的影响，汤川选择了物理学专业。

汤川 1929 年大学毕业后就一直在大学任教，同时进行物理学研究。汤川的老师长冈半太郎是日本科学界的领军人物，早年留学英国，饱尝西方人的冷眼，从此立志要在科学上做出令西方人刮目相看的成就，并经常号召他的学生。受此影响，汤川的民族自尊强烈到近乎迂腐，父亲建议他出国留学也遭拒绝，他决定一定要拿出纯粹 Made in Japan 的学术成果。可是哪有那么容易呀！当时科学前沿的量子力学在日本都没有人能开出这门课，更别说那种浓厚的学术氛围。汤川只能自学，并密切地关注世界物理学的发展动态。孤独求败，勇气可嘉，但成功的希望在哪里？20 世纪 30 年代科学刚进入核物理时代，这个机遇恰好被汤川抓住了。核力即强作用力理论的提出一时引起物理学界的广泛关注，什么样的力能使两百多个质子和中子克服电磁斥力而维系在一起？汤川就选择这个课题作为自己的奋斗目标。当时知道电磁力是通过交换光子而形成的力，汤川由此想起核力是通过交换电子而产生的力，1933 年他提交了一篇名为《关于核内电子问题的考虑》的论文，发布了这个观点。其实海森堡在 1932 年已经提出过这个观点，但是遭到否定。

不过他的思路还是正确的：物体间的相互作用力是交换某种粒子（玻色子）而实现的。汤川进一步研究发现，这种媒介粒子的作用范围与其质量之间有一种反比关系，即质量越小，作用范围越大；反之亦然。光子无静止质量，所以它所传递的电磁作用的范围趋向于无限大。这是由不确定性原理决定的。我们还记得，能量（等价于质量）与时间是一对共轭量，能量（质量）的确定性越大，时间的确定性就越小；由此得知，随机涨落产生的粒子的确定质量越大，其能"偷"来的确定时间就越少，粒子的寿命就越短，作用范围因此就越小；反之亦然。而传递使核子结合在一起的强核力之所以不能是电子，是因为根据电子的质量计算，交换电子的力的作用范围大约是 10^{-13} 米，这个范围超出了原子核线度的一到两个数量级，就是说核力将会干涉到泡利的"家政"，影响到核外电子，这是泡利绝不能容许的！为了不得罪泡利，汤川用不确定性原理和相对论原理计算，算出这个粒子大约是电子的 200 倍，汤川给这种粒子命名"介子"，意思是介于质子和电子之间。1934 年 11 月，汤川在大阪召开的物理学学会上公布了这一理论。这一年他 27 岁。

前面说过"增加实体"在科学共同体内是犯忌的，因此介子理论一诞生就不招人待见。1937 年玻尔访问日本，汤川虚心向玻老师征求意见。哪怕挑点毛病臭批几句也好，可是玻尔只反问了一句："难道你希望有新粒子出现吗？"——好像汤川是多么不懂事的孩子。汤川仍不气馁，反正丢一次脸是丢，丢两次脸也是丢。他又把关于介子的论文投稿到美国一家著名的学术刊物，审稿人是奥本海默，心同此理，他也认为新粒子是难以接受的，文章不予发表。汤川又受重创。正当汤川心灰意冷的时候，一项偶然的发现又让他柳暗花明。安德森真是伟大，他1932年的发现证实了狄拉克的空穴理论，1937年，他在宇宙线的实验中又发现了一种新粒子，它的质量大约是电子的200倍。当初枪毙汤川论文的奥本海默大吃一惊，难道这个日本人的预言是真的？大师失手往往更有轰动效应，汤川的介子一夜之间就大红大紫起来。大家怎么看怎么像，逐渐也接受下来，有人还给这种新粒子起了个土洋结合的名字叫"μ介子"。

可能是命数未到，命运把升上巅峰的汤川又摔到深谷。1945年，德意日轴心国已经到了崩溃的边缘，法西斯统治下的意大利，三位年轻的意大利物理学家为逃避上战场，躲在一个地下实验室做核物理实验，发现所谓的"μ介子"与中子的质子的相互作用力很弱，根本就无法提供核子间的结合力。物理共同体发现送错了金匾，忙把它摘下来，抹掉那个"介"字，把这种粒子叫作"μ子"。不过μ子与汤川预言的介子质量也太接近了，难道仅仅是巧合？有人猜想：μ子会不会是介子衰变的产物？这个想法很诱人也很合逻辑，但要拿到经验证据似乎是一件撞大运的事情，汤川唯有无望地等待。直到1947年，英国物理学家鲍威尔利用核乳胶照相术研究宇宙射线时，发现胶片记录下了介子衰变为μ子的全过程，汤川的介子理论在提出的13年后终于得到了证实！

这种介子被命名为"π介子"。汤川秀树因为这个理论发现获得1949年的诺贝尔物理学奖，成为日本的第一个诺奖获得者，也是亚洲第二个本土教育的诺奖获得者。第一个是印度的拉曼，他发现的"拉曼效应"与康普顿实验一样证实了光量子假说，他因此获得1930年的诺贝尔物理学奖。长冈半太郎老师终于在他去世的前一年见到了自己的学生站上了诺奖的领奖台，日本科学跻身世界一流的行列！1950年，鲍威尔也因为他的核照相术和介子的发现获得诺贝尔物理学奖。

第十五章　罗马军团

一

欧洲南部，亚平宁半岛像一只靴子踏进地中海。公元前 3 世纪末，古罗马文明从这里悄然兴起，诞生过伟大的科学家阿基米德。恺撒的战靴从这里出发踏遍了欧洲人视野的"全世界"，成就了雄霸天下的罗马帝国。13 世纪末在这个半岛的诸城市兴起的文艺复兴运动冲破中世纪最后的黑暗，发射出近代历史的第一缕朝晖，"现代物理学之父"伽利略在这里为现代科学体系奠基。可是自 16 世纪德国发起宗教改革运动之后，这个保守的天主教帝都积重难返，亚平宁这只靴子显然跟不上时代的脚步，意大利全面衰落。现在现代科学的暖流翻不过阿尔卑斯山、渡不过亚得里亚海——意大利在冬眠！

恩利克·费米（Enrico Fermi），1901 年出生在意大利罗马一个国家公务员的家庭。意大利教育的缺点是过分强调文科，而且对修辞能力过于严格的要求造成了华而不实的文风。很奇怪，费米好像是这种教育的一个反粒子，一切都是反着来的——他最终成为世界一流的科学家，而且他的论文以朴实无华为特征。十二三岁时，费米就表现出天赋异禀，大量阅读各种自然科学书籍，而且过目不忘，无疑是个神童。1918 年，17 岁的费米跳了一级，提前毕业，报考比萨大学的高等师范学院。

比萨是座光辉的科学城市，伽利略曾在比萨斜塔上做过落体实验，那盏启示他提出单摆定律的挂灯还吊在那座古老的教堂的天花板上。在高等师范学院，他结识了校友弗朗科·拉塞蒂（Franco Rasetti），他是比萨大学的物理系学生。拉塞蒂不爱交际，却与费米成了铁哥们儿。他组织了一个"反邻居协会"，专搞一些恶作剧，比如在半开的教室门上搁上一盆水，让推门进来的同学"洗澡"；在公厕等别人撒尿时，往旁边的水池扔一块金属钠，起火爆炸，欣赏别人惊慌失措、狼狈逃窜的样子。这个协会的猖獗行动终于被校方发现，校方要开除这两个调皮捣蛋的学生。好在实验物理教授普钱迪救了他们的驾，在纪律会上，普教授王顾左右而言他地大谈这两个学生的学术成就。普教授救下的名义上是学生，实际上还是"老师"。他发现这两个学生，特别是费米对理论物理的了解已经远远超过了自己，所以对这两个学生另眼相看，他们可以像研究生一样，自由地使用他的实验室。当然这是有代价的，有时普教授会对费米说："给我上上课吧，教我点什么东西，相对论，量子理论？"费米接触到了玻尔的"伟大的三部曲"，对索末菲的《原子结构和光谱线》——旧量子力学的圣经——烂熟于胸。1920 年，费米就不无得意地对佩尔西柯说："在物理系，我正渐渐成为最有影响力的权威人士。事实上，就在这几天里，我要在几位学术权威面前做一次量子理论的讲座。"

1922 年 7 月，费米接受博士论文答辩，论题是关于一个 X 射线实验的研究。11 名身着黑袍头顶方形帽的考官正襟危坐在长条形的考桌后。费米的侃侃而谈对他们而言有如天书，结果是哈欠连连、无精打采，窗外吱吱的蝉声更使他们心烦意乱。论文一致通过，但考官们一个个耷拉着脸，没有一个像往常一样与通过答辩的学生握手致贺——心里还不定有多恼火：这哪是考学生啊？我们都被烤焦啦！ 21 岁的费米获得了博士学位，这还不算太奇（泡利同样是 21岁，海森堡是 22 岁），奇的是这位博士是在正规的教育条件下"自学成才"的。费米从 13 岁开始一直是超前地自学，到了大学，在现代物理学方面根本就没有能够指导他的导师。费米毕业那一年，恰遇墨索里尼上台。1922 年10 月 27 日，墨索里尼就任意大利政府总理，组织法西斯党的政府内阁。当晚，费米若有所思地跟姐姐说："这就意味着，像我这样的年轻人必须出国。"一语成谶，在 16 年之后他出了国。

不过费米是属于政治上比较麻木的那种人，他首要关心的还是他的物理学。就在这个时候，他得到了一个博士后的奖学金，于 1923 年的冬天赴哥廷根的"玻恩幼儿园"工作进修了 7 个月。这是哥廷根物理研究所最兴盛的时期，玻恩和弗兰克以他们亲切的笑容拥抱各国来的孩子。费米尽管在意大利已有很高的声誉，但在这儿还是感觉像个乡巴佬。用意大利的俗语说，"在盲人的国度里，有一只眼睛就可以当国王"，所以在海森堡、泡利和约尔当这些"双目人"面前费米总是存在先天的自卑感。尽管玻恩对他热情友好，但费米希望他能像对泡利他们那样，"拍拍他的肩膀"。这肩膀上的一拍，费米很快就得到了，是荷兰莱顿大学的埃伦费斯特教授给的。费米在哥廷根期间写的一篇关于遍历理论的论文引起了埃伦费斯特的极大兴趣，他便委托学生乌伦贝克（发明电子自旋的那位）专程去见了费米，发出了荷兰的请柬，二人也从此成了终身的朋友。于是，费米又争取到一个奖学金，于 1924 年 9 月到莱顿大学工作进修了三个月。埃伦费斯特是国际物理共同体的活跃分子，认识几乎所有重要的物理学家，他的充分肯定对费米恢复自信心起了决定性的作用。他后来提出的费米统计的思想，就是这一时期酝酿的。

1926 年年初提出的费米统计，是费米进入世界一流物理学家行列的标志，这也激发起罗马大学物理实验室主任兼王国参议员柯比诺（Corbino）重振意大利科学雄风的信心。在他的主导下，1926 年 11 月 7 日，意大利罗马大学聘用 25 岁的费米为罗马大学的理论物理学教授，这就意味着他已成为意大利科学交响乐团的第一小提琴手。费米出任罗马大学理论物理教授时，意大利现代物理园地几乎一片荒芜。作为意大利最大的大学，罗马大学四个年级只有 12 名学生学物理学。就课程而言，相对论还偶有提及，量子理论没人能开课。在比萨大学读书时，费米就立志要把现代物理引进意大利，现在终于有了一展宏图的机会。为实现这个目标，他现在是三管齐下——

首先是开办半通俗的讲座，吸引年轻一代对现代物理的兴趣。讲课者除费米外，还有柯比诺、佩尔西柯、拉塞蒂。演讲稿发表在杂志上，为沉郁的意大利社会吹进了一股现代科学的清风。

其次是编教材。当时的量子理论教科书只有索末菲的《原子结构和光谱线》，这本书过于艰深繁复。1927年暑假，费米到多洛米蒂山度假，每天带上足够的铅笔和笔记本，没有一本参考书，没有一块橡皮擦，侧卧在草坪上一页一页地写，一个假期下来，一部《原子物理学导论》就写出来了。这部一次成形的书稿送到出版社，纸面上既没有涂改也没有删画，简直是不可思议。书于1928年出版。

最后也是最重要的一招——网罗人才。首先要配备一个得力的实验物理学家，比萨大学的校友拉塞蒂被调来当费米的实验物理助手。教学相长，好老师还要有好学生，原来的学生不仅少而且素质差，柯比诺就亲自到工科系去动员优秀学生转学物理，这样又招来了埃米里奥·塞格雷（Emilio Segre）和埃道多·阿马尔迪（Edoardo Amaldi）等。这是1927年的事。

顺便说一下，阿马尔迪的一个女同学和好朋友劳拉（Laura）也是被动员的对象，她没为之所动转学物理系，但一年后她成为物理学家费米的妻子。

这个团队，老师和学生的年龄也就只差几岁，当然不包括他们的总舵柯比诺，后者习惯称前者"孩子们"。别小瞧了这几个老师和几个学生组成的研究团队，几年之后，这就是蜚声世界科坛的"罗马学派"！不过现在我们还实在难以看好他们。1927年9月意大利北部的科莫会议，就是玻尔宣布哥本哈根诠释的那个，因地利之便，费米和拉塞蒂携塞格雷同往，有如下滑稽的对话：

"那个面貌和蔼、发音不清的人是谁？"塞格雷问两位老师。

"玻尔呀！"

"玻尔？他是什么人？"

"荒唐！"这个将在量子世界征战的团队，居然有人不知他们的精神领袖是谁！拉塞蒂急得跳起脚来，"难道你从来没听说过玻尔的原子吗？！"

"玻尔的原子是什么呢？"

真是气死人不偿命！费米只得从头说起：普朗克常数、光量子说、康普顿效应、玻尔量子化模型、物质波理论、矩阵力学、波动力学。而这些理论的发明者几乎都在这里。塞格雷这才知道自己是多么幸运！科莫会议的风头让哥本哈根学派占尽，玻尔、玻恩、海森堡、泡利在为哥本哈根诠释的最后完善殚精竭虑，准备着毕其功于一役，为量子革命画上一个完美的休止符。如果他们听得懂这个意大利语的对话，没准会笑到肚子抽筋。可是中国有句成语叫什么来着？哦，后来者居上。

二

一个很流行的说法，核能的利用源自爱因斯坦的质能关系式。这话大道理上也没错。然而，相对论的质能关系式，差不多像哲学一样只解决了"为什么"（Why）的问题，而要达到核能利用所必须了解的"怎样"（How）的问题，还得靠量子力学，比如 α 射线、β 射线和 γ 射线是怎样形成的。这个问题我在上一章已经有了简略的介绍。How 的问题之所以烦人，是因为它是一个俄罗斯套盒，是层层递进的，你还不能胡说八道，得量化。比如说 α 射线之谜，我们由此已经发现了中子，但还没完呢，问题多了去了。比如，衰变为什么发射的是由四个核子组成的 α 粒子，而不是单个核子呢？这里实际上已经包含了氢弹的秘密，不过这还是以后很远的事，这里暂且不论。再说 α 粒子怎么能逃离原子核的强力？经典力学解释不了，相对论不负责解释，只能量子力学干活。

按经典力学，根本就不可能有衰变。我们前面说了，核子（质子和中子）之间会有一种叫强相互作用力（简称强力）的引力，以对抗质子正电之间的斥力。这种强力就是束缚着 α 粒子逃离原子核的力量，就像一道又高又陡的围墙，量子力学叫"势垒"或"势阱"。科学家发现，这个势垒的高度大约是 30 兆（百万）电子伏，而 α 粒子的能耐呢？大概也就几兆电子伏，一个只能爬几米高的逃犯，怎么能翻越 30 米高的围墙呢？朋友们大概已经知道答案了，就是我前面说过的"势垒贯穿"，这个逃犯会有一个或大或小的概率穿越这道高墙。这就说明了，元素为什么会衰变，而又不是一下子就衰变完——概率呗！至于半衰期的长短，无非就是势垒贯穿概率的大小。这也是 1928 年伽莫夫的研究成果。钱锺书说婚姻犹如围城，里面的人想往外突，外面的人想往里冲。势垒就像那道城墙，它不仅拦着里面往外突的粒子，还挡住外面往里冲的粒子。咋回事呢？我们说过强力是一种短程力，出了原子核就不管用了，但质子所带的正电是长程的电磁力，而且是叠加的。因此带正电的粒子接近原子核时，它首先遇到的就是这种正电的斥力，这个势垒，卢瑟福的实验发现 9 兆伏的 α 粒子都会遭到强烈的排斥，应该也是很高的。但粒子一旦突破这个城墙，进入强力作用范围，它就会被原子核"吸收"，再想出来就难了，这时"势垒"又成了"势阱"。

1931 年，英国物理学家考克罗夫特（Cockcroft）和爱尔兰物理学家沃尔顿（Walton）在卡文迪许实验室用一个很原始的粒子加速器把质子（氢核）加速到还不到 1 兆伏，用这种质子轰击锂原子，结果锂原子嬗变成了两个氦原子。这个嬗变公式简单如 1 + 1 = 2：

氢（1 个质子）+ 锂（3 个质子、4 个中子）→氦（2 个质子、2 个中子）×2

然而这是第一次人工引起的核反应！像当年发现了浮力定律的阿基米德一样，考克罗夫特疯狂地冲上剑桥的大街，不管认不认识，见人就嚷嚷："我们粉碎了原子！我们粉碎了原子！"很奇怪，考克罗夫特和沃尔顿直到 1951 年才为这项发明获得诺贝尔物理学奖。考克罗夫特在街上狂呼的时候，回旋加速器的发明者劳伦斯正在蜜月旅行呢。在轮船上看到这条消息时，他把大腿都拍青了！他的加速器已经达到了几兆伏，比考克罗夫特他们的先进多了。这个轰击锂的实验他也想过，只是觉得能量还不够。没料到"进城"也有"隧道效应"，不一定非得傻乎乎地爬几十米高的城墙。经典脑袋真是害死人哪！劳伦斯马上给加州的同事发了个电报："考克罗夫特和沃尔顿把锂原子裂解了。马上从化学系弄一些锂来，准备用回旋加速器重复。我很快就回来。"接电报的同事正在花前月下的热恋中，为让未婚妻对未来的生活有个清醒的认识，就把电报给她看，说："这就是物理学家蜜月里考虑的事情。"

这就是哥本哈根诠释以后物理学的新态势，以核外电子为主要研究对象的原子物理学已到尾声，原子核又是一个新大陆，一轮新的科学探险热潮再次掀起，所不同的是，这一次有了意大利人矫健的身影和响亮的声音。作为世界科学地理争夺战的晚到者，费米、拉塞蒂和柯比诺敏锐地盯上了原子核这个富矿。1929年9月，柯比诺在意大利科学促进会上做了题为《科学的新目的》的演讲，明确指出："物理学新发现唯一的可能性，只能在原子核领域里，这儿有许多东西等待我们去修正。机会在这儿。这是未来物理学真正值得追求的目的。"一种时不我待的紧迫感让柯比诺倍感焦灼，他说，"我不应该因为损害我国物理研究的进步而受到谴责"。

雄心勃勃，意大利的优势在哪里？理论不如德国系（德国加上周边国家丹麦、奥地利和荷兰等），实验比不上英、美、法。罗马团队唯有积极地走出去，参加各类学术交流，到英国和德国先进的实验室工作。庆幸的是，意大利物理还有一个秘密武器——费米。这可是个在科学史上罕有的理论和实验两方面都一流的双栖科学家。回想一下，在量子力学建构的革命时期，卓有建树的主要是理论物理学家，实验往往是误打误撞地为新思想提供注脚。当基本理论和方法已经确立以后，科学家们就要靠实验去拷问对象而获得新发现，而德国系的理论物理学家普遍是实验的低能儿，以"实验室破坏大王"泡利为典型代表，普遍有轻视实验的倾向。而英、美、法的实验物理学家又缺乏理论深度，与新发现失之交臂的故事我们已经听得太多。作为一个意大利科学家，费米之所以能最终率领他的军团杀出重围，其还有一个优势，就是能熟练地使用科学的主流语言——德语和英语，不至于在科学共同体中当聋子和哑巴。

20世纪30年代又开始了一个爆炸式发展的新时代，科学成果的涌现令人猝不及防、目不暇接。激动人心的"发现年"1932年，阿里巴巴的宝洞吱吱呀呀地打开着大门，深远处散射出宝石的幽光，罗马军团似乎还在作壁上观。墨索里尼的法西斯党鼓吹的狭隘的爱国主义在科学界就是一条束缚手脚的绳索，科学家们的论文似乎只有在意大利发表才是爱国的。费米则鼓励一条折中的路线——双语发表。因为很显然，意大利语的论文在科学共同体中的关注度是十分低的。直到1933年的最后一个月，费米拿出了他关于中微子和弱相互作用力假说的理论，罗马军团的实力才得到一次淋漓尽致的表现，应该说这是物理共同体自 20 世纪 30 年代以来最重要的一个理论建树，1934 年发表以后一下子成了物理界关注和讨论的焦点。

可是形势的发展就是如此迅速，很快英国《自然》杂志公布了小居里夫妇关于人工放射性的新发现，又开辟了核物理研究的一个全新领域，科学追新族又把他们的闪光灯和麦克风齐刷刷地转向了法国。看来在这千帆竞发的科学比赛中，罗马军团要想脱颖而出还得有绝招啊。

三

当时的科学家对小居里夫妇发现的人工放射性趋之若鹜，因为它昭示了研究核物理的一个新手段。原子研究靠的什么？光谱，因为它是电子跃迁发布的信息。原子核研究靠的什么？放射线，因为它是核衰变的报告。电子涉世未深，给点光子它就灿烂，所以很容易得到它的口供——光谱。原子核就不同了，能够自然放射射线的也就少数几种元素，其他的都老奸巨猾，完全不为政策攻心所动，必须对它们施以酷刑，现在有办法了。

但是小居里夫妇的方法还是不够酷，用 α 粒子轰击铝原子核，大概一百万个才有一个被吸收。费米就想，应该用中子炮弹。嘿，这种道理我都想得到，不就是势垒吗？α 粒子带着两个正电，不就跟带正电的原子核有仇吗？同时还会被核外电子勾引而偏离正确方向。中子就不同了，中性，不偏不倚，而且它虽没有电磁力，强力还是有的，一旦进入核势阱，就可以和原住核子紧密团结，引起靶原子核的衰变。话虽那么说，但问题是中子不容易获得，没有能天然产生中子射线的物质。还好，拉塞蒂已经掌握了获得中子的方法。经过费米的改进，用氡加铍的方法（由氡自然发射的 α 粒子激发铍发射中子），罗马小组就有了更强的中子源。这还真不容易。意大利的实验物理是很落后的，原来都是原子物理时代的实验设备，研究光谱线的。靠着柯比诺争取到的经费，最近才建了第一个云室，而这种设备，英国人、德国人和美国人早就用滥了。回旋加速器已经发明出来，但意大利没有，估计没钱，拉塞蒂的实验室的经费每年也就两三千美元。凭借着理论优势，罗马人愣是把简陋的实验条件利用到了极致。

遥想恺撒当年，铁马金戈，气吞万里如虎，目力所至，皆纳入共和国版图。有次攻下非洲一个国家，给罗马元老院发回一个"三 V 捷报"："Veni, Vidi, Vici!"（我到，我见，我胜！）豪迈之气，跃然纸上。现在科学罗马军团有了中子炮弹，也开始了对核子世界的气壮山河的伟大进军。一张化学元素周期表摊开，犹如一张世界地图，从 1 号元素氢开始，接下来是锂、铍、硼、碳、氮和氧，一个一个地往下轰，直到第 9 号元素氟，盖革计数器的咔嗒声才传来了第一个"三 V 捷报"——人工放射性产生了！1934 年 3 月 25 日，费米给意大利的《科学研究》杂志写了封题为《由中子产生的放射性 I 》的信，报道了中子炮战的最初战果。之所以加上罗马数字"I"，就是要告诉大家，这只是万里长征的第一步！

初战告捷，费米就调集来罗马小组的全部人马，还聘用了其他的特种人才，分工合作，紧张有序，开始了轰轰烈烈的核子大会战。在以后的几个月里，凡能找到的元素材料他们都打了个遍，轰击了大约 68 种元素，发现了大约 47 种放射性核素，《由中子产生的放射性》战报，费米总共写了 10 号，这就是 10 封"三 V 捷报"！几年前还死气沉沉的亚平宁半岛，一时间风生水起、波澜壮阔，意大利物理，成了世界物理共同体中最抢眼的新星！

最后轰击 92 号元素铀，元素周期表就打到了尽头。中子被铀核吸收后获得了 β 射线，这个实验结果意义非凡！当时的元素周期表，这是最后一位元素，直至今天，依然是能自然存在的最后一位元素。还记得 β 衰变的机制吧？一个中子嬗变为质子，发射一个负电子（β 射线）和一个中微子。如果是前面的元素，也就稀松平常，罗马小组在先前轰击铼、锇、铱、铂时也得到过这样的结果，无非是嬗变后元素序数增加一位。而铀元素增加一位，就意味着 93 号元素——元素帝国的新成员！当年罗马军团的征程已经席卷到喜马拉雅西麓，翻过这个山脉，就是一个闻所未闻的东方大帝国，可是他们驻足了，直到 600 年后才从汹涌澎湃的洋面开辟出新航道。难道现在的科学罗马军团竟能在短短的时间内翻过 92 号元素这座山，毕其功于一役吗？

就物理共同体现有的理论成果，这似乎是唯一的解释，想破脑袋也得不出第二个结论。有待宣布的第 11 号"三 V 捷报"令人心率过速，但验证却是困难的。可是总舵柯比诺按捺不住了。1934 年夏，意大利林赛科学院召开 1933—1934 学年年会，国王参加会议。柯比诺代表科学院做学年总结，他激情澎湃地向国王和与会代表介绍费米军团近几个月来中子炮战的辉煌战果，骄傲之色犹如当年凯旋的恺撒。最后他谈到了"铀后元素"：

> 铀的原子序数是 92，这个元素特别引人注目。它吸收了中子以后，似乎迅速发射了一个电子，然后变为在周期表中更高一位的元素，即变为原子序数为 93 的新元素。……但是，这个研究是如此精密，这使得费米的谨慎是合理的，在正式宣布这个发现以前还需要做进一步的实验。不论我对这个事情的看法是真是假，我将每天关注这一研究，我相信新元素的产生是确定无疑的！

请原谅那个时代的科学热情。柯比诺这个有保留的宣布马上成为意大利和国际新闻界的重大题材，"铀后元素发现"的重磅新闻一时间被炒得沸沸扬扬，为那个酷热的夏天又增加了不少的虚热。有家小报社甚至编造出费米把一小瓶 93 号元素献给意大利王后的花边新闻。柯比诺的"宣布"让费米震惊。尽管他也相信这是真的，但一个发现的确认还是没有走完它的程序。费米是一个内敛的人，不喜欢这种轰轰烈烈的炒作，报界的宣传让他寝食难安。柯比诺是他的恩师，其动机是善良的，费米又能说什么呢？他只能与柯比诺商量，采取什么措施给狂热的报纸退烧，可是这又怎么可能呢？

好在费米马上又有了令他兴奋的真正有意义的重大发现。1934 年，他在新学年重新开始的实验中偶然发现，在轰击银元素时，在木板桌上做的实验比在石板桌上做的实验放射性活性显然要强得多。这个现象很费解，难道实验效果还与环境有关？科学史上有很多鬼使神差的事情。为了揭开这个秘密，费米决定做一个用铅过滤中子源的实验，可是在最后一瞬间他却改用石蜡。费米后来回忆这个思路转变过程很诡异——

　　我尽力找一切借口推迟把铅放在预定位置上。最后我终于把铅放在预定位置上，同时自言自语地说："不，我并不想把铅放在这儿，我想放的是一块石蜡。"就这样，没有事先的预兆，也没有事先有意识的推理过程，我立即取来一些剩余的石蜡，放在本来应该放铅的地方。

1934 年 10 月 22 日上午，难道要见证一个伟大的历史时刻？不然人怎么会来得那么齐？罗马小组的全体成员都来了，他们是费米、拉塞蒂、塞格雷、阿马尔迪、庞特科沃（拉塞蒂新来的学生，才 21 岁）。费米的老朋友佩尔西柯恰好也在这里，还有他的同事布鲁诺·罗西，这二位是意大利物理的另一支最重要的方面军——佛罗伦萨学派的主帅。实验开始，中子源经石蜡板的过滤击中银靶，盖革计数器咔嗒咔嗒的频频乱叫给大家的第一感觉是——这仪器坏了！可是抽掉石蜡计数器又恢复了往日的绅士风度，再放上，大家的心跳又跟着计数器加速、加速、加速！实验毫无疑问地证实，石蜡板过滤的效应使放射性活性增加了 100 倍！

　　这天午饭的味道一定跟石蜡一样，午觉的梦里一定充满着计数器的叫声。下午又做了各种媒介的对比实验，发现只有含氢物质（比如石蜡和水）才会有这个效应。费米做出一个假设：中子与氢原子发生弹性碰撞，因而能量降低、速度变慢，慢到相当于分子热运动的能量——约 0.03 电子伏或每秒 2200 米，这种中子在靶元素核中有更大的机会被吸收。因此这种中子以后被称为"热中子"或"慢中子"。慢中子假设与当时常规的思路完全相反，实验似乎都在告诉人们，源粒子的能量与产生效应的概率成正比。其实这是一个误解，粒子的能量只与突破势垒有关，与被吸收无关。中性的中子没有突破势垒的问题，在核中的慢运动显然是有利于吸收的。正如我们在 NBA 篮球赛场中见到的情形，高速的篮板球打在篮筐里咣当当地乱转了几圈之后又飞出了筐外，引来全场一片叹息；如果被对方后卫阻挡一下减慢了速度，反而恰好弹进了篮网。

费米后来说，慢中子假设"也许是我平生最重要的发现"。以后我们将知道，这个发现对于核能的利用是多么关键！这天晚上罗马小组聚集到阿马尔迪的新房写实验报告。阿马尔迪结婚不久，新娘吉娜丝特拉是《科学研究》的编辑。报告的题目是《含氢物质对中子产生放射性的影响》，费米口授，塞格雷执笔，另外三人激动得在室内乱转，大声地议论、讨论和争论。等到他们散去，房间恢复了常态的夜深人静，阿马尔迪家的女佣才敢弱弱地问女主人："他们是不是喝多啦？"她哪里知道，对这伙人来说，最能醉人的不是酒！吉娜丝特拉第二天把实验报告带到杂志社去发表。

柯比诺的头脑就是与众不同，他建议费米他们为这项发明申请专利，他的"孩子们"一时还反应不过来，不过最终还是照办了。几年后，该项专利就被用于曼哈顿计划，战争期间显然不能跟政府谈生意。直到二战后的 1953 年，经过一场艰苦的官司，罗马小组的成员，在扣除了一切费用后，每人因这项发明得到了美国政府支付的 2.4 万美元的"应得赔偿"。

四

1938 年 11 月，瑞典科学院决定将 1938 年的诺贝尔物理学奖授予费米，以表彰他"证明了中子轰击所产生的新放射性元素的存在以及发现了与此相关的慢中子所致核效应"。这是诺奖史上的一件尴尬事，几乎同时就发现发错了奖——费米的实验并没有产生"新的放射性元素"！

早在"铀后元素发现"消息发布没多久，1934 年，德国年轻的女化学家伊达·诺达克（Ida Noddack）就在《应用化学》杂志上发表论文，坚决否认费米发现了 93 号元素，尖锐地指出新元素的发现根本就是证据不足，更大胆地猜测："在中子轰击重核中，这些核分裂成几个大的碎片，它们实际上是已知元素的同位素，但不是照射元素的近邻。"（诺达克是核裂变学说的先驱，这一点直到 20 世纪 90 年代才得到科学共同体的普遍认同。）她把论文寄给了费米，但并没有引起后者的重视，只觉得这种观点很荒唐。试想，铀核 92 个质子 146 个中子，总共 238 个质量，庞然大物也，一个小小的中子，怎么可能把它打成碎片？也就是说，一个中子的能量不足以打破铀核的势阱，这是显而易见的。实际上，获得慢中子后，罗马小组继续轰击铀核的实验，发现居然有能量和半衰期不同的四种 β 射线，半衰期从 10 秒到 90 分钟不等。按说不同的半衰期对应着不同的核素，但他们一脑门的"铀后元素"，只想着是不是 93 号、94 号……就从来没往远离 92 号元素的"铀前元素"想。

这是一个时代的思维"定态"。当时物理学关于核衰变机制的标准答案，无非就是 α 衰变序数退两位，β 衰变序数增一位，吸收中子产生同位素……总之，只能做加减法，还不能做乘除法。从加减法到乘除法，还需要一个"跃迁"。

1935 年后，探索铀后元素的接力棒传到了柏林和巴黎的化学家手里。柏林威廉皇家研究院德国化学家奥托·哈恩（Otto Hahn）和奥地利女化学家丽莎·迈特纳（Lise Meitner）在中子轰击铀的实验中发现得到的产物远比费米他们的复杂，半衰期最长的竟达 66 小时。化学分析本来是他们相对于费米小组的强项，但是他们同样是带着铀后元素的目的来的，实验一直做到了 1937 年，分析这些半衰期对应的放射性同位素时，他们依然认为可能是一些类铂、类金、类铼、类锇和类铱的 93 号、94 号、95 号、96 号和 97 号新元素。特别是他们提取到了一种性质与 56 号元素钡极相近的物质，但他们宁可相信这是与钡同族的 88 号元素镭，毕竟与铀近邻，怀疑是"铀后元素"衰变产生的。可是使出了浑身的解数，始终也分离不出"镭"。

在巴黎，伊雷娜·居里（Irene Curie）和南斯拉夫物理学家帕菲尔·萨维奇（Pavel Savitch）合作的实验研究与哈恩他们几乎如出一辙，得出了被命名为"类铼""类锇"和"类铱"的 93 号、94 号和 95 号元素。1938 年 10 月，距离确定费米的诺奖只有一个月了，小居里和萨维奇发布了一个研究结果：他们 1937 年发现的一种半衰期为 3.5 小时的性质类镧的物质，可能也是铀后元素。

这时柏林小组的迈特纳已经因奥地利被纳粹德国合并而成了"德国人"，

在柏林待不下去而逃到了瑞典，哈恩和另一位德国科学家弗里兹·斯特劳斯曼（Fritz Strassmann）继续合作研究。小居里他们的报告马上引起了他俩的警觉——镧和钡太接近了，序数仅仅大 1 号，钡一个 β 衰变就可以变成镧！他们重新回到实验室，再做那个从前分离"镭"的实验，得出的结果明白无误地告诉他们：哪里有什么镭啊？这就是钡！联系到柏林和巴黎实验都发现的"类铼"元素，如果是与铼同族较轻的元素锝（43 号元素），钡的质量数 138，加上锝的质量数 101（当时的估算值），正好是铀的质量数 239！难道铀被中子轰击后嬗变成了两种已知元素？

1938 年 12 月 9 日，费米领奖的前一天，哈恩写信向迈特纳报告了这一实验结果——前者依然把后者当作柏林小组的一员。但哈恩只是出于"化学家的良心"陈述一种事实，他并不敢相信这个结果，信中他说："我们自己知道铀实际上不可能炸成钡。"直到 1939 年 1 月 6 日，哈恩和斯特劳斯曼在论文里还说，"作为化学家"，看到的就是钡之类的已知元素，但是，"作为核化学家，更接近物理学，我们不能决定跨出这一跟核物理学先前经验相矛盾的一步"。

迈特纳德高望重、功勋卓著，爱因斯坦曾称她为"德国的居里夫人"。她才不管什么物理学家、化学家，收到哈恩的来信，马上就感觉到原子核真是被打成了分量基本相等的两半。她把这个想法告诉了正好在瑞典度假的侄儿——核物理学家弗里希。弗里希同样是第三帝国的难民，现在在哥本哈根和玻尔一起工作。弗里希在玻尔研究所耳濡目染，物理学动态门儿清。哎，玻尔不是有个"液滴模型"吗？一切都顺理成章了——

这个模型最早是伽莫夫于 1929 年提出来的，玻尔后来把它完善了。一个原子核由若干核子组成，核子之间既有斥力（电磁力），又有引力（强力），不正像若干水分子组成一个水滴一样吗？在没有外力作用的条件下，表面张力会使这个复合体成为球形——原子核和水滴都一样。作为一个核子的质子身兼两力，但强力（引力）是电磁力（斥力）的约 100 倍，而中子只有强力而没有电磁力。一个原子核里，强力是统一的力量，电磁力是分裂的力量，按说前者是后者的100 倍，原子核应该是牢不可破的。自然的设计就是这么精巧，它不能让你瞬息万变，也不能让你亘古不变。强力是一种短程力，作用范围跟核子的半径差不多，而且是不叠加的，所以每一个核子只能以自有的强力与相邻的核子团结。电磁力虽小，但是远程力，而且是叠加的，一个原子核里有多少个质子，每一个质子的身上就可以凝聚全部质子的电磁力，与这个原子核闹分裂。核衰变为什么很容易发射 α 粒子（氦核）？因为这种两个质子和两个中子的组合是很牢固的，质子再能耐也就只有两份斥力，与 100 份引力根本就不是一个数量级。铀核就不同了，每一个质子身上都集结了 92 份斥力，与 100 份的引力抗衡。这就只是一种微弱的平衡了。所以费米直觉上感觉庞然大物不会轻易被打破，刚好是搞反了——庞然大物恰好是最脆弱的，超过 92 号的元素压根儿就不能自然地存在，要靠人工强力才能制造出来。就像凝结在天花板上的一粒水珠，稍稍增加一点分量，它就会变长，中间变细，啪！一分为二，一半还凝在天花板上，一半掉下地来。中子轰击铀核的时候就是这种情形，圆形的铀核受到额外能量的振动而浑身颤抖，变成椭圆形，继而哑铃形，然后拦腰折断，变成了两个原子（图 15.1）。

图 15.1　核裂变的液滴模型

说着说着又忘形了，还得提醒一下，这只是经典语言的转译，形象说法，只是利用这种直观图像说明核变化的机制。实际上像一串葡萄那样的原子核是看不到的，核子一样是波函数，会弥散到整个原子核的范围。在原子核内根本就没有边界分明的"核子"，它们是"不可分离"的。只有当原子核在一定的条件下向外部发射一份份的量子化能量（和质量）时，我们才能通过实验仪器看到一个个的"核子"。直观的图像是无法实验检验的，还得根据物理学的基本公式，推导出这个变化的机制，用数学方程式将可观察量表述出来。迈特纳和弗里希当下就进行了缜密的计算，推导出核分裂的机制、产物，还用质能关系式算出了分裂释放的能量。

几天后，弗里希回到哥本哈根，向玻尔叙述核分裂假说的思路，玻尔还没有听完就拍额大叫："哎呀！我们多傻呀！实际情况准就是这样！"这桩悬疑了四年之久的"铀后元素"的公案，竟然用他的液滴模型轻轻松松地解释了！玻尔这天正要赶船去美国参加1939年1月末召开的第五届世界理论物理华盛顿会议，只好余兴未消地叮嘱弗里希赶快写成论文，并保证在论文发表前保守秘密。玻尔走后，弗里希遵嘱赶写论文。当时正好有个美国生物学家也在哥本哈根，觉得这个核分裂的机制跟细胞分裂很相似，提议用生物学的"裂变"概念来命名这个假说。这边玻尔在海轮上一路激动地跟同行的罗森菲尔德讨论原子分裂的问题，却忘记了交代保密纪律。于是1月16日到达纽约两人分手后，先期到达普林斯顿的罗森菲尔德就把这个理论传得沸沸扬扬。到月末召开世界理论物理会议时，各实验室都纷纷报告了原子裂变的证实实验。原子裂变理论很快就被科学共同体接受了，只是玻尔得为迈特纳和弗里希的发现优先权费不少工夫。这是一个序言，一个真正惊天动地的故事，我们只能留到以后再说了。

原子裂变理论记到了哈恩和斯特劳斯曼的功劳簿上，哈恩为此获得了1944年的诺贝尔化学奖，这多少有点不公。最早真正研究这个理论的，我们特别要记住两位伟大的女化学家——丽莎·迈特纳和伊达·诺达克，当然还有弗里希和玻尔。

五

这一系列令人眼花缭乱的研究进展最初并不为费米所知，庄严的仪式、华丽的领奖大厅、闪烁的荧光灯，他从瑞典国王手里领取了沉甸甸的诺贝尔奖，在获奖演说中还为93号和94号元素符号起了名字。之后知道了原子裂变假说，他马上实验做了验证，刚刚变好的心情马上又糟糕到了极点。可是瑞典科学院发错了奖不等于费米领错了奖，谁也不会怀疑费米不值得这个奖项。瑕不掩瑜，没有发现新元素无损费米在量子物理史上的崇高地位，他开创的中子轰击法和慢中子理论，加速了人类探索原子核和利用核能的进程，中子的研究成了物理学的一个分支，而费米被誉为"中子物理学之父"。

一切都是天意，这一年的诺贝尔奖只颁了两个，一个是文学奖，奖给了写中国题材的美国女作家赛珍珠；另一个就是物理学奖，偏偏就授予了费米。这个奖对费米来说来得太及时了，除了自己的事业得到肯定外，还有就是帮助他一家逃离了意大利法西斯的魔掌。

这时候的政治形势对费米来说已经十分恶劣。1937年柯比诺因病过早离世，终年61岁。接任他罗马大学物理研究所主任的不是在世界科坛如日中天的费米，而是学术上已经日薄西山、政治上亲法西斯的洛苏尔多。1938年7月，已经与德国结为轴心国的意大利法西斯颁布反犹太人法令。费米的妻子劳拉是犹太人，而法西斯的报纸攻击费米"把物理学研究所变为犹太会堂"。墨索里尼掌权这十几年来，费米对法西斯统治已经日渐厌恶和抵触，加上近来一系列事件，他决心离开意大利。1938年10月，考虑到费米的处境，玻尔违规地把今年的诺奖可能授予费米的消息提前泄露给费米，使他有了充裕的时间策划这场逃亡。当时意大利已经实行货币管制，离境者每人只能带50美元，那笔诺贝尔奖奖金真是有如天赐。再说有了这个奖，美国的入境签证也变得容易，费米带走了妻子和两个孩子，连保姆也获得了签证。12月10日费米从国王手上领到了一枚奖章、一本证书和一个信封。费米7岁的女儿内拉推理道："我猜想最重要的是那个信封，因为里面一定是钱。"领奖以后，玻尔全家在哥本哈根热情接待了费米全家，然后后者登上海轮，于1939年的第二天到达美国纽约，哥伦比亚大学物理系主任一行在码头上热烈欢迎他们的到来。

一个在世界物理学界曾屡屡掀起巨澜的罗马学派，在核子世界横扫千军如卷席的罗马军团，在这一年悄然解体，塞格雷先于费米去了美国，拉塞蒂于1939年移民加拿大，同年庞特科沃逃往法国，阿马尔迪已经在美国找到了职位，因为二战爆发，家庭护照被拒签，妻子无法出国，又重回罗马，算是罗马学派留在意大利的一颗种子。

费米来到美国这年，第二次世界大战爆发。费米后来成了制造原子弹的曼哈顿计划的最早倡导者和践行者，并一直是这个计划的顾问，塞格雷投身洛斯阿拉莫斯实验室，与他又成了同事，罗马学派再创辉煌。二战后，费米就远离原子弹研究，到芝加哥大学任物理学教授，主要从事高能物理研究。他的两个中国学生——杨振宁和李政道，在他的弱相互作用力理论的基础上，发展出了宇称不守恒理论，年纪轻轻就获得了诺贝尔奖。

1954 年夏天，费米被检查出胃癌，一切都无可挽回。在病床上，他用一块秒表来计算输液的流量，一本《核物理学》写出了一个提纲。他对这个世界还充满着好奇，他的智慧远远没有枯竭，可是生命却走到了尽头。

第十六章　盗火者

一

美国西南部的新墨西哥州，从州府圣菲向西北沿一条山路逐级向上走五十多公里处，出现一块海拔两千米的高原台地——两山之间的大峡谷，其西面的杰姆兹山和东面的克里斯托山海拔都近四千米。尤其是克里斯托山，作为被地理学家称为北美洲"脊骨"的洛基山脉的南端，向北一直延伸到加拿大，绵延起伏几千里，山头终年白雪皑皑，往下原始森林四季郁郁葱葱，既有壁立千仞的严峻，也有苔藓野花的柔美，山涧溪水潺潺，山脚大河湍急，好一派壮丽景色！

在这块台地上，1943年，几乎一夜之间就崛起了一座被称为"洛斯阿拉莫斯"的小镇。在镇上简陋的平房里，除了军人，头年就住进了一千多名、第二年达到三千多名20多岁的学生模样的年轻人，当然也有些年纪偏大的教授模样的，但如果超过50岁就会像考古文物一样珍稀。这支"学生军"是美国最优秀的科技人员，他们的平均年龄只有25岁，他们的首领是一名39岁的大帅哥。他一顶西部牛仔帽，粗呢花格衬衫或者军便装，一条牛仔裤，一双牛皮短靴，嘴角永远叼着一支香烟或一个烟斗；再看相貌：浓密的弯刀眉，湛蓝的大眼睛，薄薄的嘴唇，笔挺的罗马式的鼻梁，像克里斯托山一样粗犷与柔美结合的脸廓——活脱脱一个酷毙了的电影男星。

这就是二战期间美国研制原子弹的"曼哈顿计划"的心脏——"洛斯阿拉

莫斯实验室"，这些年轻人可不是来这里过家家的，他们从事的事业号称"物理学三百年最重大的发明"，尽管"原子弹"这个名词不是那么令人愉快，但这毕竟是人类利用核能的发端。这里群星璀璨，诺奖获得者和准获得者在这里变得稀松平常，所以这里也被戏称为"诺奖集中营"。集中营的营长，那个大帅哥，罗伯特·奥本海默（Robert Oppenheimer）倒从没获过诺贝尔奖，但人们认为他对科学的贡献不逊于任何诺奖获得者。这不仅仅指他卓越的管理才能——在军事化管理的条件下不泯灭科学家的自由创造能力，就是最伟大的管理大师也未必能做到奥本海默的程度，而且物理学领域的理解力、洞悉力和创造力，他也达到卓越的层次，有人说就聪明程度而言，只有泡利能够超越奥本海默。

这就是一部奇迹史，奥本海默本身也是一个奇迹——他曾经是一个精神病患者，一个谋杀罪嫌疑人，能活下来并健康成长，连奥本海默自己都说是"隧道效应"式的奇迹，更遑论成为"物理学三百年最重大的发明"的领导人，"原子弹之父"。

奥本海默 1904 年出生于美国的一个犹太人家庭，他的父亲是一个成功的企业家，母亲是一个画家。奥本（朋友对他的昵称）兴趣广泛，理由很奇怪——他对知识领域的空白部分有不安全感。除了自然科学，文学也是他一生的钟爱。1923 年 10 月玻尔访问哈佛并做了两场报告，奥本都听了。他后来说："很难想象我是怎样崇拜玻尔的。"那时候量子理论对美国人来说还是挺新鲜的事，由此奥本的物理学兴趣日益增长。于是 1925 年秋，以优异的成绩毕业于美国哈佛大学化学系的他赴英国剑桥，师从 J. J. 汤姆逊攻读物理学研究生。

早在大学期间，奥本就有了抑郁症的征兆，他郁郁寡欢，喜怒无常。剑桥的门他其实是投错了，实验物理绝非奥本所长。相形之下，只比奥本大几岁的布莱克特成了他的实验课老师，这时后者在实验物理领域已经是硕果累累、闻名遐迩。抑郁症使他产生了变态的嫉妒心。所以当他把实验作业做得一塌糊涂的时候，对年轻的实验课老师布莱克特就妒从心头起，杀从胆边生。他从实验室带回了致命的化学品，制作了一个毒苹果放在布莱克特的桌子上，好在被布莱克特发觉而没有吃，否则后果不堪设想。这件事让学校的行政部门发现，欲走公诉程序。恰好他的父母来剑桥探望儿子，苦苦相劝才改为留校察看。精神病医生诊断他患了"早发性痴呆症"——一种与精神分裂症有关的古老的病症，并断言，"再多的治疗对他都是有害无益的"。这等于是判了他的死刑。

最后是"玻恩幼儿园"拯救了他。1926 年夏季后奥本转投哥廷根继续他的研究生学业。这是一个量子革命最火热的季节，海森堡的矩阵力学和薛定谔的波动力学均已问世，他的校友狄拉克初露锋芒，在德国比英国更能感受到这股催人奋进的革命热浪。如果说剑桥是世界实验物理的中心，哥廷根则是世界理论物理的中心。实验是天各一方的单兵作战，理论则需要群雄混战才能激发出灵感。当时在哥廷根的年轻人，矩阵力学创始人之一的约尔当，即将创立狄拉克方程的狄拉克，电子自旋的首创者乌伦贝克和古德斯密特，连已经获得诺贝尔奖的康普顿都是这里的学生。天才云集，使奥本第一次意识到知识还可以从别人身上学到，而在哈佛和剑桥只有一个途径，就是书本。

当然他也有自己的优势：首先他有钱，父亲很富有，加上美元在这个奔腾式通货膨胀国度里的价值，同学聚会总是他买单——被别人需要恰好又是他最需要的；其次他博学，欧洲人比较有专业精神，德国系更是形而上学盛行，物理学谈不过别人就谈文学，这招几乎百战百胜。在这里，他居然跟狄拉克这个闷葫芦结成了终身的朋友。狄拉克深邃的物理思想让奥本兴奋，而奥本的文学才华让狄拉克困惑——物理和诗歌是截然相反的两个东西，一个人怎么可能二者兼得？在这里奥本海默像是脱胎换骨，"变得自信、激动而专注"。

最重要的还是玻恩和弗兰克这些宽容大度、惜才如命的老师的"幼师精神"。由于奥本海默博学多才、慷慨大方和点子多、会来事等，他成了一个学生头，但也有点得意忘形了。玻恩的研讨会是很自由的，但奥本发展到了放任。他经常打断别人的发言，包括玻恩的，自顾自地跳到黑板前，又是板书又是训导。最后是玻恩忍得了，同学们忍不了啦。以一个女同学打头给玻恩写了一封联名信，发出了最后通牒：除非"神童"有所收敛，否则同学们将联合抵制研讨会。这下玻恩就有些犯难了，他实在不忍心伤害这个才情横溢却少不更事的孩子，他才 22 岁呀。于是下次研讨会他把这份通牒放在讲台上，"恰好"被别人叫出去了几分钟。玻恩摸透了奥本——只要自己一离场他就一定会跳上讲台。果然，他再回来时发现通牒生效了——奥本面色苍白、话锋立钝，从此果真就收敛多了。

在这种环境下，奥本的潜能得到最充分的发挥，高水准的理论物理论文频频产出，在哥廷根不到一年的时间里，在哥廷根之外发表的论文就达七篇之多，成为与狄拉克和约尔当相提并论的"哥廷根三大才子"之一。他用量子理论对原子结合为分子机制的探索被写成了与玻恩合作的论文《关于分子的量子论》，是高能物理的奠基之作。还有一篇论文讨论了"隧道效应"，也是很前卫的观点。前哥廷根才子海森堡专门探访过这位现哥廷根才子。两人在许多方面极其相似，奥本的文学"撒手锏"对海森堡可不管用。二人相谈甚欢，惺惺相惜。孰料仅仅几年以后，两人被安置在了两大敌对阵营的相同的位置，怀着同样对自己祖国的忠诚和置对方于死地的信念，殚精竭虑进行着你死我活的竞争。

1927 年 5 月 11 日，奥本以优秀的成绩通过了博士论文的答辩。哥廷根的 9 个月是奥本海默的一次重生，正如他以后说的："就像在隧道里爬山一样，你根本不知道是否会爬出山谷，或者是否会爬出隧道。"但哥廷根这个势场终于帮助他实现了势垒贯穿，巨大的成功帮助他战胜了心魔。

这让奥本上了瘾，1928 年春他又申请到博士后奖学金到欧洲留学一年。头一个学期师从荷兰莱顿的埃伦费斯特。埃教授有抑郁症，对奥本显然不合适，奥本觉得简直是浪费时间。而埃教授也让这个性格乖张的学生折腾得筋疲力尽，甩给谁呢？以往他总是推荐学生给玻尔，但他觉得玻尔的心慈手软对奥本不合适，得"有人打他的屁股"，因此推荐给了在瑞士苏工大的泡利。这一对年龄仅差 4 岁的师生碰到一起果然热闹。奥本同学"夸"泡老师："理论物理是如此优秀，以至于他一进实验室设备仪器就要坏掉或者爆炸。"奥本发言不打底稿，经常说到一半就停下来"嗯、嗯"地思考，于是泡利给他起了个外号叫"嗯嗯男孩"。总之苏黎世是愉快的，被"打屁股"后的奥本心理更健康了。

天将降大任于是人也！

二

1939 年 1 月 2 日刚到达纽约的费米夫妇于当月 16 日又在码头迎接玻尔的到来，后者带来了刚刚命名的"原子裂变"假说——这是费米"铀后元素"的死亡证。费米是何等聪明的人哪，心有灵犀一点通，他马上意识到，实际上 1934 年的那场核子大战中罗马军团已经制造出了裂变，只是没有足够的想象力去看懂它而已。但他很快从"领错奖"的不良情绪中摆脱，头脑里产生出一幅图像：一个原子裂变成两半的同时，还会释放二到三个中子，每个中子又会袭击下一个原子产生裂变，又产生二到三个中子，又产生新的裂变，这种指数式的增长是爆炸性的。这种爆炸式的连续裂变机制后来被称为"链式反应"（图 16.1）。

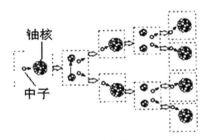

图 16.1　核裂变的链式反应

"链式反应"会是什么样的效果？迈特纳和弗里希早算出了单个铀核裂变所能释放的能量，接着又用实验证实了这个计算，并且通过海底电报告诉了还在美国的玻尔。这其实也很简单。铀 235 的质量为 235.124，吸收的一个中子的质量为 1.009，二者加和 236.133。裂变为质量数为 95 和 139 的两个碎片（这两种元素被测到的最多）的质量分别为 94.945 和 138.955，再加上释放的两个中子的质量 2.018，裂变后的总质量为 235.918。发现了没有？裂变后发生了 0.215 的"质量亏损"：

$$（235.124 + 1.009）-（94.945 + 138.955 + 2.018）= 0.215$$

不是说质量守恒吗，怎么会有亏损呢？咱们从"质量数"说起吧。微观粒子的 1 个"质量单位"叫"1u"，是碳 12 原子核（6 个质子、6 个中子）总质量的 1/12。我们说每个核子的质量数为 1，不等于说具有 1u 的质量。实际上自由核子会略大于 1u，质子为 1.007274 u，中子为 1.008665 u。核内核子的平均质量就一定会低于自由核子的质量，甚至低于 1u。比如，铁元素的质量数是 56，总质量却只有 55.85 u，平均每个核子不到 1u。就是说，核子组成原子核后，"质量亏损"是一个普遍规律。

Why？我们这样来理解，每一种原子核都是一个团体，自由核子要加入任何一种团体都是要交费的，入会要交会费，入党要交党费，入团要交团费，入伙以后的核子都比原先"瘦"了，因为它们的部分质量变成"费"交给"组织"了，由此才能跟别的核子一起结合为一个原子核，这是核子为"结合"所必须付出的代价。核物理学把这种摊到每个核子头上的入会费叫作"平均结合能"或者干脆简称为"结合能"。问题是，加入不同的原子核所需要的结合能是不一样的，规律是越稳定的元素结合能就越高。比如，加入铀 235 俱乐部，这是一个有 235 个核子的大组织，结构就比较松散（不稳定），所以每个核子所需缴纳的入会费就比较低（结合能小）。现在在中子的轰击下分裂成了成员分别为 139 个和 95 个的两个组织，这是两个比铀 235 稳定的元素，要求每个核子缴纳更多的会费（更大的结合能），核子没有外援，只能进一步瘦身，因此就产生了"质量亏损"。当然也不一定是核越大核子的结合能就越低，比如氦核（α 粒子）核子的结合能就比更轻的元素（比如氘）更高，所以轻元素"聚合"为氦元素反而会产生"质量亏损"。这就是核裂变与核聚变殊途同归的道理。

回到质量守恒。走到现在，大家该不会为质能之间的转换而困惑了，质量只不过是"凝固的能量"。裂变后产生的两个新组织多收的会费，核子多付出的结合能或亏损了的质量，是不能被组织贪污的，它们一定要悉数贡献给社会，即转化为向外释放的能量。按质能关系式换算，1u 质量能转换为 931.5 兆电子伏（MeV）的能量，于是 1 个铀 235 裂变时所释放的裂变能为 0.215×931.5 ＝ 200.3 兆电子伏。这是什么概念？化学能，一个碳原子与两个氧原子化合为二氧化碳所释放的能量，大概也就几电子伏，"质量亏损"是十亿分之一的数量级，根本无法测定。铀裂变的质量亏损则在千分之一的数量级。拿到裂变能研究成果电报的玻尔马上感觉到了分量，急匆匆地赶到哥伦比亚大学找费米求证，不巧只见到了费米的学生 H. 安德森（不是发现正电子的那个），玻尔就让他转告。安德森看到的是一幅令人热血沸腾的科学前景，他找到费米，激动万分地建议："你怎么不设计一个裂变实验呢？用回旋加速器，你的中子源的强度还可以再提高 10 万倍！"

唉，真是少年不知愁滋味呀！安德森生长在一个自由民主的国家，许多感受是没有的。费米听说后高兴不起来——他感觉到了恐惧！费米听到的，就不是一个铀核裂变的能量，而是这个能量的"链式"叠加——一个如此强大的裂变能量如果"链式"产生将会是怎样的情形？与化学炸药重量相等的铀链式裂变，将会产生强几百万倍的能量！现在意大利的法西斯报纸仅仅因为费米在领诺奖时没行法西斯礼而对他大肆攻击，认为属十恶不赦之列。德国和意大利都一样，太多的仇恨，太少的理性；太多的残忍，太少的人道；太多的邪恶，太少的正义。如果让希特勒和墨索里尼这样的狂人掌握了这么一种巨大的能量，什么事情他们都敢干。问题是，这恰恰是很有可能的。费米是从一个极权主义国家里逃出来的，深知这种政府有集中力量办大事的优势，只要领袖有了某种欲望，就可以倾全国之力去实现它，大学和研究所也绝不敢有二话。裂变首先是由德国人发现的，希特勒已经悍然侵占捷克斯洛伐克，控制了那里的铀矿，德国依然拥有世界一流的物理学家，一旦理论和实验取得突破，纳粹的"万"字旗插遍全球几乎就是必须接受的现实。那么费米又得重新走上逃亡之路。相形之下，美国这样的宪政国家行政效率就低多了，舆论压力，国会讨论，法律制衡，等研制原子弹最终获得通过黄花菜都凉了。实际上，无论是在美国还是英国，最初提出研制原子弹动议的，恰恰都是从德、奥、意、匈这些极权主义国家逃出来的科学家。他们在这个问题上，显然要比美、英本国科学家更加敏感。

1939 年 3 月 16 日，费米会见美国海军上将胡珀，试图说服军方着手原子弹的研制，以免被轴心国占了先机。但这种哪怕在科学界都知之甚少更别说达成共识的理论在上将听来渺茫得很，故并未引起重视。这年 8 月 2 日，三位匈牙利难民科学家西拉德（Szilard）、维格纳（狄拉克的大舅子）和特勒找到爱因斯坦，希望他在一封事先起草好的致罗斯福总统的信上签名。这封信认为一种威力巨大的炸弹有可能出现，而纳粹德国可能抢占先机，因此美国相应的研究刻不容缓。爱因斯坦也是第三帝国的难民，心同此理，很爽快地支持了他们。这封信于 10 月送达罗斯福，这时第二次世界大战已经爆发，总统当即决定成立"铀顾问委员会"。这只是一个咨询机构，直到 1941 年 12 月 6 日，珍珠港事件的前一天，才升级为举国体制的核武器研制工程——"曼哈顿计划"。西拉德的另一项功绩，是他从 1939 年年初倡导的核研究保密纪律（这意味着科学家可能会丧失发明的优先权），逐渐被同盟国科学家们广泛认同并自觉遵守，并于 1940 年上升为美、英两国的国家政策。

在英国，首先推动核武器研究计划的是两个德国难民科学家——弗里希（迈特纳的侄子）和派尔斯。1940 年，他俩的一篇论文《论超级炸弹的建造》使英、美两国政府意识到了核武器的可行性。

可是现在所谓"链式反应"还停留在纸面上呢。芝加哥普林斯顿大学康普顿的"冶金实验室"首先实现了这个跨越。康普顿建立这个以链式反应为目标的实验室做出的第一个正确决策就是起用费米。虽然康普顿的年龄比费米大，但算来费米还是他"玻恩幼儿园"高年级的学长呢。在他看来，费米将成为这项实验的核心人物。这并不是一件容易办到的事情，因为美国政府于 1941 年 12 月 7 日向德、意、日轴心国宣战，此时费米已成"敌国侨民"，但康普顿克服了重重困难做到了。他说："我们在此时重用费米的聪明才智，整个世界将因此获得一份贵重的资产。"费米现在还住在新泽西州，按战时管理条例，作为敌国侨民的他要去芝加哥还得提前 10 天向当地检察院申请通行证，夫人劳拉一肚子的委屈，但费米理解这种特殊条件下的措施。他说人人平等，不能分出好敌侨和坏敌侨。费米果然不负重托，在芝加哥体育场的看台下，费米设计建造了世界上第一座铀裂变反应堆 CP-1（芝加哥 1 号堆）。中子在"中子之父"的调教下服服帖帖——用石墨做中子慢化剂提高轰击效果，用镉棒做中子吸收剂控制它们的作用，裂变反应是要来就来要停就停。1942 年 12 月 2 日，反应堆以小于 0.5 瓦的功率连续运行了 28 分钟，世界上第一个人工链式核裂变反应在"冶金实验室"产生，链式反应理论第一次获得实验证实！难抑兴奋的康普顿用密语向华盛顿报告了这一振奋人心的好消息："意大利领航员已经到达新大陆！"——1492 年，意大利航海家哥伦布发现美洲新大陆，把这个年份中间的两位数字调过来，1942 年意大利科学家费米领航的实验小组成功地登上原子核新大陆！这天晚上，劳拉接受了无数莫名其妙的"祝贺"，但没有一个人告诉她祝贺的内容，只有一个憋不住话的女物理学家以戏谑的语调告诉她："费米击沉了一艘日本旗舰！"直到 1945 年劳拉才知道真相，方知道其实意义还大于击沉日本旗舰。

现在，谁也不怀疑原子炸弹的可能性了。反应堆后来还用于制备核燃料——钚。这些都是德国的海森堡和哈恩他们直到战争结束时都未做到的事情。

三

自从 1929 年在苏黎世告别了泡利之后，奥本海默回到美国加州，在伯克利的加州大学和帕萨迪纳的加州理工大学任教，十年间从助教一直做到教授。其间在理论物理界卓有建树，声名鹊起。比如，当狄拉克还试图以质子作为电子的反粒子（空穴）来解决狄拉克方程的负能解问题时，奥本就根据对称性的分析，令人信服地论证了这个带正电的粒子不可能具有质子的质量而应该具有电子的质量，就差没有说出"正电子"这个名词了。在场论、宇宙射线等领域，他都做了很前卫的探索，没有获得诺贝尔奖，有人评价说因为他的成果都"不够激动人心"。其间他的教学工作也是硕果累累，一批学生日后成了"曼哈顿工程"的骨干和美国一流的物理学家。奥本出色的工作，使得在理论物理十分落后的美国崛起了一个在国际上享有声誉的"美国理论物理学派"，他本人无疑是这个学派的领头人。

1939 年 10 月建立的美国铀顾问委员会下设一个以哈佛大学校长布南特为首的四人专家组研究核裂变问题，奥本在伯克利的同事劳伦斯（回旋加速器的发明者）是成员之一，奥本因为其政治倾向被排除在外。劳伦斯深知没有理论物理的帮助，他的实验不会有什么突破性的进展，而身边的奥本就是不二人选。讨厌的是奥本是一个左翼政治的积极分子，不仅分散了一个科学家的精力，也成为战时科学家进入核心研究的政治障碍。还好，1939年斯大林与纳粹德国签订了臭名昭著的《苏德互不侵犯条约》，支持希特勒东线无忧地发动了第二次世界大战，使奥本对自己的政治信念发生了动摇，从此逐渐淡出政治。当然劳伦斯的不断劝告和警告也起了关键作用。

费米的CP-1号堆是一个差不多10米见方、1400吨重的大家伙，是没有实用价值的。原因是他使用的天然铀238裂变反应的概率很低，真正起反应的是铀235——比铀238少了3个中子的同位素，但这种同位素在天然铀中的含量只有0.74%。从1941年年初起，劳伦斯就与奥本合作，利用改进的回旋加速器进行电磁法的分离铀235（浓缩铀）的实验。下一个问题就是所谓"临界质量"。有了铀235还不见得一定会有链式反应，问题是裂变产生的中子会"逃逸"，即没有与下一个铀原子发生碰撞前就飞离了核装料的范围。理论上裂变的发生以 2^n 的方式增长当然是爆炸性的，但每个裂变产生的中子与原子发生碰撞的次数小于1，裂变反应就会衰减并很快停止。因此核装料必须足够大，以保证中子有足够长的路径运行以达到能维持链式反应的碰撞概率，这个最低限度核装料质量就是"临界质量"。

1941年6月，希特勒发动入侵苏联的"巴巴罗萨计划"，纳粹称霸世界的野心路人皆知，"抢在希特勒之前造出核武器"的愿望在美国科学家中更加强烈，劳伦斯更强烈感觉一定要把奥本推到前台。他写信给康普顿，坚决要求让奥本参加1941年10月21日召开的一次扩大的铀委员会秘密会议。在这个有100多位科学家参加的会议上，奥本发布了自己的研究成果，认为只要有约100公斤的浓缩铀就可以维持链式反应。尽管与正确结论尚有距离，但已昭示了核弹的现实可能性。可别小瞧了这个数据，也许它就能决定核弹的生死。仅仅在一个月前，1941年9月在哥本哈根的"玻-海密谈"中，海森堡还以德国在军事和科技上的优越性要挟玻尔与纳粹合作。而实际上，海森堡当时算出的临界质量是13吨——至少也要几吨浓缩铀。这个质量，且不要说军事上的可行性（这么重的核装料的核弹将是成百上千吨级的，如何运送到敌后方投放？），单说经济和资源上提取那么多的浓缩铀也缺乏现实性。因此当1942年美国启动举国体制的曼哈顿工程时，德国却将早在1939年就开始的举国体制核武器研究降格为指定少数几个研究所研究的级别。海森堡以及其他德国科学家的悲剧就在于对已经落后了的状况浑然不觉。我们不得不再一次感谢西拉德倡导的保密制度和同盟国科学家为了正义战争胜利的牺牲精神。

由于前期工作的影响力，奥本海默于1942年5月被美国政府领导曼哈顿计划的S-1委员会任命为"加速中子研究项目"的领头人，头衔是"速爆协调员"。奥本组织了一个杰出科学家组成的研究小组，自称"杰人帮"，对研制计划从物理学原理到技术和工程进行了全面的研究和论证，得出结论，一个链式反应的装置在理论上是成立的，但工程将是庞大的。当年9月、10月间，奥本向新接管曼哈顿计划的政府和军方总负责人格罗夫斯将军建议，整合全美的研究和工程力量，建立一个理论、实验和工程三位一体的集中实验室来实施研制计划。这就是后来的洛斯阿拉莫斯实验室。

陆军工程兵上校格罗夫斯（Groves）刚刚领导完成了美国国防部五角大楼的建设，希望能投身二战的战场，但S-1委员会缺一个实干的领导者，于是把他的军衔提到准将，担任曼哈顿工程的负责人。他同意奥本的建议，同时很欣赏奥本这个人，将建设的实验室的主任人选也就有了。但是这个提名在两个方面都不被看好。民间奥本的同道一方，大家想象不出他能成为这么一个宏大工程的管理者：他只是一个理论物理学家，实验物理是他的弱项，更别说组织管理；就他的履历而言，组织过的最大的活动也就是一个研究生小组的讨论，有人甚至说，他连一个汉堡摊都经营不好；况且他行为古怪，还有许多性格缺陷；等等。最严重的障碍在官方——政府和军方。奥本的政治倾向是"左倾"的，积极参加过共产党组织的不少活动，比如援助西班牙内战的活动，按某些人的定义，奥本本人就是共产党员。物以类聚，他的弟弟参加过共产党，他的前女友简是共产党员，现在跟奥本还保持着朋友或情人的关系，现在的妻子基蒂是一个死于西班牙内战的美国共产党战斗英雄的遗孀，她本人也曾是共产党员。在当时官方的观点看来，这是严重的政治不合格。

格罗夫斯说："那好吧，你们提一个合格的。"几个星期下来，没有。于是1942年10月底，38岁的奥本海默走马上任，成为曼哈顿工程最年轻的领导人。这是美国的幸运，也是同盟国的幸运。试想，能跟泡利、狄拉克和约尔当相提并论，可见奥本的智商非同一般，是天才中的天才那一类。没有获过诺奖，是因为他不能像狄拉克他们那样在一个论题上潜下心来死缠烂打，他的兴奋点太多，耐心不足，但这个性格缺陷又使他博学多才、博闻广识。奥本的性格是矛盾复杂的，他没有玻尔的真诚，没有泡利的直率，也没有玻恩的谦虚和慈祥，甚至可以说有点功利、势利、虚荣和虚伪。但很少有科学家把聪明智慧用在做人上，奥本就能。他可以根据自己的角色形构自己，因而在复杂的环境中就具有了更大的弹性。

洛斯阿拉莫斯是奥本以前旅游去过的地方，他喜欢这里的大漠雄风和洛基山脉的壮丽山景，格罗夫斯喜欢这里的与世隔绝，只有一条蜿蜒的山路与外界相通，实验室的选址很快就定了下来。1943年春开始，一座座的简易宿舍和实验室就像雨后春笋一样冒了出来。继哥廷根之后，奥本再一次脱胎换骨，不变的只有渴望成功的强烈欲望。他不再是那个愤世嫉俗的左翼政治家、不修边幅的自由科学家和行为轻佻的花花公子。他剪掉一头长卷发，留着清爽干练的小平头，他变得目光深邃、举止得当、行事沉稳，并且八面玲珑。人们习惯将美国的曼哈顿计划当作"系统工程"的成功范例，而"系统工程"理论是20世纪50年代后期才出现的。作为曼哈顿计划核心的洛斯阿拉莫斯实验室也是一个复杂的系统，理论的、实验的、技术的、工程的，甚至科技人员生活的和精神状态的问题，每天又何止成百上千？在这么多个问题的大旋涡里，奥本展示出他超人的智慧、迷人的人格魅力和精湛的管理技巧。在复杂的理论问题中，他总能迅速把握住关键之处，把大家引导到问题解决的正确路径。他虽不是实验物理学家，但经常能给实验人员豁然开朗的启示。他曾经性格乖张、行为古怪，但巨大的使命感让他把聪明用到了调适自己的言行上面，一方面要应付军方僵死的管理、神经过敏的保密制度，另一方面又要保护科学家们的自由创造热情和能力。他激励洛斯阿拉莫斯的每一个人玩命地工作，周末他和大家一起尽情地玩乐，在舞会上跳笨拙的狐步舞，他成了男人们的主心骨和妇女们的偶像。洛斯阿拉莫斯实验室理论物理部主任贝特说："没有奥本海默，洛斯阿拉莫斯应该也能成功，但一定会有更大的压力、较少的热情和较慢的速度……也有其他战时实验室取得巨大的成功，但我从没看到像这样精神上团结一致的团体。"

光是获得足够数量的核装料就是一个巨大的工程，从 200 多吨的铀矿中才能提取到 1 公斤的铀 235，而且铀 238 与铀 235 性质很相近，把后者从前者中分离出来还十分困难。格罗夫斯 1942 年 9 月上任伊始做的第一件事就是买下1200 吨富铀矿石，再买一块地建提炼厂。分离铀 235 有两种方法，一种是劳伦斯和奥本试验过的电磁分离法，另一种是一个化学家发明的气体扩散法。都是实验阶段的东西，谁也不知道规模生产到底能不能成。美国政府为了战争的胜利是不惜下血本了，动用了通用电气公司等几个美国的大公司，于 1943 年，两种方法的铀工厂各建一座，总耗资近 10 亿美元。这可不是一个小数目，格罗夫斯上任前美国政府的全部核研究拨款仅是 100 多万美元。这还不保险。1941 年，劳伦斯就发现在用中子轰击铀 238 的实验中可以产生很微量的钚 239——人造的 94 号元素钚的同位素，这种人造元素可以成为铀 235 一样的核装料，而且裂变产生更多的中子，所以需要的临界质量可以更小。康普顿和费米的"冶金实验室"用 CP-2 堆（芝加哥 2 号反应堆）制备钚的实验成功，于是从 1943 年年底起，美国又建了多座大功率的反应堆生产钚。

到了 1945 年的上半年，足够数量的核装料——铀 235 和钚 239 就运到了洛斯阿拉莫斯。洛斯阿拉莫斯总共装配了三枚原子弹——"大男孩""小男孩"和"胖子"。整个曼哈顿工程投资 20 多亿美元，耗费了美国三分之一的电力。这时，已经关押在英国的海森堡和哈恩等十几名德国核科学家还在夸夸其谈德国的科技先进。

洛斯阿拉莫斯以南的"死亡之旅"沙漠，"大男孩"被安装在一座 30 米高的铁塔上。1945 年 7 月 15 日黄昏，奥本最后看望了一次即将作秀的"大男孩"，回到住地时一场猛烈的暴风雨铺天盖地地袭来。参加曼哈顿计划 3 年，成败在几小时后的一举。为了缓解紧张情绪，营地里开了一个赌局，以 1 美元为赌注，赌"大男孩"的爆炸当量。特勒在 6 年前与西拉德他们一起找到爱因斯坦签署了那份研制原子弹的动议，他高调地赌 45000 吨 TNT，奥本比较低调，他赌 3000 吨，后来证明是拉比赢——20000 吨 TNT。接着奥本又提议赌爆炸是否会点燃空气，这让一旁的警卫听得毛骨悚然。暴雨直到 16 日凌晨 2 点多才停歇。3 个小时后，太阳还没有升起，不过也不需要了，5 点 30 分，紧随着广播里"发射"的口令，比一千个太阳还亮的闪光覆盖整个"死亡之旅"，惊天动地的轰隆声在群山间回荡，滚滚浓烟冲上一万多米的空中形成巨大的蘑菇云——这种类似于地震海啸的震撼，第一次由人类制造！

1945 年 8 月 6 日，"小男孩"在日本广岛投放，核装料是约 20 公斤的铀 235。3 天后，8 月 9 日，"胖子"在日本长崎投放，核装料是仅几公斤的钚 239。两个城市被炸成废墟，十几万人死于非命。8 月 15 日，日本宣布无条件投降，第二次世界大战结束。

四

原子弹的伦理问题一直纠结着科学共同体。战后海森堡访问洛斯阿拉莫斯实验室，那里的科技人员拒绝和他握手，因为他是"为希特勒制造原子弹"的人。这是海森堡无论如何也想不通的，是洛斯阿拉莫斯的科学家造出的"小男孩"和"胖子"造成了日本两座城市的原子弹灾难。这些人可以蔑视德国科技上的无能，但有资格对海森堡做道德谴责吗？洛斯阿拉莫斯的科学家当然认为有这个资格。二战的两大阵营，毕竟有正义与邪恶之分。如果让以希特勒为首的轴心国得手，那将是世界性的人道灾难，是人类文明的大倒退。正是人道主义的立场，拯救全人类的旗帜，召唤着世界各国的科学家为美国的曼哈顿计划贡献了智慧和力量，美英科学家自不待说，德国的爱因斯坦、弗兰克、弗里希、派尔斯，奥地利的泡利和拉比，意大利的费米和塞格雷，匈牙利的西拉德、维格纳、特勒和冯·诺伊曼，丹麦的玻尔父子，荷兰的古德斯密特，等等，都是这个浩大工程的智囊和骨干。这就是量子力学的诞生地德国生产不出原子弹，反倒是原先"物理四强"中最弱的美国造出来的根本原因。

1945年10月25日，美国总统杜鲁门接见奥本。整个过程奥本都不安地绞着双手，最后憋出了一句惊世骇俗的名言："总统先生，我觉得我的手满是鲜血。"被激怒的总统回应道："血在我的手上，让我操心吧！"用咱们的俗话说就是——"关你鸟事！"这种心理感受决定了奥本战后的反核武立场。他号召大国以"坦诚精神"合作控制核军备，他的观点多少打动了艾森豪威尔总统，后者警告那些一天到晚妄想用核武器毁灭敌人的鹰派："别干蠢事，否则我们没有足够的推土机清理城市的尸体！"奥本坚定的反核武态度自然不招右派政治势力待见，20世纪50年代在麦卡锡主义的浊浪中奥本自然就成了被迫害的对象。1953年美国原子能委员会启动对他的"忠诚调查"，经过冗长的调查、听证和审讯，于1954年判决奥本海默有罪，取消他的安全许可，这就意味着这位"原子弹之父"将被拒于美国原子能事务门外。这项判决反使奥本的形象更加光辉。之前他是二战英雄和原子弹之父，现在人们更把他比作为科学而受迫害的伽利略。洛斯阿拉莫斯282名科学家联名为他辩护，全美1100多名科学家联名抗议这个不公正的判决。

1963年，美国政府决定将费米奖授予这位曾经的美国英雄，等于给他平反昭雪、恢复名誉。奥本领到了5万美元奖金的支票，颁奖的美国总统约翰逊当着劳拉的面"提醒"道："小心夫人把支票藏起来喽。"1965年，美国与苏联开始进行核不扩散的谈判，奥本说"这晚了二十年"。这时这两个国家的核武库里都有了四位数的核弹头，不知能把地球炸烂多少遍。1967年1月，奥本海默因喉癌去世，年仅62岁。以每天四五包的速率，他的一生抽掉了过多的香烟。

奥本海默还有个美称——"现代版的普罗米修斯"。普罗米修斯这位希腊神话里的英雄从奥林匹斯山为人类偷来宙斯的雷电之火，自己却承受被恶鹰啄肝的惩罚。这个故事是一个含义深刻的隐喻——人类赖以生存的一切能量，都来自太阳。按照热力学第二定律，一个封闭的系统只能趋向于熵最大的死寂状态，不断地从有序奔向无序。我们这个有着几十亿岁年龄的地球，之所以能反热力学定律而行之，熵非但不增加反而减少，从相对的无序走向更加有序，从无机物进化出了有机物，进化出了植物、动物，乃至最高级的人类，由人类又产生出了无比博大精深的人类智慧和社会文明，归根结底靠的是太阳能这种地球系统外的力量逆转了熵增加的进程。

爱因斯坦在签署西拉德他们起草的核能研究的呼吁信时有过一句评论："这是历史上人类将第一次利用并不是来自太阳的能量。"经典物理两百年，解决的只是把太阳变为我们积蓄的能量：机械能、电能、化学能、生物能等，按人类的需要有目的地转化和释放的问题，人类并不能在此之外增加一丝一毫——能量守恒与转换定律就是告诉我们这个道理。科学的社会目的是让人类的生活更美好，这句很煽情的口号用物理学术语表达就是，增加有序度，或者说减少熵。有序度的增加或者熵的减少需要补充能量，经典物理告诉我们太阳能就是一个上限。现在这个上限被打破了，能量还有第二个来源——质量（m）。这可不是来自太阳，而是来自宇宙、自然，或称上帝也无妨。实际上，太阳的能量也是来自这个 m，在那里每秒钟内约有 65000 万吨氢聚合成氦，相应地每秒亏损掉约 460 万吨的质量，以 $E = mc^2$ 的方式转换成巨大的辐射能普照宇宙，有很小概率的能量到达地球。太阳已经燃烧了 46 亿年，还可以再燃烧 50 亿年。想想占地球表面三分之二的海洋蕴藏着巨量的氢同位素，如果能像太阳那样利用，现在价格飞涨的汽油可以拿来当洗脚水。核能利用的实现，开辟了人类控制自然战役的第二战场，相当于二战的诺曼底登陆。无怪乎人们称奥本的事业是"物理学三百年最重大的成果"，奥本是普罗米修斯第二，为人类偷来了宙斯的雷电之火。

第十七章　二次紫外灾难

一

战争使偌大的地球容不下一张平静的书桌，现在好了，二战结束，让我们修复被震碎的玻璃，扶起倾倒的桌椅，掸去课本上的积尘，重新开始我们的理论物理研究。复习一下量子力学的理论成果：核外电子遭受一个光子的轰击，吸收掉光子的能量，从基态跃迁到一个更高级的定态；然后电子自动退激，发射一个光子，重新跃迁回基态。

Stop！什么叫"自动退激"？处于激发态的电子自动跃迁到更低级的能态，同时发射一个光子，这是一个普遍的实验事实，这种现象叫电子"自发射"。现代科学拒斥独断论，物理学必须说明自发射的机制。为了研究电磁相互作用，1927 年，狄拉克将经典物理的"场"的概念引进量子力学，海森堡和泡利于 1929 年相继提出了辐射的量子理论，把光子和电子分别看作光子场（电磁场）和电子场，电磁相互作用无非是这两种场的耦合方式。电子的能量吸收和释放，都是在电磁场中的行为。这便是量子场论和量子电动力学的滥觞。电子的"自发射"现在成了问题，因为电子处在某种激发态时，按量子力学理论，这是一种既不吸收又不发射的定态，也就是说，此时还没有电磁场，而没有一个辐射场作为"微扰"，电子是不会跃迁的。那么，这种自发射是怎样鬼怪式地发生的？

问题的关键在于，电子是否真的可能处于一个绝对空无一物的虚空中？1928 年，狄拉克相对论性的狄拉克方程逻辑性地包含了一个负能解，1930 年，为了解释这个负能解，狄拉克提出了"狄拉克海"假设，这就意味着所谓"真空"不空，它至少是一个填满了正电子的海洋，只不过这个海洋既不吸收也不发射能量，也就等价于物理真空。死水还有微澜哪，狄拉克海就那么平静？根据海森堡的不确定性原理，粒子的能量不可能严格等于 0，因为这将意味着能量态无限确定，时间将无限不确定，或者动量无限确定，位置无限不确定，这是不可能的。因此粒子必须具有符合不确定关系式的"零点能"。同样，光子场的场强也不可能严格等于 0，它会随机"借"到一个能量 $\triangle E$，产生一个虚电子 – 正电子对，然后在 $\triangle t$ 的时间内对撞湮灭，发射一个虚光子，归还"借"来的能量，保证能量守恒定律不被违反。由此观之，电子不可能生活在一个绝对的真空中，狄拉克海时时刻刻都冒着虚电子对和虚光子的泡泡，叫作"辐射场真空涨落"。所谓电子的自发射，实际上就是电子与这个涨落场相互作用的结果。从这个表述出发，可以计算各种带电粒子与电磁场相互作用基本过程的截面，例如，康普顿效应、光电效应、韧致辐射、电子对产生和电子对湮没等，与实验有较好的符合。电子自发射问题就这样圆满解决了。可真是前门驱狼、后门进虎，接下来产生的问题却是灾难性的！

讲一讲物理学的"微扰方法"。任何一个真实的物理过程，都是无数相互作用力的叠加，但为了解释特定的物理现象，往往采用理想方法，斩断普遍联系网，只考虑最重要的作用力，而将其他的作用力忽略不计，从而以最简便的方法，得出满足需要的精确值。比如，要画出一个太阳系行星的运行轨迹，我们第一步只考虑太阳的引力，而将其他的所有作用力都忽略不计，而在理论上，宇宙的所有天体都会相互影响，哪怕 1 亿光年之外的一粒尘埃，而穷尽所有影响的计算是不可能也是不必要的。19 世纪初在天文观测中发现天王星的运行存在着偏离理论轨道的"摄动"，科学家就假设存在着一颗与天王星邻近的天体，它的引力对天王星的运行产生了"微扰"。根据这个假设，用微扰法算出这颗未知行星的质量和轨迹，导致海王星的伟大发现。计入海王星引力的作用，是用微扰法对原天王星轨迹的"一级修正",为使天王星的轨迹更加精确,还可以考虑比如其他行星的影响等,进行二级修正、三级修正,以至无穷,只不过这些影响微乎其微,实在无此必要。总之越高级的修正对计算结果的影响越小,这种计算结果是"收敛的"。

解决电子自发射问题,是考虑辐射场真空涨落对电子行为的微扰,但只是最低级的一级修正或称一级近似。1930 年,刚从欧洲回到美国的奥本海默进行了更高精度的微扰计算,计算由电子与自己的辐射场相互作用构成的电子自能,灾难的乌云又一次笼罩了物理天空。尽管不准确,我们还是用太阳系直观模型解释这个问题。光子场对电子能量的影响,解决电子自发射问题时我们只考虑最低级的一级近似,相当于只考虑除太阳之外影响最大的一个因素——海王星。如果真空涨落场产生的虚光子真的是海王星也就没什么问题,因为最邻近电子的轨道即能级上只能有一颗"海王星",这是由泡利不相容原理决定的,以后再计算其他的影响会渐次减少,即对电子自能的影响越来越小,计算可以得出收敛的结果。问题是电磁场的主体——光子——不是费米子而是玻色子,不服从不相容原理,一个针尖上可以站无限个天使,一个能级上可容纳无限个光子,用物理学术语说,光子场是具有连续无穷维自由度的系统。那么,光子场在每一个自由度上都会发射和吸收虚光子,考虑电子自能就要对所有虚光子的动量进行积分,计算结果是发散的,即计算得越精确,电子自能的增量就越大(而不是收敛式的越来越小),最后得出无穷大的结果。我们知道,在量子力学领域,能量的无穷大就意味着频率无穷大、波长无穷小,这是在紫外波段发生的故事,所以美国物理学家温伯格在《终极理论之梦》一书中把奥本的这个电子自能计算结果的"发散问题"称为"紫外灾难"。考虑到 19 世纪末在黑体辐射研究中出现过一个颠覆性的"紫外灾难",我们可以把这次紫外灾难称为"二次紫外灾难"。

这势态就严重了!第一次紫外灾难导致量子力学的产生并革了牛顿力学的命;第二次紫外灾难,革命革到量子力学自己头上了,刚刚建立的量子共和国,难道就这样匆匆夭折?这确实是个问题! 1934 年,奥本海默给还是物理学学生的弟弟的一封信中说道："你肯定知道，物理学正处在一条走向地狱的不归路上。"创立了量子电动力学的狄拉克被二次紫外灾难困扰得日益不安，以致产生了信心动摇，他甚至断言："物理学将不得不面临剧烈变革的命运，包括放弃某些曾被深深信赖的原理（能量和动量守恒），它将在玻尔－克拉默斯－斯雷特（BKS）理论或一些类似理论基础上进行重建。"嘿！又要闹革命啦！

并非所有物理学家都为此感到沮丧，"反哥联盟"的两位领袖就为此额首称庆。1936 年 3 月爱因斯坦写信给薛定谔说："我想，你已经看过狄拉克在《自然》上发表的文章了。我很高兴终于有个能人现在赞成摒弃糟糕的'量子电动力学'了。"薛定谔则马上喜形于色地写信给狄拉克，欢迎他加入反哥本哈根阵营："很高兴你也对不满意的现状表示了不满……如果你大体同意了我的观点，我将感到极大的安慰。"

玻尔也同意鉴于量子电动力学的现状，量子力学理论要有一个根本性的变化，但他并不同意整个量子力学的理论基础需要推倒重来。

1935 年，狄拉克于 1930 年首版的《量子力学原理》经修订后在美国再版。就在这一年，入学美国麻省理工学院的一个新生看到了这本书，书中的一句话——"看来这里需要全新的物理学思想"——刻骨铭心地影响了这个 17 岁的男孩的一生。十多年后，他成了"二次紫外灾难"的终结者之一，并被人们称为"第二个狄拉克"。

二

理查德·菲利普斯·费曼（Richard Phillips Feynman）1918 年 5 月 11 日在美国的曼哈顿出生。我们这部史书已经见过不少犹太人，小费曼的祖上也是从东欧移民过来的犹太人。父亲把年轻时未能圆的科学梦寄托到了孩子的身上。父亲在儿子小时候就给他买了一套《不列颠百科全书》，把书的内容转换成很浅显的语言，激发儿子的科学兴趣。母亲则是一个幽默大王，经常讲故事，能让孩子笑到从椅子上滚下来。费曼自小就有探索的热情，和小伙伴一起，收集旧电线、废电池什么的建立自己的"实验室"。到大一点，他就能安装和修理晶体管收音机。受父母亲影响，费曼从小"好为人师"，妹妹琼就成了他的第一个学生。20世纪30年代，一个女孩子要成为科学家是一种很疯狂的想法，但在这种家庭氛围中，琼最终也成了物理学家。20世纪50年代，琼对极光产生了兴趣，就跟哥哥达成了一个"瓜分宇宙"的协议："只要你不研究极光，我就把宇宙其他部分都让给你。"费曼果然忠实执行这个条约30年，直至20世纪80年代，他的生命已经接近尽头，在请求得到妹妹的同意后才涉足这一领域。

从小学到中学，费曼就表现出过人的数学天赋，被称为"数学神童"。在他上小学的时候，老师就让他在学校里巡回宣讲他独创的减法计算法。他喜欢基本原理的探索，但从不拘泥于现成的规则和方法，他经常说，只要得出正确的结论，用什么方法并不重要。像费米一样，学校能教给他的东西很少，大部分靠自学，微积分就是他在中学阶段自学的。美国20世纪30年代的经济大萧条使一名物理学家巴德屈尊来到了费曼的中学当教师，他曾是著名物理学家拉比（1944年诺奖获得者，在洛斯阿拉莫斯赌赢了"大男孩"当量的那个）的博士生。发现费曼的才能后，巴德常给他开小灶。一直到晚年，费曼还清晰地记得巴德给他讲"最小作用量原理"时的情形，精确到在哪个房间，巴德站在哪里，他站在哪里，黑板挂在哪里，都说了些什么话。

1935年费曼中学毕业，报考了两所大学——哥伦比亚大学和麻省理工学院。前一所大学通过了考试，但因为犹太学生的配额已满而不被接收。剩下的就是麻省理工学院。之前费曼都自认为是数学家，现在他觉得学数学除了当教师外别无他用，因此改报了物理专业。以后他一直都很感谢自己17岁时的选择。成名后，关于数学和物理学的关系，他有句名言："Physics is to math what sex is to masturbation."（物理学之于数学就好比做爱之于手淫。）该学院的物理系主任是约翰·斯雷特（John Slater），就是"BKS理论"中的"S"。费曼入学后就自学狄拉克刚在美国再版的《量子力学原理》，书中的一句话成了他一生的信条，一直到晚年，只要碰到棘手的问题，他就会习惯性地踱着步吟诵这句话："看来这里需要全新的物理思想。"

1939 年，费曼从麻省理工学院毕业。这时他已经认为，麻省是世界上最好的地方，他打算在这里继续攻读，直至拿到博士学位。斯雷特说："错，你一定要换个地方读研究生。"他在玻尔那儿工作过几年，太知道学术的"杂交优势"了，而且这孩子又是那样潜质无限、前途无量！于是才有了费曼报考普林斯顿大学研究生。录取并不顺利，物理和数学的优秀跟英语和哲学的糟糕同样让录取委员会委员吃惊，此外他还是个犹太人。斯雷特极力举荐，百般说服，捶胸顿足地打包票，最后费曼才被勉强接受下来。天上给普林斯顿掉了一块大馅饼！

给费曼指派的导师是约翰·惠勒（John Wheeler），一个 28 岁的年轻物理学家。此时的惠勒名气不大，抱负不小，确实也有真才实学，现在妇孺皆知的"黑洞"概念就是他提出的。第一次见面辅导，惠勒就给了费曼一个下马威，他从兜里掏出一块名贵的怀表摆在桌子上，言下之意——地位尊贵，时间宝贵，敬请珍惜。21 岁的迪克（费曼的昵称）还在斗狠的年龄，心想：给我脸色瞧？谁怕谁呀！放学后就去地摊上买了块廉价表，下一次等惠勒把表摆好后，他把自己的地摊表也掏出来摆在旁边，言下之意——好表孬表，计时功能一样；贵人贱人，时间同样宝贵。突然间，双方都觉得这个场景十分滑稽，于是爆出一阵大笑。"讨论转为大笑，大笑转为玩笑，玩笑再转为讨论"（惠勒语），就成了这对师生以后相处的模式。这哪还像师生啊？纯粹就一对哥们儿。

在普林斯顿期间，费曼的天空出现了两朵乌云。第一是刚入学那年第二次世界大战爆发，1941 年日本偷袭珍珠港，美国被拖进战争。惠勒去芝加哥与费米一起设计建造了世界上第一座反应堆，费曼则在普林斯顿参加了分离铀 235 的实验。第二就是女朋友阿琳得了结核病。费曼与阿琳开始相爱时大概是 13 岁，正读着初中。从此他就要承受家人和朋友们的压力，要他放弃这个注定没有未来的婚姻。但你想想，跟妹妹一个儿戏般的"瓜分宇宙协议"都可以坚守几十年，他又怎么会放弃对爱人的慎重承诺？1942 年 6 月刚取得博士学位，他就与阿琳履行了婚约。"新房"是一辆借来的汽车，费曼把它改装成了一个阿琳可以在上面休息的"小型救护车"。开着"新房"，他们进行了一个浪漫的结婚旅行，途中在一个教堂举行了婚礼，出来就把阿琳送进了医院。

1943年3月，普林斯顿的曼哈顿工程小组入住洛斯阿拉莫斯。为了费曼，奥本海默还专门在附近找了一家疗养院安置阿琳。阿琳在生命的倒计时中并不悲悲切切，她要让自己和费曼都过得快活，在每天写给迪克的信中依然是那样调皮和幽默。迪克则每周末都会去疗养院看望阿琳。费曼成了洛斯阿拉莫斯的一个活宝，大家都喜欢这个洋溢着快乐气息、精力过剩的大男孩。奥本和贝特更像是捡到了一块宝，很快费曼就被任命为贝特领导的理论部的计算组长，这个绝顶聪明又充满活力的组长使小组的工作效率不可思议地提高。从丹麦逃难来的玻尔到洛斯阿拉莫斯，在一次报告前，他单独跟费曼讨论了他的论题。外面的人只听见里面高声争论，还听见费曼大叫："你简直是发疯啦！"玻尔出来跟助手说："以后讨论问题就找这家伙，因为只有他敢对我说'不'。"

原子弹接近成功的1945年，他们知道阿琳时日无多了，这对结婚了三年的夫妻才开始圆房，原因是阿琳想为费曼留个孩子，可是已经来不及了。送别了阿琳的费曼回到洛斯阿拉莫斯干劲十足、快乐依旧。有人说"费曼即使在忧伤的时候也比别人如意的时候快乐"。原子弹试爆时每人都发了墨镜，迪克偏偏就只隔着汽车的风挡玻璃看，他成了唯一用裸眼观看第一颗原子弹爆炸的人。试爆成功后，他叮叮咚咚敲着个小鼓以示庆贺。直到阿琳去世几个月后，他有次在一家小商店里看见一件女装，想起阿琳穿上一定很漂亮，心底那颗忧伤原子弹一下就超过了临界质量而爆炸，悲痛的冲击波撕裂他的五脏六腑，酸楚的辐射穿透他的三魂七魄，迪克泪如决堤，他说："我心都碎了！"

三

当费曼走进历史，量子力学的英雄时代已经过去，海森堡用粒子材料，建筑起了辉煌的矩阵力学的金字塔，薛定谔用波动面料，剪裁出美如霓裳的波动力学，而狄拉克鬼斧神工地完成了华丽的综合。这都是欧洲人干的漂亮活儿，那时的美国人只能乡巴佬似的欣赏大洋彼岸的杰作。也许是上帝眷顾美国，留下一个发散问题，给年轻的费曼一个创造历史的机会。

　　量子作为粒子，科学家就考虑确定它的位置和动量；作为波动，科学家就考虑确定它的波长和振幅；现在，物理学进入综合时代，研究量子间的相互作用，"作用量"这个物理量就成了关键词。这个词代表着一种研究方法：通过确定的初态和终态，分析起点和终点间物质运动的每一个点的状态。1941 年，一次酒会上，费曼碰到一个欧洲物理学家耶勒，闲聊中费曼问起"你知道有什么方法能从作用量出发来构造量子力学吗？"耶勒说不知道，倒是记得几年前狄拉克的一篇文章中谈及此，但看不懂。第二天俩人一块儿到图书馆，找到这篇发表于 1933 年的论文《量子力学中的拉格朗日量》。翻开一看，发现狄拉克的一句话："我所用的函数类似于拉格朗日量。"费曼心有灵犀一点通。

　　拉格朗日量其实很简单。一个铅球从运动员手里掷出，在空中划出一条抛物线，最后在前方某点落地。在这条轨迹上的每一点，铅球都会有一个动能（T）和一个势能（V），在铅球质量确定的条件下，动能由速度决定，势能由高度决定。在任一点上，动能加势能之和都是等值的，这叫能量守恒。拉格朗日量（L）则是动能减势能的差值（$L = T - V$），显然有点不同，铅球刚出手时数值很大（动能远大于势能），以后逐渐减小，以后变为负值（势能大于动能），然后又正值……如果用一个平面坐标表示，会是一个波浪形的曲线。道理相信不用讲了。在经典哈密顿方程中，把铅球在每个点的拉格朗日量都累加起来（积分），得出的总的作用量叫哈密顿作用量。理论上，铅球在空中飞行的轨迹可以有无限多条。但奇妙的是，对于确定的两点，只要时间确定，轨迹就是唯一的，那就是哈密顿作用量最小的那条！这就是中学时期巴德老师给费曼讲的"最小作用量原理"。想起来了吧？我在第八章的第四节里讲过这个规律，大家找来复习一下。

　　喂！这讲了老半天，跟量子力学有关吗？当然有关，你没懂狄拉克的话吗？——"我所用的函数类似于拉格朗日量。"费曼可是听懂了。看图 17.1：一粒电子从 A 到 B 有多种可能的路径，除图中所示，你还可以发挥想象力加上 N 条，比如，像飞行表演那样，向后做一个漂亮的大翻转然后再继续前行。可是这些都是"可能的"路径，实际上电子会选择哪一条呢？更准确点说：哪一条路径的可能性更大？

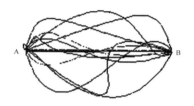

图 17.1　费曼路径积分理论原理图

　　电子从 A 到 B 有多种可能路径，依照波干涉原理，其他路径被抵消或衰减，只有最小作用量的路径（直线）由于同相倍增被加强。

　　在量子力学，每一种可能路径都可以用一个波函数来表征，这个函数不仅包含了波长和振幅等信息，很重要一点，还包含了相位信息。由于路径的不同，走不同路径的电子到达 B 点的时间就不同，从而相位也不同。记住狄拉克的话，每一个波函数都相当于一个拉格朗日量，那么确定正确的路径就要对所有的拉克朗日量做积分，在费曼这里，就是要对所有路径"遍历求和"。还记得波干涉原理吧？——同相倍加，异相抵消。你那条漂亮的后翻转路径一点希望也没有，你自我陶醉一轮再到达目的地时，相位已经跟别的路径有天壤之别，没谁会帮你增强振幅，而老老实实走直线的那条路径，一定有最多相位相近的波函数与它共振，从而形成最大的振幅。按波函数的概率解释，振幅正比于粒子出现的可能性，也就是说，从 A 到 B，概率最高的路径依然是经典路径——直线。形象一点，电子是在无限多的路径中选择了直线，或者说，不是电子选择了直线，而是由于干涉效应，其他的路径被抵消掉了，剩下概率最高的一条路径，正是作用量最小的路径。于是，量子力学概率最高的路径，就对应于经典的作用量最小的路径。

　　似乎还是不能令人信服粒子是同时走了所有可能的路径。现在再复习第十一章第三节的那个粒子单个发射的例子。如果是单缝，就类似于图 17.1 的那种情形，尽管许多路径会被刻缝的隔板阻断，但到达缝前和出了缝后，一颗粒子照样可以同时取许多曲线的路径，由于波干涉效应，最大概率的路径依然是这条直线。还是费曼那句话："双缝实验隐藏着量子力学的全部秘密。"如果是同时打开双缝，按上面说的原理，最大可能的路径是两条直线，两条缝依次打开的实验可以证实这一点。但双缝同时打开时，由于粒子是单个发射的，按理一个粒子走两条直线中的一条，应该不会有波干涉效应，但如图 11.7 所示，双缝干涉效应确确实实呈现了出来。唯一的合理解释是：一个粒子同时走了两条路径，自己跟自己发生了干涉。更准确地说，粒子同时走了更多的路径，由于双缝的实验条件，坍缩成了概率最大的两条路径，这两条路径发生了干涉。所以在背景屏上产生出干涉条纹。因此几万个粒子单独发射跟几万个粒子同时发射会有同样的效果，正如把一只骰子掷 100 次，跟 100 只骰子掷一次得出的概率是一样的。这就是费曼的"路径积分"理论。路径积分不仅可以解释量子行为，在极限的条件下，它又退化为经典方程，完全满足玻尔的对应原理。

我们知道，量子力学的建立，是从泡利和海森堡他们拒斥直观模型，否定玻尔和索末菲的"轨道"概念开始的，现在"轨道"又以"路径"的方式复活。费曼说："当我考虑量子的相互作用时，一些直观的图像总是在我的脑海里活生生地出现。"从"路径积分"理论，费曼发展出后来被称为"费曼图"的方法，用矢量线、各种特殊的曲线，表示量子之间的碰撞、能量交换、产生和湮灭，等等，使量子的相互作用变得一目了然。而一幅费曼图所表现的作用过程，也许需要几百个方程，计算几个月。我们除了叹服费曼惊人的洞悉力和直觉能力，还得看到这确实体现了一种美国的实用精神。

路径积分在量子力学史上是什么地位？海森堡等人从粒子性出发用矩阵方法建构出量子基本运动方程，薛定谔从波动性出发用波函数的方法又建构出量子另一个等价的运动方程，时隔 16 年之后，费曼又从作用量出发用路径积分的方法对量子运动规律进行了一次全新的重构。仅此一项，费曼就足以与海森堡、薛定谔和狄拉克等已经被公认的大师比肩。况且，掌握了作用量这个武器，费曼最终拯救了被狄拉克判了死刑的量子电动力学。这一年，费曼 24 岁。然而，1942 年写进了路径积分理论的博士论文并没有发表，激烈而惨烈的二战俘获了科学家几乎全部的注意力，物理共同体没有正常的学术交流，科学家们没有心平气和的理论兴趣。费曼本人，阿琳的病情让他忧心，战时科学也偏转了他的学术轨迹。路径积分理论，"养在深闺人未识"。

四

1945 年，二战结束，战时的洛斯阿拉莫斯实验室散伙，奥本代表加州大学伯克利分院，贝特代表康奈尔大学，对费曼展开了争夺，结果是贝特胜出。这年的 11 月，27 岁的费曼就任康奈尔大学物理学教授。没有了阿琳的费曼对爱情变得玩世不恭，他频频参加舞会，约会女孩子。但内心还是孤独的，他还保留着给阿琳写情书的习惯。1946 年给阿琳写的一封信，诉说自己的郁闷心情，说他多么爱她，没有她的日子是多么空虚。信的末尾加了一句："又及：请原谅我没有寄出这封信——只因为我不知道你的新地址。"

物理学是费曼的娱乐方式之一。有人问他每天工作多长时间，他说不知道，因为不知道娱乐和工作有什么区别。何止是搞不清楚关系，有时简直就是本末倒置了。他有句名言："Physics is like sex: sure, it may give some practical results, but that's not why we do it."（物理学就像性爱，床笫之欢并不是为了生孩子。）在康奈尔大学，不断有其他学校挖墙脚。最诱人的是普林斯顿高级研究院 1947 年的邀约，爱因斯坦曾是这个研究院的院长，卸任后由奥本海默接任。考虑到费曼嫌研究院太闷，允许他一半时间在研究院，另一半时间在普林斯顿大学当教授。这可是一个地位高、薪水高、自由度高的"三高"职位呀！迪克动心了。康奈尔大学核研究所所长威尔逊也是费曼在洛斯阿拉莫斯的领导，对症下药使出一狠招：我们不要求你出成果（results）。哈哈！这个对象不要求"生孩子"（results）！于是费曼拒绝了普林斯顿。

别玩了，费曼先生！路径积分理论至今还没显山露水呢，五年磨一剑，未曾试锋芒啊！放心好了，只要有 sex，results 定会不期而至的。

1947 年 6 月，由奥本海默以美国科学院的名义组织的物理会议在美国长岛的谢尔特岛举行，主题是"量子力学和电子问题"，24位一流物理学家参加会议。奥本的立意是以这个会议填补因二战而停办的索尔维会议的空白，连参加会议的人数都是索尔维会议的规模。十来年时间不算太长，大家对索尔维会议应该还有记忆，这可是人类精神领域的奥运会或世界杯，她的竞技成果曾经何等深刻而强烈地改变了我们的世界！谢尔特岛会议，值得期待哟！

果然会上就爆了一颗重磅炸弹！哥伦比亚大学的威利斯·兰姆（Willis Lamb）和助手罗伯特·雷瑟福（Robert Retherford）带来了一个实验反常——"兰姆位移"。按狄拉克方程，氢原子的两个能级 2S（1/2）和 2P（1/2）的能量是完全一样的，它们的区别仅在于角动量子数，不应该有能量的差值。残酷的"二战"虽耽搁了理论物理，但技术发展倒是突飞猛进，这就使兰姆他们得以用先进的微波技术对这两个能级进行探测，结果发现 2S（1/2）的能级比 2P（1/2）能级高出约 1000 兆赫（MHz）的能量差！这个报告顿时在会议上引起轩然大波，兰姆也就成了热点人物，根本就没人理会费曼在会上做的关于路径积分理论的报告。

根据美国科学哲学家拉卡托斯的"科学研究纲领"理论，一个科学理论体系面对无法解释的实验反常有两种选择：一是基本理论推倒重来，二是发明新的辅助假说消化实验反常。在常态科学阶段，科学家一般选择后者。于是人们又想起已经被冷漠埋葬了的量子电动力学（Quantum Electrodynamics，QED）。可是 QED 行吗？它不也有个"紫外灾难"吗？自己屁股在流血，还能给别人治痔疮？可是你有选择吗？我们知道，以前的实验反常——反常塞曼效应和斯塔克效应，都是通过揭示量子的内禀特性（量子数）去解决的，而现在的"兰姆位移"，则只能用电子与辐射场的相互作用来解释，不幸的是，这正是灾难缠身的 QED。科学理论体系是由简到繁，然而研究单体的量子再怎么简单也已经很复杂了，现在要研究量子间的相互作用，岂不是复杂的平方，不胜其烦？

天才往往表现在不同于常人的直觉能力上。宏观物质现象挺繁杂吧？在费曼看来，不过是原子间或分子间的相互作用，而原子或分子的关联无非是原子核外电子的关联，而关联必须通过一个信使——光子。因此量子电动力学过程无非三点：一是一个电子从一个地方到另一个地方的概率；二是一个光子从一个地方到另一个地方的概率；三是一个电子与一个光子发生相互作用（耦合）的概率。费曼说过，在思考量子的相互作用时，往往有直观的图像出现在脑海里，于是路径积分的理论自然而然地催生了"费曼图"。而有了费曼图，错综复杂的量子相互作用一下子就变得线路清晰，就如同我们的照相机旋动焦距环对焦一样。它是形象化地表示粒子相互作用过程的图示法。在费曼看来，量子电动力学的一切过程都可以用费曼图表示。如图 17.2：

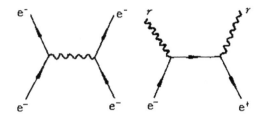

图 17.2　费曼图示例

图中由下至上表示时间流逝的方向；波浪线代表光子，带箭头的实线代表电子，线之间的交点称为顶点。左图：两个电子（下方两条实线）发生碰撞，交换一个光子（波浪线），然后散射。右图：电子（顺时间箭头实线）与正电子（逆时间箭头实线）对撞湮灭（内实线），发射两个光子（波浪线）。

这张类似小学生信手涂鸦的"滑稽的图像"（费曼语）其实内涵十分丰富。首先，每一条线段都不是一个简单的粒子的轨迹，而是该粒子所有可能路径的历史求和；其次，线段的交点（称为"顶点"）各自代表不同的相互作用，有准确的含义并由精确的量子电动力学方程决定。就这么一张最简单的图像，它所包含的方程也许就够你算上几天或几十天。

量子场论，其最高形式量子电动力学（QED）研究的是电子与光子的相互作用，准确地说，是量子场与电磁场（光子场）的耦合。按前 QED 的观点，一个电子吸收一个光子而产生能级跃迁，可以用图 17.3（A）来表示，光子与电子的相互作用有一个简单的顶点。但实际上，电子存在于一个真空涨落场中，真实的相互作用点会像图 17.3（B）那样复杂得多：电子会随机发射一个虚光子然后重新吸收，再复杂一点，发射的光子又产生一个虚电子 – 正电子对，虚电子对湮灭发射一个光子才被电子重新吸收。

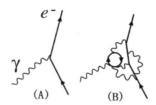

图 17.3　关于电子与光子相互作用的费曼图

（B）展示了比（A）更复杂然而更真实的 QED 过程，电子必定被虚光子云所笼罩。（B）图中的实线圆表示虚电子 – 正电子对的产生和湮灭。

不大明白是吧？这么说吧：灾难缠身的 QED 是犯了和"皇帝的新衣"相反的错误，以为电子会像图 17.3（A）那样赤裸裸地与光子发生相互作用，而实际上，真空涨落场中的电子必定会被一层虚光子云所笼罩，如图 17.3（B）所表示。物理学家认为皇帝是裸体的，直接用"裸"（bare）电子的物理量来计算，于是得出了无穷大的灾难结果。而实际上皇帝必定是"被穿衣"（dressed）的，在量子场中发生相互作用的是"坠饰"（dressed）电子，虚光子云（衣服）必定对电子的物理量产生扰动。理想的裸电子也许只有上帝能看见，跟人类没有一毛钱的关系；而实在的电子只能是坠饰电子，用哥廷根派的"可观察量原则"的话来说就是——只有坠饰电子才能进入物理学。这就是"重正化"方法——根据实验观测，对电子的质量、电荷以及相互作用的耦合常数重新定义，很实用主义地还原出一个在量子场中真实存在并与其他粒子发生相互作用的电子。

谢尔特岛会议后的几个月，以不知是工作还是娱乐的癫狂状态，费曼用重正化的物理量，用路径积分的方法，对兰姆实验进行了计算，终于有一天云开雾散——无穷大被"吸收了"，方程"收敛"了，收敛到了符合实验结果，"二次紫外灾难"的乌云终于被驱散！走出谢尔特岛的费曼，就像当年走出赫尔戈兰岛的海森堡一样，满怀豪情地等待拥抱新一轮的朝阳！

可是事态的发展并非那么乐观。

五

1948年3月，在宾夕法尼亚科诺山脉的科波诺庄园酒店再次召开物理会议，同样是由奥本组织的28名物理学家参加的高级会议。如果说谢尔特岛会议的"男一号"是兰姆的话，这次科波诺会议的"男一号"，也该轮到兰姆位移的解决者费曼了吧？可惜呀，这个风头让费曼的一个同龄人抢去了。

施温格尔（Julian Schwinger）是哈佛大学的教授，跟狄拉克一样，他也是一个数学天才，偏爱理论体系优美的数学形式。会议给了他几乎一天时间讲述他的一个严谨高深的QED体系，以及这个体系对一些实验问题，特别是兰姆移位问题的解决。大家听得云里雾里，没有人提问不代表理解和接受了这个理论，只说明没有足够的数学技能发现问题。接着费曼做了题为《量子电动力学的另一种阐述》的报告，介绍他的路径积分理论及这个理论对兰姆移位的解决。大家同样云里雾里。不是因为技巧高难度，而是因为思路新奇怪异。费曼几乎没有讲完自己该讲的内容，因为从听众有如听天书的表情，他知道再讲也是白搭。

历史有时候会惊人地相似，正如当年一下子就出现两个量子力学体系一样，现在也一下子出现两个消除了紫外灾难的QED方案。科波诺会议"男一号"的位置无疑是施温格尔的，正如当年人们认同了形式优美的薛定谔，而不是形式怪异的海森堡。况且，当时施温格尔的知名度远大于费曼——后者从本科毕业论文后几乎没有发表什么文章。

最终炒红了费曼的是一个比他小5岁的英国数学天才戴森。他本科毕业于剑桥，现在正在康奈尔大学的贝特的手下攻博。贝特曾推荐戴森参加科波诺会议，但没通过奥本的资格审查。这时的戴森正处在费曼创立路径积分时的年龄——24岁，会后从贝特那儿看到了会议记录。从下个学期起，他就要转到普林斯顿高级研究院师从奥本海默了，在康奈尔剩下的几个月时间里，他就把

"理解费曼"当作他的研究课题。因为戴森早就发现，费曼用他的新方法，不仅能解决老方法能够解决的一切问题，而且能解决老方法不能解决的问题——紫外灾难就是其中之一。在与费曼的多次接触和交谈中，发现他的奇异之处就在于对量子秘密高度的直觉和形象化能力，这就使理解这种方法异常艰难，因为这是一种只能意会不能言传的特技。1948 年的上半学期很快就结束了，戴森还不得要领。还好，费曼给了他一个最后的机会——他暑期开车去新墨西哥州约会女朋友，邀戴森同行。一路上费曼除了谈物理，更多地谈到了他的人生、爱情和各种逸事。到目的地后两人分手，然后费曼泡妞，戴森度假。9 月初，戴森坐火车去普林斯顿上学。这是一个无人交谈的烦闷旅行，火车颠簸，夜里无法入睡，这时奇迹发生了！戴森后来回忆道："我已经两周没有思考物理学了，此刻它就像爆炸般突然间发生了。费曼的图像和施温格尔的方程在我脑海中前所未有地清晰起来，并自动地理顺了。"这时日本物理学家朝永振一郎也发表了他的一套 QED 理论，同样解决了辐射的发散问题，这其实是二战期间的成果，只是由于当时日本的封闭环境而不为人所知。到普林斯顿后，戴森很快就写出了一篇题为《朝永振一郎、施温格尔和费曼的辐射理论》的论文，投寄到了《物理学评论》。在这篇论文里，戴森证明了三个理论是等价的，对这三个等价的 QED 理论的综述，使量子力学变得一般的物理学家都能理解和运用。哈哈！又是一个等价性证明，如同当年矩阵力学与波动力学的等价性证明。

　　既然是等价的，费曼路径积分和费曼图方法就因其经济实用性脱颖而出。施温格尔的体系过于艰深而繁复，没有很专业的数学训练根本无法驾驭，阳春白雪，和者盖寡呀。而费曼的方法，难的只是弄懂，就像常人看不明白的魔术，一旦弄清了其中的奥秘，做起来并不难。戴森说："我的主要贡献就是把费曼的理论翻译成了别人能懂的语言。"戴森的工作是如此卓越，以至于出现了"买椟还珠"的现象——把包装当作了内容。有段时间，有人把"费曼图"就叫作"戴森图"。

　　果不其然，1949 年 4 月由美国科学院组织在纽约召开的"欧德斯通会议"就成了费曼理论的庆功会。这是见证 QED 诞生的三部曲的第三部，量子电动力学的费曼方法成了这个会议的中心议题，费曼也成了中心人物。这时他还差一个月才满 31 岁，用我们现在的流行语说，已经成为世界物理学界的"领军人物"了。戴森以不容置疑的资格参加了欧德斯通会议，会后不久他在一个报告中骄傲地宣告："我们有了宇宙的钥匙。量子电动力学是有效的，而且可以用它做任何你想做的事。我们懂得了如何计算关于电子和光子的每一件事情。现在剩下来的只是用同样的思想去弄懂弱相互作用，去弄懂引力，并且弄懂核力。"

又一个乐观的预言家。这让我想起，20 世纪 30 年代初，玻恩就预言物理学将宣告结束，物理学家可以改行去搞生物学。然而玻恩话音未落，量子世界的天空就笼罩上"二次紫外灾难"的乌云。在乌云刚刚被驱散的现在，我们能相信戴森吗？卖个关子，戴森所说的"剩下来的"弱力、引力和核力的事，我在后面的篇章再说。

但不管怎么说，QED 至今仍被认为是科学史上最成功的理论之一，特别在电磁相互作用领域，它是最精确的理论，其精确度甚至超过了号称严格确定的经典力学。比如兰姆移位，已经算到了能级差的理论值为 1057.884 ± 0.013 兆赫，而实验值是 1057.862 ± 0.020 兆赫。再有电子磁矩，按狄拉克方程计算为 1。考虑到电子不是直接与辐射场耦合，而是在发射虚光子的过程中（如图 17.3A）耦合，因此必须通过 QED 计算进行修正。考虑一个虚光子为一阶修正，两个为二阶修正，以此类推，计算得越多，数值就越精确，不过修正值也越来越微小。但工作量是巨大的。到 20 世纪 80 年代中期，包含 3 个虚光子的计算才宣告完成，得出的磁矩值为 1.00115965246，实验观测到的是 1.00115965221，精确到了小数点后第 9 位。用费曼的话说就是——从纽约到洛斯阿拉莫斯（约 5000 公里）只误差了像头发丝那么一丁点。

因在量子电动力学方面的贡献，1965 年的诺贝尔物理学奖授予费曼、施温格尔和朝永振一郎。难道真的是又一个狄拉克？费曼也想到了拒领这个奖。他打电话向祝贺他的记者询问，有什么办法能推掉这个奖。记者跟卢瑟福一样聪明，他说如果拒奖将会引起更轰动的新闻。费曼倒不像狄拉克那样因为害羞，他喜欢作秀（show），喜欢轰动效应，害怕的是名声带来的一系列与学术无关的副产品——祝贺电话、庆祝活动、获奖演讲，包括穿正装，这会让他不胜其烦、不堪其扰。学生们才不管他的烦恼，在行政大楼上悬挂了一条大横幅"WIN BIG，RPF"（赚大了，R. P. 费曼）。

六

1951 年，费曼转任加州理工大学教授。此前两个大学为争夺他展开了恶性竞争，让费曼渔人得利，不仅薪水大幅提高，而且到新学校后马上可以享受一年的休假。费曼恋爱和婚姻一直不顺，直到阿琳去世 7 年后的 1952 年才与一个教艺术史的教师玛丽结婚。这段婚姻是灾难性的。玛丽强力改变迪克自由散漫的习性，希望他能成为一个尊贵的教授。每当朋友和同事看到费曼一身休闲服出现时，他们就知道一定是玛丽外出了。4 年后两人分手。1958 年费曼在瑞士遇到了 24 岁的英国女孩格温内斯，后者正在打工挣钱以完成她的周游世界计划。费曼建议她去美国做他家的女佣，结果这个"女佣"就做了一辈子——他俩于 1960 年结婚。

费曼不注重学术成果的发表和优先权的争夺，因为研究过程是他最大的乐趣，但成果却与他终身相伴。1939 年，21 岁的费曼的大学毕业论文《分子中的力》，就包含了一个计算分子和晶体中的原子行为的简化方法，后来被称为"费曼－赫尔曼（另一位独立发明者）定理。量子电动力学成功后，过了 30 岁的年龄一般人很难再出重大成果，但费曼似乎有着永不枯竭的创造力，在超低温领域，弱相互作用和强相互作用领域，依然做出了世界级的贡献，对宇宙的四种基本作用力，费曼都有卓越的研究，而且还涉足了分子生物学和宇宙天文学。1986 年，美国"挑战者号"航天飞机失事，费曼参加事故调查委员会。他居然像玩把戏般地把一杯冰水和一个橡皮环带进了会场，形象地说明失事的原因是低温下密封橡胶的硬化，这在当时引起了轰动效应。

在诸多奖项中，他特别自豪的是 1972 年获得的奥尔斯特教育奖章。他把讲台当作舞台，像演员一样享受表演的乐趣，抑扬顿挫，绘声绘色，手舞足蹈，深入浅出，起伏跌宕。根据讲课内容整理出来的《费曼物理学讲义》畅销世界几十年。戴森最初认识费曼时，觉得他是"半个天才，半个滑稽演员"；待到有了更深的认识，就认为他是"完全的天才和完全的滑稽演员"。这位世界一流的大物理学家从不把自己当干部，和学生还跟哥们儿似的，他的办公室随时向学生敞开。当然也有忙得不可开交的时候，他就会不客气地大吼："出去，忙着呢！"

玛丽跟费曼离婚是正确的，他永远也"尊贵"不起来。连泡利这种不拘小节的人都困惑："这个聪明的年轻人怎么说起话来像个无业游民？"他的交往很杂，大学生研究生姑且不说，跟酒吧女郎、脱衣舞娘和赌徒他都能侃得一身劲。他获诺奖后有个朋友跟他打赌——如果费曼10年之内不任要职就输10美元。结果那个朋友输了，而且他一生中也没任过什么"要职"。他打小就会修收音机，在洛斯阿拉莫斯表演过开保险柜，用密码与阿琳通信捉弄信件检察官，敲邦戈鼓是专业水准，晚年画画好像还有点水准。总之，好像对什么都好奇，什么都能让他着迷。

1978年，60岁的费曼被检出患了癌症，肚子里长了个有足球大的14磅重的肿瘤。手术前四天，来探病的一个同事无意间提起他们共同研究的课题中的一个问题，接下来费曼就陷进去了。同事离开医院两小时后，就接到费曼的电话——他找到了解决方法！同事后来辛酸地说："他还不知道是否能活过这个星期，但此刻他却为弹性理论中一个其实并不重要的问题而全神贯注。"生病也被他当作了一次历险，一个科学研究项目。他开始研究自己的病理，按教科书，得了这种病生命的期限不会超过十年，他据此观察自己的病情变化。疾病严重损害了他的肾，手术摘除了一个，剩下的一个也有问题。于是他就找到了有关肾病的医书研究，果然颇有心得。他会饶有兴致地给人讲解肾的工作原理，眉飞色舞地说："这倒霉的肾是世界上最令人着迷的东西。"他依然故我地快乐，甚至还为一个舞剧当伴舞演员，演一个敲邦戈鼓的酋长，从此又有了"酋长"的雅号。可是祸不单行，20世纪80年代初，他摔跤撞了头，在颅骨上打了两个洞排除积液。病床上，他兴致勃勃地拉着探病朋友的手说："摸摸这儿，我的头顶真的有洞耶！"

费曼到底没熬过十年，经过了四次手术，到 1988 年 2 月剩下的一个肾还是加速衰竭，癌症又复发了。他与妻子格温内斯和妹妹琼共同决定停止透析治疗，因为这只能延长痛苦。费曼最后一次从昏迷中醒来说了最后一句话："死的过程真烦人。"1988 年 2 月 15 日，费曼永远告别了这个始终让他好奇和着迷的世界，终年 69 岁。费曼去世的第二天，加州理工大学的学生们从十一层的图书馆楼上悬挂了一条巨大的条幅"WE LOVE YOU DICK"（迪克，我们爱你）。美国的学校不太讲究"师道尊严"的教育，这种爱是由衷的。

营地夜话（4）

朋友们：

　　怎么了？情绪不高嘛。是不是还没从失去费曼的惆怅中走出来？是啊，一个事业和生活中的快乐制造者，竟然有一个如此痛苦的生命终结，实在叫人揪心！不过大家想开点，听听迪克是怎样开导我们的：

　　　　是啊，这（指快要死去这一事实）令我烦恼，但并不像你想的那么烦，因为我感到我好像给人们讲了足够多的故事了，而且在他们内心里我已经占据足够多了。我似乎已经把自己传播到了所有的地方。因此我死的时候可能并不会完全消失。

　　是的，迪克永远占据我们的内心。在我的脑海中，费曼永远是那个敲邦戈鼓的、快乐的迪克，他跟顽皮的量子精灵一样永远年轻！

　　跟精力充沛的费曼一样，我们的量子精灵总是不失时机地表现自己和实现自己。在一战和二战间的"二十年的停战"期中，科学家在前十年刚完成量子力学基本理论体系的建构，后十年就马不停蹄地进军到了原子的核心——原子核，发现了原子核的基本结构和相互作用力。我们的量子精灵还是心地善良的，它也不是一味地大踏步前进，该慢的时候它又会很识时务地轻移莲步。1934 年费米的"罗马军团"已经在实验中制造出了原子裂变，而理论揭示却拖延到了希特勒和墨索里尼基本完成了对物理精英驱赶和二战即将爆发的 1939 年，使得这个理论的进一步深入发掘以分阵营的形式进行，而邪恶轴心国的物理研讨会上，已经失去大部分最具创造力的脑袋。真是天道酬善哪！

二战前我们获得了博大精深的狄拉克方程，量子力学和相对论这两大现代科学范式联手攻克了原子城堡，弄清了原子和原子核结构，掌握了基本粒子的内禀属性。二战后不到 5 年，我们又拿下了量子电动力学，把电磁相互作用收入囊中，使电子和光子这类自然感官根本无法观察的微观物质的运动，也能像行星和卫星这样的宏观物质的运动一样精确计算。可不要把电磁力仅仅理解为电灯、电话、无线电和电动机之类带电物质的现象，还要包括电中性物质之间的作用。牛顿力学体系无非是两种力：惯性力和改变惯性的力——作用力，而作用力的形成机制，无非就是电磁作用。比如，你盛怒之下推了我一个趔趄，可以解释为你手掌原子的核外电子与我身体原子的核力电子之间的斥力。我们已经见识过牛顿万有引力定律的精确预测，现在量子电动力学的计算比牛顿的计算还要精确，创立量子物理的英雄们，你们真是太伟大了！

古希腊先贤原子和虚空的画面，现在演化成了物质和作用力的形构。QED揭示的电磁相互作用表明，电子之间并非通过绝对真空超距作用，居间的是一个电磁场即光子场，电子之间不会硬邦邦地相撞，一定会交换一个媒介物——光子。电子是费米子，光子是玻色子，二者就对应了古人的原子和虚空。原子与虚空的区别，并不是如古人所说的存在与不存在的区别。虚空之所以被认为是虚空，仅仅是因为玻色子不服从不相容原理。我们可以在虚空中驰骋纵横，不过是作用场的玻色子们不与费米子一般见识，允许构成我们的费米子占有它们的量子态。当然作用力不仅是电磁力，还有引力、弱力和强力。这不重要，举一反三嘛，我们完全可以合理地认为存在着相应的玻色子——引力子、弱力子和强力子。好在我们已经有了攻克相互作用机制的现代武器——QED，假以时日，我们定能一一拿下。但饭要一口一口吃，路要一步一步走，现在夜深人疲，我们的任务是——睡觉。

大家把帐篷扎牢固喽，不要在帐篷内抽烟，防火防盗！

福尔摩斯和华生晚上在帐篷里宿营，跟咱们一样。半夜里福尔摩斯叫醒华生问："满天的星星告诉我们什么？"华生很有学问地答道："说明我们要谦虚和谦卑，宇宙浩瀚，地球很渺小，人类更渺小。"福尔摩斯说："恭喜你，答错了！满天的星星告诉我们，我们的帐篷被人偷掉了！"

原子科学家的"帐篷"其实早已被偷掉了。他们发现了那么多的"基本粒子"，其实大多不是在地球的"帐篷"里获得的，而是从浩瀚宇宙发来的射线中观测到的，是满天的星星告诉他们的，当然也有粒子加速器制造出来的，但人造的加速器无非是对"星星"的模仿。浩瀚星空，数以万亿计的恒星，每一个能量都比最强大的人造粒子加速器大得无法比拟。正是在这种极端条件的"酷刑"下，量子才肯招供更多的秘密。太多的秘密未必是好事。黑社会团体里，知道秘密越多死得越快；科学家知道秘密越多，理论建构就越困难。但我们不得不面对"满天的星星"，科学范式必须经得起特例和反例的考验，科学事业就是一场无休无止的"西西弗斯苦役"，这是科学的命运，认命吧！

在原子里埋头钻营了许久之后，让我们抬头仰望一下星空。我们的量子精灵也憋屈了很久，也让她去遨游一下太空吧。又是一段艰难的旅程。管他呢，争取今晚睡个好觉。Have a good dream!

量子世界

LIANGZI SHIJIE

第五篇 ┃ 量子翱翔宇宙

Number

5

第十八章 呜咽的黑洞

一

以浩渺无边的印度洋面为参照系，我们根本无法判定"劳埃德·特里埃斯蒂诺号"——一艘从印度驶往欧洲的海轮——是运动还是静止，只有船舷激起的浪花告诉乘客它还在提供着船票买来的服务，时间无奈地被辽阔的水面铺展得无边而缓慢。乘客主要是欧洲人——意大利人、德国人，更多的是英国人。枯燥的旅途，狭小的空间，再矜持的人也变得热情好客，在这水天一色单调的海面上，乘客唯有通过交往来制造行程的风景，小伙子无厘头的调侃，姑娘无理由的浪笑，倒也给空虚的时间添加进活跃的调料。这是 1930 年 8 月。

三等舱的一个集中的区域，住着 12 个 20 岁上下的印度年轻人，他们是前往欧洲留学的学生。这种住宿安排表面上是方便他们交往，打心眼里是防止他们过多地妨碍"上等的"欧洲人的观瞻——种族歧视是那个时代的常态。他们中一个 19 岁的年轻人似乎不太合群，此刻他正在甲板上的一张帆布躺椅上看一本英文的专业书。

这位年轻人叫苏布拉马尼扬·钱德拉塞卡（Subrahmanyan Chandrasekhar），朋友们习惯叫他"钱德拉"，1910 年 10 月出生在印度的旁遮普邦首府拉合尔（1947 年印度分割时这里被划归巴基斯坦）。祖父是一个教育家和数学教授，对国家的贡献不说，在自己的家族中就造就了两个诺贝尔奖获得者：一位是亚洲

298

第一个诺奖获得者拉曼，是钱德拉的叔叔，至于这第二位，就是本章的主人公——不过获奖还是半个世纪以后的事。祖父在钱德拉出世前 7 个月就去世了，年仅 46 岁。他留下了一个门类齐全的家庭图书馆，对钱德拉心智模式的建构起决定性作用。父亲亲自操刀儿子的启蒙教育，所以钱德拉 11 岁才进正规的学校，直接就读中学三年级。这时他们一家已经迁到了马德拉斯。钱德拉在中学里的卓越的数学才能令人惊叹，以至于当老师知道他爱吃一种叫"黄秋葵"的蔬菜时，就建议所有的孩子都多吃这种菜。

好像是柳青的话吧——"人生的道路虽然漫长，但紧要处常常只有几步"。所以我觉得更伟大的是钱德拉的母亲，她在钱德拉成长的路途上的两个紧要处成就了儿子正确的"几步"，这在印度这个以父亲为独裁家长的社会中更显得难能可贵。印度女孩一般十三四岁就嫁人，钱德拉的母亲也不例外。母亲受过几年基础教育，出嫁后就中止了。钱德拉的两个姐姐也是同样的命运，母亲也很无奈，因为一切由父亲说了算。她只能以自己的努力与命运抗争，她一共生育了十个子女，仍不懈地自学。在家庭的初级教育中，总是父亲教英语，母亲教泰米尔语（当地的语言）。她自学英语达到了可以为杂志翻译世界名著的程度，并且在报刊上发表文章。钱德拉大学原本要选数学专业，父亲要他选物理学他也不反对，但他对父亲的前途设计却不愿苟同。从爷爷那一辈起，观念就是学而优则仕。爷爷本人因为大学期间组织策划反英学生活动的"政治污点"被阻止进入国家机构，不得已才从事教育。叔叔拉曼则是一个"民科"，正式职业是财政部的技术干部。父亲大学毕业后也考进了"国企"——铁路公司，一直在会计部任职。因此在父亲的眼里，考国企和公务员是钱德拉的不二选择。只有母亲支持儿子捍卫自己的兴趣爱好，她对钱德拉说："你应该做自己喜欢的事情，不要听他的，不要被吓倒。"1930 年，钱德拉大学毕业就获得了国家奖学金赴英国攻读博士学位，但他自己犹豫了。母亲的胸膜炎已经很严重，也许不久于人世，按传统习俗，儿子在这种情况下不该"远游"，家人和亲友们也这样认为。但母亲斩钉截铁地对儿子说："你必须去，必须尽力追求自己的理想。"对那些劝阻儿子的亲友们，她说："钱德拉是为世人而生的，而不是为母亲而生的，他是一个母亲能给世界的唯一礼物。"母亲如此坚决，部分原因是小叔子拉曼所致。她十几岁嫁过来的时候，拉曼的轻蔑深深地伤害过她。这个不太懂事的小叔子经常对小嫂子的容貌、学历和才艺冷嘲热讽，并且经常对小嫂子羞辱般地炫耀自己的妻子——一名有造诣的七弦琴手。母亲一心要让自己的儿子超过叔叔，否则在印度，钱德拉就算有再大的成就，人们也会说他是"拉曼的侄子"。病重的母亲连送儿子去火车站都不可能了，她交代家人给离国的钱德拉戴上花环。她说："我也许不能见到他戴着成功的花环回来了，所以我希望看到他戴着花环离去。"

现在在"特里埃斯蒂诺号"上的钱德拉虽然只有19岁，但已经是印度的物理学名流了。此行他要去英国的剑桥大学师从福勒继续他的物理学研究。大学二年级结束的那个暑假，1927年夏，钱德拉就自学了索末菲的《原子结构与光谱线》。在整个印度估计也没几个人读过这本书。因此当1928年索末菲访问印度到马德拉斯时，钱德拉有幸得到这位大师的单独接见。他从索末菲那里得知，在最近的几年里，物理学又发生了革命性的变化，量子力学体系已经建立。索末菲还让这个年轻人看了一篇自己运用刚提出的费米－狄拉克统计方法研究原子内电子的文章。在接下来的时间里，钱德拉就狂热地学习量子力学的最新成果，并在很短的时间内写出了自己的论文《康普顿散射和新统计法》，发表在这一年晚些时候的英国《皇家学会会刊》上。紧接着的1929年1月，钱德拉就被邀请到印度科学大学去宣读论文，1930年1月他参加了印度科学协会。1929年夏海森堡访问马德拉斯，钱德拉有幸当了一天的"导游"，与量子力学大师零距离接触。

二

蜗牛似的海轮终究赶不上太阳西沉的步伐，似火的骄阳把天幕让给了幽冷的星斗。同行的朋友都去酒吧和舞场打发难挨的夜晚去了，甲板上的孤寂唤起钱德拉对母亲的思念，头顶璀璨的群星也同情地眨巴着眼睛。成功，是对母亲最好的慰藉；星星，是钱德拉编织成功花环的材料。

满天的"星星"，除了少数几颗太阳系的行星外，每一颗都是一个炽热的"太阳"，在以亿年计的漫长岁月里不停地燃烧，在宇宙中辐射着巨大的能量。高温下物质粒子将具有更大的争取自由的能量，一锅水加温到 100 摄氏度，水分子都会变为水蒸气蒸发，如果是一个堵塞了排气阀的高压锅，它们能把这口锅给炸飞。而"星星"，准确地说是恒星，以千万摄氏度甚至以亿摄氏度计的高温，物质粒子怎能不在宇宙间"自由飞翔"呢？对，万有引力——巨大的引力把无数炽热的物质粒子束缚在特定边界的空间中，使其成为一团熊熊燃烧的火球，我们叫它们"恒星"。但恒星的燃料再多也有燃尽的时候，那么恒星的命运将如何？根据地球人的经验，无非变成地球一样的固体，因为我们地球也曾是一团炽热的气球。但事情恐怕没有那么简单。19 世纪末，天文学家就发现了天狼星（恒星）有一颗亮度只有它万分之一的伴星——"天狼星Ⅱ"。通过对各种观察数据的综合分析，天文学家得出一个惊人的结论：这颗体积比地球还小的伴星，却拥有着太阳质量的 1.05 倍，物质的平均密度达到每立方厘米 4 吨（而地球上的水每立方厘米只有 1 克）！如果用这个伴星的物质来造你，又要保持体重不变，你妈妈就只能用大功率显微镜找你回家吃饭了。燃烧的恒星靠离散分子的热运动抗衡引力收缩，是为"热压力"；固体物质靠原子间的斥力抗衡引力收缩，是为"岩石压力"。然而最重的矿石也就每立方厘米二十几克，无论如何也解释不了每立方厘米几吨重的物质现象——经典物理对天狼星Ⅱ这类"白矮星"现象失效！ 1926 年，福勒（狄拉克的导师）发表论文《论致密物质》，用刚刚诞生的量子力学对白矮星现象做出了合理的解释。钱德拉把这篇论文带到了船上，再一次重温。

我们知道，物体最终是由分子、原子组成的。由玻尔的量子化原子模型和泡利的不相容原理我们知道，原子的体积是靠电子云撑出来的。尽管原子核的质量占到了原子总质量的 99% 以上，体积却只占大约十万分之一。如果说原子是一个西瓜，那原子核就比一粒芝麻还小。正是有了不相容原理，核外电子步步为营、层层设防，抵御着一切来犯之敌，使物体有了形状和硬度。在地球上讨论原子物理，我们基本不用考虑万有引力，但当一个天体的质量可以与太阳质量比拟的时候，这个因素就不可忽略了。一旦恒星燃料燃烧殆尽，温度下降，恒星就会收缩，从而更加致密。我们知道万有引力是叠加的，并且与距离的平方成反比。在收缩的过程中，每一个原子承受的引力就会指数化地增长，到了一个阈值，原子会被"压碎"——电子脱离原子核而成为自由电子，原子核则成为暴露在光天化日之下的"裸核"。这时候恒星就不是可以想象的"收缩"了，而是断崖式的"坍缩"！ 天狼星Ⅱ上显然是发生了这样的坍缩，否则无法解释如此高的物质密度。

问题是，坍缩会到此为止吗？理论上不会。因为坍缩会导致引力指数化地增大，而引力增大又会加剧断崖式的坍缩，这种互为放大的正反馈作用，一般会有毁灭性的悲剧结果。天狼星Ⅱ、太阳以及一切恒星向何处去？它们的归宿是什么？

原子被压碎后，电子脱离原子核的一元化领导而分崩离析，乱成了一锅"电子粥"，而核子就是浮游在粥里的"肉丁"，经典物理的原子斥力失去了基础。然而，电子还是自旋为半整数的"费米子"，依然遵守不相容原理，服从费米－狄拉克统计，不能占据相同的空间。电子之间因不相容原理而产生的空间排斥力，就形成了"电子简并压力"。简并压力是由不确定性关系式（$\triangle q \cdot \triangle p \approx h$）决定的，恒星的坍缩导致物质密度加大，而密度大意味着电子的活动空间即位置不确定性$\triangle q$减小，从而动量的不确定值$\triangle p$逻辑性地增加——$\triangle p \approx h/\triangle q$。真是太神奇啦！引力和坍缩互为放大的恶性循环被打破了！坍缩加剧的结果是电子动能的猛增即电子简并压力的加大，一直大到简并压力＝万有引力时，坍缩就停止啦！如此睿智和善解人意的设计，无怪乎斯宾诺莎要把神奇的自然称为全智全能至善的"上帝"。福勒的研究表明，恒星坍缩最终会导致电子简并压力与万有引力平衡的稳定态，这种稳定的天体就是"白矮星"。福勒的结论是，白矮星就是宇宙中一切恒星的唯一终态。恒星总算有了一个稳定的归宿，避免了一个无限坍缩的恐怖结局，天文物理学家对地球人也有了个交代，大家长嘘了一口气——唉，总算有惊无险！

夜间凉爽的海风吹过，钱德拉的思维似乎也变得更加清晰。白矮星简并态构筑的防线难道就那么固若金汤吗？简并压力的增加似乎是无极限的，$\triangle p \approx h / \triangle q$，当位置的不确定值 $\triangle q$ 趋向于无穷小时，动量的不确定值 $\triangle p$ 就会趋向于无穷大。可是，如果加进相对论的考虑呢？钱德拉突然一激灵：对呀，极限是存在的！电子被束缚在越来越小的空间里，它们的速度会越来越快，速度的增加，根据经典力学，固然是增加物质的动量，而根据相对论，还有另一种效应——转化为质量，而质量的增加将成为加速的阻力！由此观之，简并压力不见得一定是线性增加的。对，必须把相对论和量子力学结合起来考虑恒星坍缩问题！

量子力学与相对论的结合——何其艰难而伟大的事业！好在 19 岁还是一个不知天高地厚的年龄。钱德拉也顾不上在甲板上纳凉了，钻进闷热的船舱里挥汗如雨地计算。他计算出，在天狼星 Ⅱ 的密度下，电子速度将达到光速的 57%，还可以不考虑相对论效应，天体每收缩 1%，能产生 5/3 的压缩阻抗，足以平衡引力的增加。这是白矮星能保持稳定的理论基础。但在思想中把电子的速度继续加速到接近光速，考虑相对论效应，同样的收缩率将只能产生 4/3 的阻抗，这样的阻抗将跟不上引力增加的步伐，引力最终会像当初压碎原子一样击溃简并防线，新一轮的坍缩又将开始！现在再计算，多大质量的恒星，才能有足够大的引力，以达到阻抗增速的拐点。

海轮行驶了半个多月到达意大利的威尼斯，然后钱德拉从这儿乘火车于 1930 年 8 月 19 日到达伦敦。这时他已经计算出了白矮星的极限质量——太阳质量的 1.4 倍，换言之，只有这个质量以下的恒星，才能维持简并压力与万有引力的平衡，超过这个极限，恒星会进一步坍缩。以后科学界称之为"钱德拉塞卡极限"。

三

直到 10 月 2 日钱德拉才见到度假回来的福勒。尽管他在世界物理学界已经大名鼎鼎，但由于没有空缺的教授席位，福勒现在还是讲师。到英国这一个多月，除了办理烦琐的入学手续，还有海轮上的新发现也被写成了论文《论相对论性简并》。这篇论文，连同在印度已经完成的《论非相对论性简并》，是他给福勒的见面礼。关于非相对论性简并的论文，福勒连声称赞："很好，很好！"对相对论性简并，福勒表示他没有把握，但可以寄给牛津大学的天文物理学教授米尔恩看。米尔恩怀疑或不同意这个观点——尽管也提不出什么有力的反驳。确实，那种无限的坍缩是不可思议的，说难听点儿就是"痴人说梦"！所以米尔恩善意地劝告钱德拉，这个观点的发表"只会损害你的名誉"。钱德拉一气之下把论文寄到了美国，经过艰苦的说服，于一年之后发表，但没有引起广泛关注。

出国几个月后，母亲就因病去世了，钱德拉很悲伤，能做的就是拼命读书学习，实现母亲的遗愿。他几乎没有娱乐，没有社交，不泡妞，不交朋友，贪婪地吮吸科学营养。第二个学期，福勒出外做学术访问，换狄拉克做导师。对这位导师，钱德拉是佩服得五体投地，只是钱德拉脑腆得出奇，连走路都尽量贴着墙根走，"像个贼一样"（钱德拉语）。1931 年暑期，钱德拉到哥廷根的玻恩的物理研究所学习了几个月，1932 年暑期后到哥本哈根玻尔的研究所学习了大半年，"金三角"占了两角，钱德拉算是大大开了洋荤。其间钱德拉发表了不少研究成果，在天体物理学界小有名气。1933 年获得博士学位后，钱德拉又竞选上了剑桥三一学院研究员，这意味着他还可以在剑桥再待上 4 年。

到了 1934 年，学位到手的钱德拉重启白矮星研究。英国皇家天文学会的会长爱丁顿（Arthur Stanley Eddington）在这个问题上正与米尔恩吵得不亦乐乎，他也很想知道白矮星的内部结构，因此大力支持钱德拉的研究，专门把另一个学者手头用着的手摇计算机调给他用，弄得那位学者很不愉快。1934 年 10 月到 12 月，爱丁顿每周至少一次，有时一天三次到钱德拉的住所，及时了解他的研究进程。如钱德拉说，在四个月的时间里，每天他都要工作 12 个小时。这年年底，钱德拉向皇家天文学会提交了两份论文，并接到学会邀请，在 1935 年 1 月的会议上介绍自己的成果。四年磨一剑，即将试锋芒，钱德拉既兴奋又紧张。

想到他已经计算了 10 个有代表性的白矮星，全部符合他预测的小于 1.4 个太阳质量的条件，他感觉成功即将降临。令人不安的是，爱丁顿有些诡异。会前钱德拉得到了一份会议的议程安排，发现爱丁顿在他之后也有一个"论相对论性简并"的发言。这就很奇怪了，爱丁顿与自己几乎是朝夕相处，可前者在这个问题上的观点怎么一点儿口风都没透露过？出发前在三一学院两次见到爱丁顿都是怪怪的。第一次他说已经关照会议秘书，把通常的 15 分钟发言给钱德拉延长到 30 分钟。第二次他诡谲地笑着说："我将给你一个惊喜！"

英国皇家天文学会的会议于 1935 年 1 月在伦敦举行，这本该成为天文物理学史上一个具有里程碑意义的事件，只可惜……

钱德拉首先介绍自己的观点：泡利的不相容原理决定了白矮星是一种电子简并压力与万有引力的平衡态，但把这个原理运用到相对论系统，我们会发现存在着一个临界质量 M_0，恒星质量一旦超过这个极限，缓慢增加的简并压力将与依然指数化增加的引力失衡，重新开始辐射—坍缩—辐射—坍缩的循环，直至恒星的半径只有几公里，引力趋向于无穷大，连辐射都无法逃逸，这种坍缩才会终止于一个"奇点"。钱德拉就差提出"黑洞"（Black Hole）这个概念了。这个概念在 32 年后的 1967 年由惠勒提出。

爱丁顿紧接着钱德拉发言。他一上来就很煽情地说："我不知道是否应该逃离这个正在召开的会议，（跑慢了就会被钱德拉的黑洞吞噬！）不过我论文的论点是，并不存在像相对论简并这样的东西！"（上帝保佑，大家得救了。）为什么不存在相对论简并呢？爱丁顿说因为它荒谬！（这种论证方式本身就荒谬如中世纪的教会——上帝一定不会容许荒谬的事情发生。）他说，"各种不同的偶然事件也许会介入以拯救地球"，"我认为应该有一条自然定律阻止恒星以这种荒谬的方式行动"！（"也许"？"应该"？彻底无语！）爱丁顿也承认从钱德拉的数学推导中"是找不到错误的"。但是，"此公式是基于相对论力学和非相对论量子力学的结合，而我并不把这种结合的'产儿'看作'婚生的'"。（原来相对论和量子力学没有领结婚证，所以我们不能承认他们生下的私生子！）爱丁顿号召大家回到福勒的"普通公式"去，当个守法公民，过安生日子。总而言之，恒星只有一个终态，那就是白矮星。

爱丁顿的发言妙趣横生、机智幽默，引起会场里阵阵笑声。我不由得想起18世纪末，西方有传教士在中国宣传"地圆说"时，清朝一个饱学大臣叫杨光先，撰文讥讽说，如果地是圆的，那么就意味着有人直立，有人倒悬，"夫人顶天立地，未闻有横立倒立之人也"，"有识者以理推之，不觉喷饭满案矣"。于是"地圆说"在国人的哈哈大笑中被"驳倒"。现在英国的天体物理学家们也犯了与清朝臣民同样的错误。而钱德拉满耳朵听到的是冷嘲热讽和奚落羞辱，一个科学理论无论它是对是错，怎么能用这种漫不经心的态度和轻率的方式来对待呢？可还没等钱德拉做出反应，会议主席已经有请下一位发言人了。其实在天体物理学家中，理论物理的水平普遍不高，他们既听不懂钱德拉的论证，也听不懂爱丁顿的反驳。在同等条件下，大家就选择相信德高望重的权威而不是乳臭未干的年轻人，特别还是一个印度人。散会时，钱德拉颓唐地坐在座位上，路过他身旁的同行们以安慰失败者的口吻说："这太糟糕了，太糟糕了！"

第二天钱德拉坐火车回到剑桥，天空笼罩着浓郁的阴霾，大气运行着彻骨的寒气。离开前还生气勃勃的房间，现在是一片死寂，火在壁炉里幽幽地燃着，似乎也辐射不出热量，钱德拉的心凉透啦！4年多的苦心孤诣，就这样毁于一旦！钱德拉像行吟诗人一样在清冷的房间里踱着步，嘴里重复地念叨着：

世界就是这样终结的，世界就是这样终结的，世界就是这样终结的。

不是伴着一声巨响，而是伴着一声呜咽！

也许权威的障碍只能用权威的力量来摧毁。钱德拉想办法把自己的观念介绍给了玻尔、泡利、狄拉克和冯·诺伊曼等量子力学大师，他们都对钱德拉表示了理解和支持。泡利还是那么直截了当："爱丁顿并不懂物理学，不相容原理运用到相对论系统是毫不含糊的！"不过也就那么一说，结果没谁愿意站出来帮钱德拉挑战爱丁顿。于是爱丁顿稳稳地坐在教皇的宝座上，轻轻挥动权杖便把钱德拉标新立异的"异端邪说"化为无形。而钱德拉则像徒劳的堂吉诃德，使尽浑身解数也只能击碎无谓的风车，他成了一个无人喝彩的孤胆英雄。

1939年7月在巴黎召开的一次国际性的天文物理学会议上，已经在美国工作的钱德拉再次报告他的天体演化研究新成果，爱丁顿照例在钱德拉之后发言，用老套路把钱德拉又痛扁了一次。这次会议后，钱德拉就决定不再发表天体演化终态方面的任何意见，在 1939 年出版的《恒星结构研究导论》中他总结了自己的研究，从此离这个领域绝尘而去。

剑桥（Cambridge，旧译"康桥"）的中国老校友徐志摩 1928 年作的《再别康桥》好像是为两年后入学剑桥的印度小学弟钱德拉量身定制的——

悄悄的我走了，

正如我悄悄的来；

我挥一挥衣袖，

不带走一片云彩。

四

电子简并防线会被击溃吗？被击溃的那一刻会发生什么？此后上帝真的就没办法阻滞恒星向黑洞挺进的步伐，会不会再布下新的防线？

弗里兹·茨维基（Fritz Zwieky），瑞士人，1922 年，24 岁时在瑞士苏黎世联邦工业大学取得博士学位（算是爱因斯坦苏工大的校友），1925 年，由美国伟大的实验物理学家密立根（Robert Millikan）举荐到美国加州理工学院任教。茨维基的脾气糟糕透顶。他总是向同事炫耀，他心中有一条通往终极真理的道路，所以在他看来，自己永远正确，别人永远错误，常在发表的文章里猛烈地攻击别人。就连密立根，给了他这个饭碗同样也能端掉他的饭碗（密立根是学院的实权人物）的人，学术上好歹也是 1923 年的诺奖获得者，他也对其不屑一顾，攻击密立根"基本上产生不出新想法"。对学生也很恶劣，他会拒绝他认为不能领会他思想的学生听他开的课。总之，在领导和同事的眼里，他是一个"令人头痛的小丑"；在学生的眼里，他是一个"杀伐无度的暴君"。有人向密立根提起，这样的人为什么还要留在加州理工？密立根回答说："茨维基的远见中也许有些是对的。"事实证明，茨维基对宇宙的直觉常常是对的，而密立根对人的直觉也常常是对的。

就这么个臭脾气，茨维基还不喜欢像狄拉克那样单兵作战，他更愿意协同作战。他还在当时世界最大的威尔逊山天文台兼职，于是有机会结识从德国来的天文观测家巴德（Walter Baade）。他俩都说德语，并且互相钦佩对方的成就，因此走到了一块儿。1932 年至 1933 年，人们常常听到他俩用德语激烈地争论关于"超亮度新星"的课题。原来从 19 世纪末起，天文观测发现一种很奇怪的天体现象：某颗星星的亮度会突然放大亿倍以上（后来的观测研究表明其发光能力是太阳的 100 亿倍甚至更高），一个多月后又会慢慢暗淡下来，恢复常态。恒星何以获得如此巨大的能量来完成这一爆发呢？

科学发明的一个重要的工具是超凡的联想能力。20 世纪 30 年代初的最新理论，天文学的"钱德拉塞卡极限"和物理学的中子理论，被联想到"超亮度新星"的天文现象，一个有关天体演化的最富有创意的假设就被茨维基和巴德提出来了。这是于 1934 年 1 月他俩在美国的《物理学评论》中联名发表的研究报告中提出来的，在以后的四年中，他们又进一步地完善了自己的假设。1934 年的报告被称为"物理学和天文学史上最富有远见的文献之一"。在他们的论文中，他们将这一天体现象命名为"超新星"，最重要的是，他们正确地认识到：超新星的产物是——"中子星"（同样是由他们命名的）。尽管我们还不知道这是不是超新星唯一的宿命。

钱德拉指出了超过太阳质量 1.4 倍的白矮星是不稳定的，那么会发生什么呢？当相对论简并发生时，电子简并压力与引力挤压失衡，兵重城破，电子往何处逃？前面说过，白矮星的"电子粥"里浮游着"肉丁"——核子，其中一种是质子，具有与电子相反的电性。在强大的引力攻势下，质子的电性终究抵不住如山倒的电子败兵——电子被压塌进了质子，负电与正电中和，就成了一个中子，这是 β 衰变的一种形式：

质子（电荷 1）+ 电子（电荷 – 1）→中子（电荷 0）+ 中微子（电荷 0）

巨大的压力使电子坍缩进质子，像电子向低轨跃迁会辐射光子一样，这个坍缩会辐射出巨大的能量，恒星因此急剧膨胀、爆炸，发射出巨大的亮光。这就是超新星爆炸的原因，而这个爆炸的巨大能量可以用质能关系式从恒星的质量亏损来解释。等到爆炸完毕恒星重新冷却收缩时，就只有"肉丁"，没有"电子粥"了。中子同样是服从不相容原理的费米子，当恒星足够致密时，中子间的斥力形成的简并压力代替电子简并压力抵御引力的进攻。引力越大，物质越致密，物质越致密，中子简并压力就越强，如果中子简并压力和引力达到平衡，恒星就稳定为中子星。中子星像一个不带电的大原子核，其密度与原子核相当。

茨维基和巴德的中子星假设支持了钱德拉理论——相对论简并是存在的，白矮星完全有可能进一步坍缩。唯一能使爱丁顿宽慰的是：上帝又发明了一种新的形式——中子简并压力——来阻止钱德拉的荒谬结局。

茨维基和巴德最终没能长期合作。二战爆发后，茨维基经常大骂巴德"德国纳粹"，而巴德甚至担心茨维基会谋杀他，觉得跟茨维基工作和生活在同一屋檐下是一件很危险的事。

科学固然是一项理性的事业，但情感有时候也起着很微妙的作用。爱丁顿对钱德拉的批判带有很大的非理性成分，之所以有广泛的"群众基础"，乃因为大多数物理学家都跟爱老一样有一颗悲天悯人之心，都希望恒星有一个好的归宿。相比而言，年轻的科学家就没有那么多愁善感，对新颖性更容易产生本能的热爱。

如果说茨维基喜欢联合作战，那奥本海默则喜欢带兵作战。大概就是这种性格决定了他日后成为曼哈顿计划卓越的领导者。他培养学生的方式是让十几个研究生和博士后组成一个小组，每次跟一个小组讨论不同的课题，学生或旁听，或插话，或发言，或互相批判，气氛活泼热烈，乱刃争锋，灵光迸发。奥本兴趣广泛，中子星假设一经提出，就成为奥本的关注重点。奥本的优势在于，善于从复杂问题的浓云厚雾中透视到核心，在歧路重重的困境中迅速勾画出清晰的线路，而把细节交给自己的助手或部下处理。茨维基的中子星假设的表述极其复杂，正确的洞见与错误的猜想交织在一起，奥本就能迅速摆脱细节的纠缠，直击一个核心问题——中子星是否存在一个质量的极限？这关系到恒星能否最终摆脱黑洞的命运。

奥本首先用几页纸做了一个粗略的计算，结果是令他振奋的：只有 6 个太阳质量以下的中子星可以维持压力与引力的平衡！（哈哈！唯恐天下不乱！）接下来他就要考虑精细计算。这方面，钱德拉已经提供了范本，只需要做三点修正：第一，以中子简并压力取代电子简并压力；第二，引力计算只能用广义相对论方程（而钱德拉用的是更简单的牛顿方程）；第三，必须考虑核力（强相互作用力）效应。对于这第三点，明知道核力作用必不可少，但计算时还只能暂时忽略不计，因为当时的物理学界对核力还知之甚少，甚至不知道它是斥力还是引力（我们在后面将知道，强力作为引力，其强度变化却与万有引力正相反——与距离的平方成正比，即距离越近就越弱，距离远了反而越强）。到这一步，奥本觉得就可以交给学生了。这次他找到了从俄国移民来的沃尔科夫（George Volkfuff）。这时的沃尔科夫获得博士学位不久，接到如此重大的任务使他振奋，经过几个月的艰苦奋斗，他算出了中子星的极限质量——0.7 个太阳质量。怎么比钱德拉极限还小？记住喽，这个计算是忽略了核力的。拿到这个结果，奥本还要考虑两种可能的修正：核力或者减弱压力，或者增强压力。最后得出结论：中子星极限在半个到几个太阳质量之间。奥本和沃尔科夫的研究成果发表在 1939 年的《物理学评论》上，题目为《关于大质量中子核》。奥本不愿搭理狂妄而无理的茨维基，因此宁可使用"中子核"这个不准确的概念。尽管在定量方面还不太精确，但定性的结论却是明白无误的——中子星不是恒星的最后避难所！

之后的事情我们也知道了，奥本和几乎所有优秀物理学家都造原子弹去了，天体演化理论研究也就冷却下来。到了战后，科学的计算手段已今非昔比，拥有了电子计算机（真空管的），对核力的了解也比 20 世纪 30 年代有了长足的进步。现在科学共同体公认的中子星界限是 1.5~3 个太阳质量。总之，中子星的坍缩是必然的。

不管茨维基多么令人讨厌，他天才的洞悉力还是令人叹为观止，由超新星这种天文现象，他居然就猜测出了一种人们从未观察到的天体。当 20 世纪 60 年代天文观测家们亲眼看到中子星的时候，人们就更多地记住了他的好处。

1967 年，剑桥一位 24 岁的女研究生乔斯林·贝尔（Jocelyn Bell）发现了一种有规律的射电脉冲信号，周期在 1.337 秒。以后这类的星星陆续被发现，每秒钟发射几次到几百次的脉冲信号的都有，像我们每分钟跳几十次的脉搏一样，被称为"脉冲星"。这种奇怪的天文现象太激发想象力了，有人解释为是外星人向我们发送信号（暗送秋波？），因此有人给第一颗脉冲星命名为"小绿人1 号"。

文学式的浪漫故事毕竟不靠谱，后来，美国康奈尔大学的汤米·戈尔德（Tommy Gold）用中子星模型对脉冲星做了科学的解释。戈尔德想，如果有一个星球从磁极发射出一束很窄的连续不断的射电信号，这颗星球又每秒钟自转几十次，磁极与自转轴一般是不重合的，二者的夹角甚至可以达到 90 度，那么转一圈信号就可能扫到地球一次，我们在地球上收到的，就是每秒几十次的"脉冲"信号。也就是说，天体发出的信号实际上是连续的，只不过我们收到的是间断的（想一想歌舞厅里的光柱球）。

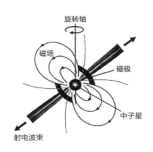

图 181　脉冲星脉冲信号的形成机制原理图

如果地球在射束上方或下方箭头的方向，这颗恒星每自转一周，地球就能收到一个"脉冲"信号。

有三点理由，都需要脉冲星有极高的密度，而且远高于白矮星。其一，即使是白矮星的密度，也不可能有如此强的电磁射束。其二，如此快的自转速度

（0.001~11 秒 / 次）只能用角动量守恒定律（角动量＝半径 × 质量 × 速度）来解释。比如，我们这个半径 6000 公里的地球是一颗白矮星，当它坍缩成了半径只有 10 公里的中子星时，半径就缩小到了原来的 1/600，假设质量不变，在没有外力介入的情况下，要维持原来的角动量不变，就只有将自转速度（24 小时1 次）提高 600 倍，相当于每小时要昼夜更替 25 次。可见脉冲星的自转速度必须是一个天体由一个极大的半径坍缩到极小的半径才有可能。其三，如此快的自转速度，就算是白矮星也会支离破碎，必须有远高于白矮星的密度才经得起这样的折腾。因此戈尔德就认为所谓脉冲星只能是中子星。

西方科学家也是厉害，他们在"蟹状星云"的中心发现有一颗脉冲星，又查到了 900 年前的中国宋代人的记载，在这个天体位置发生过一次白天都能看见亮光的令人恐怖的大爆炸，即现代天文学说的"超新星爆炸"。用中子星理论一衡量，符合得一塌糊涂：宋朝时电子简并态坍缩，引起大爆炸，之后冷却收缩就成了现在的中子星，即观测到的脉冲星，而"蟹状星云"就是爆炸时抛射出来的物质。

脉冲星的发现在天文学史上是具有革命性意义的。脉冲星即中子星虽还不是黑洞，但天文学家们不再怀疑黑洞的存在了，因为既然电子简并压力可以被击溃，我们就没有理由相信中子简并压力固若金汤。中子星的密度已经大得令人恐惧了，可是相对论原理限定了中子简并压力的增加也有一个极限，如果中子星的质量仍大于约 3 倍太阳质量的界限，引力终会超越中子简并压力的极点，把这颗"大原子核""压碎"，中子简并让位给相对论简并，引力大军所向无敌，坍缩无极限！

五

1939 年 7 月的巴黎会议刚刚结束，爱丁顿突然出现在准备离去的钱德拉身旁，充满歉意地说："今晨要是我伤害了你的话，那么我很对不起。我希望你不要为我说的话生气。"钱德拉正烦着呢，就答："您还未改变您的见解，改变了吗？""没有。""那么您对不起什么呢？"说完钱德拉就没好气地别过脸去，把真诚致歉的爱丁顿独自丢在尴尬中。钱德拉很快就为自己的孩子气而后悔。二战在两个月后爆发，英国成了战火中的孤岛，钱德拉关注着英国，他为美国的隔岸观火而恼怒，为美国的参战而兴奋。他牵挂着英国的故人，跟爱丁顿保持着亲密的通信。但他们再也无缘见面，想吵架也不可能了，爱丁顿于 1944 年因癌症去世，终年 62 岁。

与爱丁顿的无望的抗争终使钱德拉醒悟过来，与其在一个领域旷日持久地死磕，不如改换门庭重打锣鼓另开张。1938 年完成了于 1939 年出版的《恒星结构研究导论》后，钱德拉就开始了对恒星动力学的研究，1943 年出版的《恒星动力学原理》是他占领这一领地的一面高扬的旗帜；之后马不停蹄地转战辐射转移的研究，1950 年出版《辐射转移》；又于 20 世纪 60 年代出版《等离子体物理》和《流体动力学和磁流体力学的稳定性》……一部部物理经典，勾画出独特的钱德拉风格的科学之路：平均每几年就转移一次研究领域，在每一个领域都倾力强攻，一旦目的达到就绝不恋战，不期待公认，不需要鲜花和掌声，悄悄地走，不带走一片云彩，轻装投入下一个战场，转攻另一个全新的山头。

己所不欲，勿施于人。钱德拉吃够了权威的苦头，因此刻意不让自己有机会当权威。在他看来，权威不仅害人，最重要的是害己。钱德拉白矮星理论的反对者——爱丁顿、金斯和米尔恩，都是聪明透顶、感觉敏锐的科学家，但特定领域的权威地位使他们失去了谦卑之心，不能虔诚地向自然学习，却虚妄地认为可以命令自然应该怎么做，于是他们的科学道路就走到了尽头。爱因斯坦也犯同样的毛病，以至于在生命的最后 30 年一事无成。而钱德拉由于不断地转移阵地，因此永远是"新兵蛋子"，必须谦虚地学习，但没有必须偏执的金科玉律，没有虚名需要捍卫，就有了海纳百川的胸怀，没有永远的故国家园，却永远有历险的刺激和进取的欲望，没有人把他奉若神明，他就始终保持着年轻的热忱。"其为人也，发愤忘食，乐以忘忧，不知老之将至云尔"，钱德拉好像不会变老。从某种意义上说，是爱丁顿成就了钱德拉。晚年有人问过钱德拉，如果他的研究一开始就得到公认，情形会是怎样？钱德拉说："假如在 30 岁时我的研究就得到公认并不与爱丁顿发生不愉快的争吵的话，我可能会想到诺贝尔奖。结果要是那样，在那个研究方向我就不会有动力，那个研究方向也不会对我有吸引力。"

到美国以后，钱德拉一直从事教学工作，成为美国天文物理学的奠基人之一。他是叶凯士天文台研究生院的创始人之一，他挑头制订了研究生课程，并且讲授了18门课中的12至13门。同时，他们那个研究团队使叶凯士天文台成了世界领先的研究机构。1952年他就任芝加哥大学《天体物理学》杂志的管理编辑，直到1971年。其间他把这个校级杂志升格为美国天文学会的国家级刊物，并使其成为世界最高水准的天文物理学期刊。繁忙的管理和编辑工作可以占用一个人的全部时间和精力，但钱德拉仍坚持教芝加哥大学的研究生课程，以保持不间断的科学研究。他的一生培养了50个博士生。1978年因发现宇宙微波背景辐射而荣获诺贝尔奖的美国天体物理学家彭齐亚斯对钱德拉说过："我和我所有戴着天体物理学家头衔的同事都受到过您的恩惠。"

不少学生脱颖而出、声名显赫，但钱德拉老师仍默默无闻、位卑言轻。他还在叶凯士天文台时，一位同事的女儿问他："钱德拉，那个马上要到麦迪逊来当天文台台长的人，是您以前的学生，是吗？""是。""那么李政道，最近得到诺贝尔奖的那个人，他不也是您以前的学生吗？""是的。""唉！"女孩以一副大人的口吻说道，"钱德拉，我真烦恼。您以前的学生全都高升了，您为什么还在这里，陷在威廉斯贝（叶凯士天文台所在地）停滞不前？"童言无忌，钱德拉被逗乐了。他不会为身外之名而烦恼。然而该来的还是会来，钱德拉的研究成果逐渐被认可。1944年，他被选入英国皇家学会；1952年，获得布鲁斯奖（太平洋天文学会颁发的最高奖项）；1953年，获得英国皇家天文学会金质奖。除了爱丁顿，还没有其他天文学家在42岁以前同时获得过这两个奖。1953年，入籍美国；1955年，成为美国科学院院士。1966年，获得美国国家科学奖章，成为获得这个奖项的第一个天文学家。不过，瑞典的诺奖委员会还在沉睡。

1983年10月19日，这一天是钱德拉的73岁生日。清晨6点，钱德拉刚洗完澡，这时电话铃响了。他已经退休三年，无官无职，散淡之人，谁会这么早打来电话？准是打错了，钱德拉想。拿起听筒，一个兴奋的声音告诉他，昨晚瑞典电台广播，诺奖委员会以"对恒星结构及其演化理论做出的重大贡献"的名义，将1983年的物理学奖授予钱德拉塞卡！钱德拉的反应却十分淡然。是啊，半世纪的科学生涯，孤独无依的探索之路，他早养成了宠辱不惊的性格。距离算出"钱德拉塞卡极限"已经53年，距离英国皇家天文学会那次"一声呜咽"已经48年，距离告别这一研究领域的1939年也有44年，如果钱德拉一直指着这项研究能给他混来一块诺奖奖牌，那不得把人愁死喽！

物理学界特别是天体物理学界倒是很兴奋，贺电雪片似的飞来。以钱德拉在天体物理学界的造诣和贡献，人们认为他早该获得这个奖项。有一次学术活动，主持人甚至想当然地把钱德拉当作诺奖获得者来介绍。一份贺电很典型地反映了这种心态："我欣喜若狂，钱德拉塞卡教授。它迟来了40年。"有人甚至认为，更值得庆幸的是瑞典科学院，因为它"得以避免了本将成为历史上最大不公正的一次事件的发生"。钱德拉也幽了诺奖委员会一默，在一次庆祝活动的演讲中，他说他之所以获奖不是一个物理学奇迹，而是一个医学奇迹，因为20世纪70年代后他的心脏病发作过两次，每一次都可能要他的命，只要其中一次没抢救过来，就没有他获奖这件事了。看来长寿也是争取诺奖的一个重要条件。

这年的12月10日，瑞典斯德哥尔摩，从国王手里接过奖章的钱德拉塞卡白发苍苍。月落乌啼，已是半世纪沧桑，涛声依旧，上帝仍造不出一条定律来阻止恒星的坍缩！

钱德拉塞卡于1995年去世。1999年，一架以"钱德拉"命名的大型X射线空间望远镜被送上太空，这是美国在20世纪90年代包括哈勃空间望远镜、斯必泽红外望远镜和康普顿γ射线望远镜在内的四大空间望远镜计划之一。一生以星星为伴的钱德拉，现在也成了一颗孤独的星星，继续他不屈不挠的探索之旅。

第十九章　灵动的宇宙

一

　　如果说 1919 年爱丁顿有计划地验证了广义相对论关于弯曲时空的推论，那么过了 10 年，1929 年美国天文学家爱德温·哈勃（Edwin P. Hubble）则是在美国加州的威尔逊山天文台无意地验证了广义相对论关于时空膨胀的推论。他在天文观测中发现，天体在彼此远离，就像是上帝在吹宇宙这个大气球，使其越来越大！爱因斯坦的宇宙常数是不存在的，倒是有一个反映宇宙膨胀的速率的常数叫"哈勃常数"。基于这个天文观测事实，1948 年，俄裔美国科学家伽莫夫提出了宇宙爆炸假设，即认为宇宙是在一个超致密超高温的火球的一次大爆炸中诞生的——宇宙有它的历史。总之，由于广义相对论和新的观测成果，诞生了一个天文学的分支——宇宙学，研究宇宙在时间上的演化，尽管这门学问在最初的几十年里并不怎么热门。

　　1962 年，刚从牛津大学毕业考取了剑桥大学博士研究生的 20 岁的英国男孩斯蒂芬·霍金面临着两个研究方向的选择——基本粒子和宇宙学，前者是研究极小，后者是研究极大。选择并不困难，因为在霍金看来，基本粒子世界是那样的庞杂无章，物理学家们还在寻找像元素周期表那样的秩序来收拾乱象呢，而研究宇宙学则有洋溢着华丽庄严古典美的广义相对论。唯一遗憾的是，他原想师从他心目中的天文学英雄弗雷德·霍伊尔（Fred Hoyle），但分配给他的导师却是丹尼斯·夏玛（Dennis Sciama）。不过他很快就发现这并不是一个糟糕的安排。霍伊尔的名气太大，各种活动使他不可能有足够的时间和精力来指导研究生。而且那种权威的偏执和专断，霍金很快就见识到了。

霍伊尔一直是宇宙稳态论者，却成为"大爆炸"一词的发明者。1949 年霍伊尔在 BBC 的一次广播节目中首先使用这个词嘲笑宇宙膨胀模型，不料这个词从此被天文学界接受下来成了一个专业名词。霍金入学剑桥的时候，霍伊尔又发展出了一个新的宇宙稳态模型。他的一个研究生拿里加为这个模型做数学工作。霍金的办公室恰好与拿里加的办公室毗邻，因此有机会了解这个模型的所有细节。当霍伊尔认为这个理论已经成熟的时候，在皇家学会的一次会议上他就公布了这项成果。这是一个有 100 名听众的会议，霍金也在其中。演讲在热烈的掌声中结束，霍伊尔脸上露出了成功的笑容。就在这个当口，听众席中，霍金拄着拐杖艰难地站了起来，会场转为寂静。

"你谈到的那个量是发散的。"霍金说。

听众席一片窃窃私语。如果真这样的话，就意味着霍伊尔的最新成果要胎死腹中！

"它当然不发散！"霍伊尔脸色铁青。

"它是发散的！"霍金梗着脖子又重复了一次。

"你又怎么知道呢？"霍伊尔恼羞成怒。

"因为我把它算出来了。"霍金轻松地回答。

会场里爆发出一阵令人尴尬的笑声。

事后霍伊尔当面谴责霍金这种行为不道德，霍金则针锋相对地指出是霍伊尔不道德在先，因为他违反了学术规范，公布未经证实的理论成果。倒霉的拿里加只得独自承受霍伊尔的全部怒火——他被当作霍金派来的卧底。

霍金把自己的观点写成了论文，并且被同行们所认可。21 岁的霍金在宇宙学领域初露头角。可是一个如此年轻而富有创造力的生命，此时已被医生判定只有两年的时间了！

二

1942 年 1 月 8 日，伟大科学家伽利略逝世 300 周年纪念日，二战硝烟弥漫，法兰克和伊莎贝尔夫妇在英国牛津城喜得贵子，取名斯蒂芬·威廉·霍金（Stephen William Hawking）。霍金一家住在伦敦郊区，为了孩子的安全生产才临时迁居于此。当时伦敦和英国的其他地方几乎每晚都会遭到纳粹空军的空袭，但交战双方似乎达成了战时难得的默契——只要德国不空袭剑桥和牛津，英国就不空袭海德堡和哥廷根。这几个都是世界著名的大学城。

这孩子 17 年后考上了牛津大学，不过忤逆了家长要他学医的愿望，攻读物理专业。霍金在这一时期显露出来数学和物理天分，不需要用功就能应付学校的课程。他把更多的时间花在了交友、聚会、运动、跳舞和喝酒上，还有就是读文学书，以至于到快毕业时霍金一统计，三年来真正花在专业上的时间平均每天只有一小时。毕业考试的最后一关是口试，当主考老师让他谈谈未来的计划时，霍金回答道："如果您给我第一等，我将进剑桥，假如我得到第二等，我将留在牛津，所以我料想您会给我第一等。"果然他得到了第一等。

在牛津最后一年，霍金就发现身体有些不对头，经常会撞到东西受伤，没有喝酒也像醉了一样口齿不清、双腿发软。1963 年 1 月，到剑桥刚读完一个学期，霍金经检查被确诊为患了一种不治之症"肌萎缩性脊髓侧索硬化症"，在英国称为"运动神经元症"，这种运动神经的病症将会导致全身肌肉萎缩而瘫痪。一位医生预言他只能活两年！天哪！这就意味着霍金的事业还没开始就已经结束啦！霍金极度痛苦沮丧了一阵子，整日把自己关在房间里用瓦格纳的音乐麻醉自己。也许是上帝可怜这个年轻人，一位刚上大学的姑娘简适时地出现在霍金的身旁。简是霍金在家时的故交，与生病的霍金的频繁接触使她爱上了这个也许不久于人世的青年，基督教的悲悯情怀隧穿了现实的壁垒。他们恋爱订婚，霍金又恢复了对生活和事业的勇气和信心。

1965 年 1 月，夏玛带着几个研究生去伦敦参加国王学院的一个讨论会。当大家都进了车厢，火车就要开动的时候，才从车窗看到霍金还拄着拐杖在月台上艰难地挪动。由于平日里霍金不喜欢别人把他当残疾人对待，讨厌被提供特别帮助，大家也就习惯了不特别关注他。可是这次不行了，按他这个速率，赶不上火车是铁定的。几个同学也顾不上那么多了，跳下火车连扶带扛地把他塞进了车厢。

报告人是比霍金大11岁的剑桥老校友罗杰·彭罗斯（Roger Penrose）博士。彭罗斯父母是学医的，希望儿子能子承父业，而小彭罗斯在确定大学专业时却执意要学数学。无奈的父亲找到一位数学教授对他进行了一次数学考试，意在让儿子知难而退。教授留下了12道数学题，心想结果一定是这孩子做上一天，最后只能解出其中的一两道，没想到彭罗斯在几个小时内解出了全部的12道题。父亲彻底无语。1952年，彭罗斯读大四，在广播里听到霍伊尔谈宇宙稳态理论，有点儿好奇，同时也有些不解。一次去看在剑桥做物理研究的哥哥，发现跟哥哥同办公室的夏玛（霍金现在的导师）在研究霍伊尔，便趁机请教。他在一张餐纸上画下自己对霍伊尔稳态理论的理解，而根据这张图，霍伊尔是错的。由此彭罗斯进入宇宙学领域。

在会上他报告了"时空奇点"的理论。根据钱德拉和奥本等科学家的研究，恒星质量大于一个极限，就会无限地坍缩。根据广义相对论，坍缩星（"黑洞"这个概念现在还没有提出）的中心，由于质量密度无限大，空间曲率趋向于无限大，那么被吸引进黑洞的物质，哪怕是速度最快的光线，都无法从中逃逸。几何学上的点被定义为"没有大小"，而"没有大小"的东西是不存在的，几何学上把这个悖论式的既存在又不存在的点就叫作"奇点"，黑洞中的这个点是我们按物理学的时空理论推测出来的，但在这里由于没有时空坐标，物理学规律又会自然失效，这同样是一个悖论，所以叫"时空奇点"。彭罗斯革命性地把拓扑学引进了奇点理论研究，严格证明了黑洞的中心一定存在着这么一个时空奇点。

会议结束后，他们乘夜班火车回到剑桥。列车穿行在无边的黑暗中，霍金感觉他的人生也一样。运动神经元症这两年来发展很快，他经常摔跤，身边的人都听不清他说的话了，但这还不是最要命的。这种病的特点是不会影响大脑思维，可要命的是，博士研究生生涯快结束了，博士论文的题目还没有呢！火车里，同学们在热烈地讨论和争论着彭罗斯的观点，霍金却一直注视着窗外，似乎在暗夜里搜寻那个奇妙的奇点。突然间，他从夜色中收回目光，把脸转向坐在对面的夏玛教授："不知道如果把彭罗斯的奇点理论运用到整个宇宙会得到什么结果？"一个灵感，霍金成功了一半，因为这是一个良好的开端。

这是一个研究时间的课题，而研究者恰恰没有时间了！那位医生预言的两年大限已到，接下来的时间，霍金就算是从老天爷那儿"借"来的。（难道不确定性原理在这儿起作用了？）这个会议以后，霍金前所未有地发愤努力起来。不过好像不是因为"紧迫感"，而是因为躯体功能渐失以后，他又找到了一种新的娱乐方式。他说："我生平第一次真正努力工作。令我惊讶的是，我发现自己喜欢这样，称它为工作是不公平的。有人说过：科学家和妓女都是做他们喜欢的事来赚钱。"真的是挺好玩的！火车上的霍金灵感迸发，把一颗恒星的奇点幻化成了整个宇宙的起点和终点，从而使彭罗斯的奇点理论具有了整体主义的意蕴。黑洞理论描述了死亡恒星的坍缩过程，这是一个物质密度迅速加大的进程，如果将时间反演，不正是一个物质密度迅速变小的宇宙爆炸模型吗？而宇宙大爆炸理论描述一个时空迅速扩张的进程，如果将时间反演，不就是一个时空迅速被压缩的恒星坍缩模型吗？既然恒星的坍缩会导致一个空间无限卷曲、时间趋于停滞、物理规律失效的时空奇点，那么同样可以根据广义相对论的运动方程，推论出整个宇宙起源于这么一个时空的奇点。这不仅是逻辑自洽的，而且完全符合天文观测的事实。那么讨论这个奇点之前的时空，我们只需要耸耸肩，轻松地说上一句：因为物理规律失效，讨论这个问题是没有意义的。

霍金的博士论文阐述了宇宙起源的时空奇点理论，由此就奠定了他宇宙学超级巨星的地位。他不仅获得了博士学位，而且在 1966 年，博士论文的延续研究写成的《奇点与时空几何》获得了亚当斯奖。霍金跟爱因斯坦一样，大学时数学没有下足功夫，成果主要靠天才的物理直觉。加上运动肌肉的萎缩，他已经不适合做大量的数学演算。而彭罗斯则弥补了他的这个缺陷——严格意义上，彭罗斯是个数学家而不是物理学家。从此两人进行了大量的合作，成为宇宙学的奇点理论的共同创始人，他俩因此一起被授予 1975 年伦敦皇家天文学会爱丁顿奖。

三

现在问题有点儿严重了，恒星的坍缩和黑洞的形成被当作了宇宙演化的微缩模型！我们有必要延续上一章的天体演化话题，继续回顾物理学家关于恒星坍缩和黑洞问题的探索。

说出来你不要惊讶，其实第一个黑洞模型早在 18 世纪就已经建构出来了。1783 年，英国科学家米歇尔（John Michell）就提出了一个"暗星预言"。当时科学共同体公认的是牛顿的光微粒说，米歇尔就想，既然是粒子，就会有质量，就服从万有引力定律。正如苹果会落地一样，任何星体上的物质要摆脱星体的引力都必须有一个"逃逸速度"，逃逸速度与星体的质量成正比（星体质量越大，引力就越大，摆脱这个引力要做的功就越大），与星体表面周长的平方根成反比（周长越小，星体表面离引力中心越近，表面引力就越大，对逃逸速度要求就越高）。由此我们就可以想象，如果质量不变，但周长越来越短，从星体发出的光线就会越来越弯，以至于掉回到星体，从远处我们将看不到这个星体（图 19.1）。想象周长不变，质量越来越大，效应也是同样的。据此米歇尔就推论任何一个星体都存在着一个"临界周长"，当星体的实际周长大于这个临界周长时，星体就可以向太空发射光线或反射光线；当星体的实际周长等于或小于临界周长时，光线将无法从这个星体逃逸。米歇尔预言，宇宙中可能存在着大量物质非常致密的星体，它们存在于临界周长之内，我们地球人是看不到的，米歇尔将其称为"暗星"。

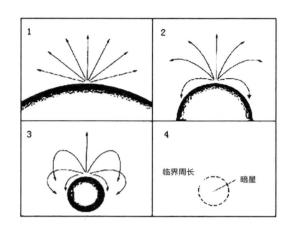

图 19.1 暗星猜想原理图

　　在质量不变的前提下，随着周长的缩短，表面引力愈来愈大，光线也愈来愈弯曲，周长缩短到一定的限度（临界周长），光线就再也不能从星体逃逸，从而成为一颗暗星。

　　1796 年，法国科学家拉普拉斯在他著名的《宇宙体系论》中，也提出了相同的暗星预言。可是当这部著作在 1808 年出第三版时，托马斯·杨已经通过他发明的双缝实验，说服科学共同体相信了惠更斯的光波动说，既然光是波动，就没有质量，就不服从万有引力定律，暗星假设在理论上就不成立，因此拉普拉斯就在这一版中删掉了暗星假设的内容。从此科学界对黑洞的探索也就被删除掉了。

　　但这不是永久的删除。一个世纪以后，1915 年，当爱因斯坦发表了他的广义相对论时，科学家们发现，所谓万有引力，不过是时空弯曲的一种通俗表述，而光线弯曲，则是通俗法未能表达出来的内容，米歇尔和拉普拉斯并没有错，引力对光线依然是起作用的。倒霉的德国天体物理学家卡尔·史瓦西（Karl Schwarzschild）这时已经被编入德国军队，被派往最艰苦的俄国前线。看到爱因斯坦广义相对论的报告，只用了很短的时间，他就得出了与米歇尔"临界周长"类似的"史瓦西半径"——

　　$R = 2GM/c^2$（R——黑洞半径，G——引力常数，M——质量，C——光速。）

从形式上看，与米歇尔的结论毫无二致，但内在的机理则完全不同。在米歇尔那里，时空是绝对的，而光速是相对的；而在史瓦西这里，时空是相对的，光速是绝对的。光线之所以被引力禁闭，并不像米歇尔描述的那样，光线像向上发射的炮弹一样，由于引力作用速度逐渐变慢，最终掉头向下。实际上光线是恒速的，它逃不出史瓦西半径，盖因为引力作用下的时空弯曲效应。史瓦西从前线把论文寄给爱因斯坦，1916 年 1 月，爱因斯坦两次在柏林普鲁士科学院代史瓦西报告研究成果。可是此后史瓦西探索的脚步就停止了，永远地停止了。同年 6 月，爱因斯坦在科学院沉痛宣布——史瓦西在前线染病去世！

　　前面说过，奥本善于发现重大课题。1939 年，他和沃尔科夫刚刚完成中子星极限的计算，马上又与另一位学生——哈特兰·斯尼德（Hartland Snyder）合作，推进到下一个重大课题。从钱德拉、茨维基到奥本自己的研究表明，恒星只要超过一定的质量极限，无限坍缩的命运将不可避免，但坍缩成什么样子？奥本第一个提出并解决了这个问题。把恒星坍缩和致密星体这两项历史研究成果结合起来，奥本就提出了第一个大质量恒星最终归宿的模型。根据广义相对论的"引力红移"推论，引力会使光线的波长变长（光线看上去更红），引力越强，红移效应越强。我们可以想象，一根弹簧被外力拉长，圈与圈的间距变大。当恒星的实际周长坍缩到临界周长的 4 倍时，红移 15%；到临界周长 2 倍时，红移 41%；而实际周长与临界周长重合时，就达到无限红移，一根弹簧被拉成了直线。根据量子公式，能量与波长成反比，无限大的波长相应于无限小的能量，没有有能量的光线能穿越临界周长，星体外部的观察者将不能看见这颗坍缩进临界周长或史瓦西半径里的恒星，于是恒星把自己与外面的世界"隔绝"开来。

　　爱因斯坦虽然是史瓦西的代言人，但他并不喜欢史瓦西发明的这个怪物，所以一直对史瓦西理论做冷处理。可是到了 1939 年，奥本先闹腾出了个无限坍缩，又闹腾出一个"隔绝星"，老爱就觉得不能不发声了。这一年他发表了一篇广义相对论计算的文章，证明"史瓦西奇点"不成立。之后二战的炮声就淹没了这场学术争论。

1956 年，惠勒决心继续钱德拉和奥本的研究，探索大质量恒星的终极命运之谜。他运用了"现代化武器"——一台为设计氢弹而建造的人类第一台电子计算机（惠勒是氢弹设计的主创人员），结果算出中子简并压力只能抵御大约两个太阳的质量。但是他不愿意接受奥本"必然坍缩"的结论，像爱丁顿一样，他相信"应有一条自然定律阻止恒星以这种荒谬的方式行动"！但如果认为惠勒像爱丁顿一样对物理理论理解不深、观念又保守就错了，惠勒也算是量子物理一大怪杰，而且观念激进到近乎疯狂。他提出了一个模式，认为中子星坍缩之后，坍缩星中心的核子（质子和中子）将转化为辐射，辐射逃离这个星体而减轻星体的质量，直至小于中子星极限。然而这种转化的机理已经超出了目前物理学知识的范围，他本人只能猜测是一种"量子力学与广义相对论结合的形式"。随着战后理论的进步，观测技术和计算能力的提高，更完善的黑洞模型被提出，到 20 世纪 60 年代初，惠勒转变成了奥本隔绝星理论的热心支持者，1967 年他便发明了"黑洞"这个形象又准确的概念。但他依然执拗地坚持，黑洞内部一定隐藏着量子力学与广义相对论结合的"圣杯"，黑洞内部的能量仍可能隧穿临界周长。以后我们将会看到，惠勒的预言是深刻而有远见的。

黑洞理论在科学史上是一个比较奇特的现象，它在基本没有经验证据的条件下不断发展完善。然而，科学理论再圆满，最终还是需要经验证据的，在这道程序没有完成之前，一切理论都只是假设。霍金是个实证主义者，从研究生时代起就做黑洞研究的他当然很看重这个理论的实证。不过这像是个悖论——黑洞的定义包含"连光线都无法逃逸"，如果看得见就证明不是黑洞，看不见又如何证明？科学家聪明着呢，办法总比困难多。黑洞虽然不发光，但引力还是会影响到周围的物质。有一种叫"伴星"的天体现象，两个天体由于吸引力相互围绕着运动，就像相拥而舞的两个舞伴。两个舞伴中如果有一个穿上了隐身衣，另一个能被看见的舞伴的行为就会显得很古怪，我们就可以以此推断出还存在一个看不见的舞伴。这就相当于伴星中有一个是看不见的黑洞。另外黑洞还会把可见伴星"吹去"的气流加热成高能辐射（X 射线），那么天体观测看到的是一颗光学明亮而 X 射线暗淡的恒星（可见星）与一颗 X 射线明亮而光学暗淡的恒星（黑洞）相伴。

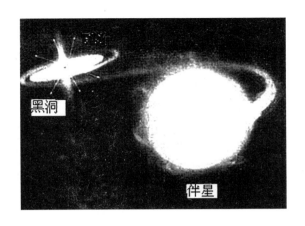

图 19.2　可见光图与 X 射线图复合成的黑洞及其伴星的图像

　　20 世纪 60 年代发现的天鹅 X-1 星就是这种情况，根据这颗恒星的轨道推断，它的看不见的伴星的质量大约是太阳的 6 倍，远远超出"钱德拉塞卡极限"和中子星极限，既不可能是白矮星，也不可能是中子星，天文学家推断只能是黑洞。1974 年霍金与普林斯顿大学的同行基普·索恩（Kip Thorne）就此打了一个赌，索恩说天鹅 X-1 旁有一个黑洞，霍金说没有。他们还正儿八经地写了一个赌状：如果索恩赢了，霍金就给他订一年的《阁楼》杂志；如果霍金赢了，那索恩就要为霍金订 4 年的《私家侦探》杂志。其实霍金也相信并希望有一个黑洞，他的小心眼在于，如果没有黑洞，他会为输掉科研而沮丧，但那四年的《私家侦探》多少是个精神补偿。如果有黑洞，虽然则皆大欢喜，那么他也乐于慰劳一下索恩。对这个赌局的验证一直持续到 1990 年，天文观测结果让索恩相信：天鹅 X-1 存在着一颗黑洞伴星的可能性达到 95%。当年 6 月，霍金带着他的助手和护士突袭索恩的办公室，助手首先突入找到赌约，然后霍金迅雷般地开着轮椅冲进去，在赌约上签字认输并盖上手印。霍金很高兴地输掉了这个赌局，而索恩则赢得很惨——他的这种"低俗"的爱好传出去让妻子觉得很没面子，因为《阁楼》（Penthouse）是一本色情杂志。索恩也是冤——他是在跟霍金打赌十年之后才结婚的，当年还是单身汉的他又怎能料到有如此"严重后果"？

四

1965 年霍金获得博士学位，同年得到剑桥凯思学院研究员的席位，也是在这一年与简结婚。这时他的手已经不能写字了，语言更加模糊，但还能拄杖走路，再过三年，他就不得不靠从学校服务处借来的一辆残疾三轮车代步。也就在这段时间，宇宙学成了物理学的热点，而霍金则是黑洞研究的专家和权威，努力工作（或称娱乐）成了他忘记病痛的最好良方。1970 年 11 月的一个晚上，霍金上床睡觉，这对他这来说是一个艰难的过程：他得紧紧地抓住床柱，艰难地退去衣服，艰难地套上睡衣，然后战栗地慢慢爬上床。这天晚上他的动作比以往更慢，因为这当口他产生了一个激动人心的想法。

坍缩进临界周长或史瓦西半径的恒星构成一个黑洞，黑洞的中心必然是一个奇点，霍金与彭罗斯的研究成果已经被广为接受；那么黑洞的边缘呢？我们把它叫作"事件视界"。霍金把"事件视界"这个概念定义为"能否向遥远宇宙发送信号的事件之间的分界"。由这个定义出发可以得出黑洞变化的优美的动态模型，可是麻烦的是，这个模型的表面积只能保持不变或增大，绝不能减小。现在霍金想，没关系，宇宙的实际情况也支持这种变化趋向：在外部物质被吸进黑洞，或者两个黑洞相撞合为一个黑洞时，视界面积都会加大，至少不会减小。黑洞事件视界非减性质，应当是黑洞可能行为的一个规定性。霍金为这个想法兴奋得彻夜不眠，第二天一早就打电话通报了彭罗斯。

1973 年，普林斯顿大学惠勒的一个年轻的研究生杰考比·贝肯斯坦（Jacob Bekenstein）产生了一个疯狂的想法，把大家公认没有温度的黑洞跟热力学联系上了，还写了篇论文叫《黑洞热力学》。年轻人就是想象力丰富，贝肯斯坦觉得"事件视界非减定理"跟热力学第二定理实在太相像了。我们前面已经多次谈到过这个定理，一个封闭的体统，熵（混乱度）只能不变或增加，不会减少。两个封闭系统合并，其总熵一定会大于或等于原两个系统的熵之和。把这个"熵"字换成"事件视界"，把"封闭系统"换成"黑洞"，不就是霍金的"事件视界非减定理"了吗？因此贝肯斯坦认为事件视界面积等价于熵，黑洞的熵与它的表面积成正比。

贝肯斯坦的论点让霍金很恼火，想不到曾让自己无比喜悦的一个定律被别人利用来干这种蠢事！就算是个研究生，也该知道有熵就意味着有温度，有温度就意味着有辐射，有辐射就意味着不是黑洞。什么"黑洞的熵"，就像"方的圆"一样荒谬！于是霍金与另外两位学者合写了一篇论文《黑洞动力学的四个定理》，发表在《数学物理通讯》上，其"第四定理"就是"黑洞的等效温度是绝对零度，它不可能发出任何辐射"。霍金可是黑洞研究的最高权威，全世界都站在霍金一边。贝肯斯坦说那段时间走在路上都会有人提醒他做错了事。好在贝肯斯坦有他的导师支持，惠勒说："黑洞热力学是疯狂的，也许疯狂到了足以成立的程度。"疯狂，在惠勒这里成了理论得以成立的条件之一！

好在霍金也还年轻，才30岁出头，不到一年的时间，他就改变了对贝肯斯坦的看法，原因是量子力学的介入。1971年，他提出"微黑洞"观点。这也有点儿怪哈！前面不是说了黑洞的成因是超越了质量极限吗，"微"怎么会形成黑洞？其实天体之所以成为黑洞，其真正原因不在于质量，而在于质量内裹万有引力的挤压力。理论上，一块糖都可以被挤压成黑洞，只要挤压力足够大，至于这个力是万有引力或者其他什么力则不重要。霍金就认为，大爆炸之初压力非常大的时候，就形成了无数的微黑洞，并永远存在，我们的周围可能就有。但如果微黑洞真的存在的话，它们就一定会很小，小到大约一个核子那么小。要研究那么小尺度的物质，就必须靠量子力学。

还记得吧？惠勒早就预言黑洞里隐藏着"广义相对论与量子力学结合的圣杯"。到目前为止，黑洞研究还是广义相对论的一言堂。宿命似的，惠勒通过自己的学生刺激霍金走上了探寻圣怀的道路。贝肯斯坦只是凭着物理直觉得出自己的结论，对于黑洞是否有辐射的问题，小贝不敢冒犯天条，尴尬地承认黑洞自然不会有辐射。现在倒是霍金自己反躬自问：黑洞真的没有辐射吗？

经典物理告诉我们，天体，包括黑洞，都存在于真空的环境中。可是量子物理却拧着说：真空它还有能量涨落呢！黑洞存在于电磁场、引力场之中，会随机产生各种形式的虚粒子对，至于是电子 – 正电子对、光子 – 反光子对还是引力子－反引力子对（如果有的话），这不重要。重要的是，这些粒子是"虚"的，不能发生真实的作用，否则会发生可观察的效应，能量守恒定律就要被违反。就像一个出纳偷了一笔公款，她必须在公款没被花出去前还上（犯罪中止），虚粒子对也必须在与能量共轭的不确定时间内湮灭，还上环境的能量亏空。但是如果这个涨落发生在事件视界周围呢？黑洞的引力是如此之大，甚至无法观测到的距离差都会有引力差，靠近黑洞的一个虚粒子掉进黑洞，而它的孪生粒子失去了对撞湮灭的对象，就成为一个实粒子在黑洞外面的广阔天地逃之夭夭。这个视界外的"出纳"真的偷了一笔钱逍遥法外了？别担心，上帝绝不做亏本生意，这笔账他让黑洞还——黑洞必定发生一个与这个视界外实粒子能量等量的能量亏损（比如掉进了一个正电子湮灭掉了黑洞内的一个电子）。这样从外面的观察者看来，黑洞就像是向外辐射一样！其实这些辐射原本就是在视界外，黑洞的能量让它们由虚变实。有道是，黑猫偷吃白猫挨打，黑洞为视界外贡献辐射的代价是，自己的能量发生亏损，也就是质量变小。黑洞竟然以这样的方式，变着法地实现了惠勒的预言——黑洞内的能量隧穿临界周长！

接下来的故事就有点儿惊心动魄了！有辐射，就意味着黑洞有温度，霍金计算出，这个温度与黑洞的表面引力成正比，这与贝肯斯坦的结论——黑洞具有正比于其表面积的熵是等价的。进一步，霍金还计算出，温度和表面引力与黑洞质量成反比。这就意味着，在辐射中，随着质量的不断减少，温度会越来越高，黑洞最后会在一次大爆炸中像节日礼花一样喷发出它最后的绚烂！

1974 年 2 月，霍金在牛津城外召开的一个学术会议上公布这一研究成果。他用大家已习惯的含混不清的语音演讲，图解投影在背后的墙上。全体人民肯定是听傻了，会场静得能听到每个人的心跳。会议主席、著名的英国理论物理学家泰勒一定有痛扁霍金之心，霍金刚讲完，他就大声宣布："对于如此荒谬绝伦的理论，我除了宣布散会之外无话可说！"说罢站起身来退场抗议，把桌椅弄得稀里哗啦地乱响。泰勒回到家就气呼呼地写了一篇批判霍金理论的文章，在当月的英国《自然》杂志上发表。过了一个月，3 月的《自然》发表了霍金阐述黑洞辐射的文章，文章原名《黑洞不黑》，编辑也许觉得太武断，将其将其改为《黑洞会爆炸吗？》这么一个比较谦虚的标题。有人将这篇文章称为"物理学史上最优美的论文之一"。紧接着7月的《自然》又刊登了泰勒和戴维斯合写的反驳文章《黑洞真会爆炸吗？》。但随后不久，随着学术界研究讨论的深入，泰勒也不得不承认霍金是对的。霍金由此更加声名大振，黑洞辐射就被称为"霍金辐射"，由于黑洞辐射会带走黑洞的能量和质量，也形象地被称为"霍金蒸发"。

不怕否定自己，也许是霍金永远保持年轻的创造冲动的秘诀。但这也产生一个副作用，就是尽管霍金"嗜赌如命"，但他似乎从没赢过！1997年，霍金与索恩结盟，与普瑞斯基进行了一次跨世纪豪赌，赌题是黑洞的信息是否守恒，霍索联军认为不守恒，而普瑞斯基认为守恒，赌注是一本《棒球百科全书》。在2004年爱尔兰都柏林举行的"第17届国际广义相对论和万有引力大会"上，霍金又一次让人瞠目结舌——他认输啦！他在演讲中表示自己原来的观点错了，信息应该守恒。这下子就热闹喽！霍索联军内部火并，索恩凄楚地遭遇盟军的"背叛"，疾呼这赌局不能由霍金一个人说了算，他仍坚持信息不守恒的观点。更滑稽的是，"敌军"普瑞斯基表示没有听懂霍金的演讲，不明白自己为什么赢了！现在重要的不是索恩认不认输，普瑞斯基认不认赢，而是霍金迫切地需要输！于是霍金屁颠屁颠地满城找《棒球百科全书》，遍寻不得，只好以一本《板球百科全书》代替，给这个赌局留下了唯一的遗憾。

五

1974年，霍金被接受为英国皇家学会会员，这是英国科学家的最高荣誉；1979年，他获得美国的爱因斯坦奖，这是物理学中最有声望的奖项之一；1979年，他获得剑桥大学卢卡斯教授席位，这个席位在310年前的1669年由牛顿接任，狄拉克也被授予过这个席位。随着霍金的名望日隆，他的身体残疾也成为人们的关注焦点。总体说来，霍金是积极的。他说他很幸运在健康的时候鬼使神差地选择了理论物理这个行当，如果选择了实验物理，那他的一生就完蛋了，只有理论物理的研究不受肌肉萎缩的影响。他说过："我想我自己比患病前快乐得多。在患病以前，我觉得生活非常没意思，我相信自己喝了不少酒，没有做出任何工作，那是一种无目标的存在。当一个人的希望减少到零时，他就会真正重视拥有的一切。"他还说，"如果你的身体有残障，绝对不能再让自己心理也残障。"所以他努力做健康人能做到的事情，其中也包括大量的社交。他还特别喜欢与年轻的大学生聚会，在一起开粗野的大学生式的玩笑。但他并不回避自己的残疾，且不惮拿这来开玩笑。他的办公室门口挂着一个告示："请安静，老板正在打瞌睡。"看到的人总会发出会心的笑——因为脖子肌肉萎缩，霍金的头总是耷拉在胸前，好像永远都在打瞌睡。

然而残疾毕竟是个事，但最头疼的是财政问题。尽管霍金收入不算低，还不时有各种奖金，福利机构还会有援助，但高昂的护理费用仍使霍金家捉襟见肘，他甚至无法让两个到学龄的孩子都上私立学校。况且他现在还能工作，一旦失去工作能力，这问题想起来都令人不寒而栗。霍金不愿听天由命，宇宙咱都能搞定，还在乎这点儿小事吗？机会来了——

1983 年年初的一天，纽约矮脚鸡公司的高级编辑古扎第坐在办公室里，他30 岁出头，一脸络腮胡，待会儿要去见一个著作经纪人，现在还有一点儿时间，于是从包里拿出刚才在路上买的《纽约时报》。啪！一本杂志从报纸中掉了出来，封面是一个坐着轮椅的人。古扎第一看，封面文章是《宇宙和霍金博士》。他也不看报纸了，马上翻到这篇文章。他立刻意识到这是一个伟大的故事——宇宙学革命，残疾科学家。他再也坐不住了，把杂志塞进包里，出门赴约。他要见的经纪人叫苏克曼，纽约"作家之家"文学经纪公司的总裁。甜点之后，古扎第谈起刚看到的故事，恰好苏克曼也读过同一篇文章，动过类似的念头，他还从一个科学家朋友那儿了解到，霍金现在正写着一本书。苏克曼原本就打算与霍金接触，古扎第的兴奋使他更坚定了信心，于是匆匆赶往英国剑桥。还好，再晚一点儿就要泡汤了！

原来剑桥出版社的密顿早就提议霍金写一本面向大众的宇宙学著作，到1982 年年末，霍金考虑到家庭的财政问题才跟密顿认真讨论这个问题，还合作写了部分书稿。霍金在《时间简史》里的名言"每多一条数学公式就会少掉一半读者"，其实就是密顿的原话。在稿酬问题上卡了一下壳，霍金在这个问题上向来不妥协。直到 1983 年年初，霍金才说服密顿同意支付一万英镑预付金，这已经是出版社破例的高稿酬了。现在出版合同已经摆在霍金的办公桌上，苏克曼来了。苏克曼说服霍金把书稿交给他，他有信心争取到高于一万英镑的预付金；如果不成，回头霍金再将书稿交给剑桥出版社也不迟。霍金同意。尽管已经有古扎第的公司热衷于此，苏克曼还是决定拍卖这本暂定名为《从大爆炸到黑洞》的宇宙学科普著作的出版权。拍卖日血战到下午，只剩下了古扎第的矮脚鸡公司和诺顿公司。诺顿公司刚出了费曼的《别闹了，费曼先生》，赚得盆满钵满，因此格外看好科普著作。夕阳西下，残阳如血。傍晚时分，古扎第为得到授权，最后孤注一掷：美国和加拿大的出版权，25 万美元预付金和优厚的版税！直至太阳落到蜿蜒起伏的地平线下，古扎第终于接到电话——拿到授权啦！

美国和加拿大的出版权成功拍卖之后，苏克曼的目光又转向了其他国家。第一批报价的国家名单里有咱们中国。那是一个生机勃勃的年代，刚刚开放的中国对世界上一切先进的东西都充满了好奇和热情。古扎第为这本书付出了巨大的心血，苏克曼说："我猜想，平均每一页原文，古扎第都要写两三页的编辑信。"他把自己想象成普通读者，一定要逼着霍金把话说明白、说清楚。直至出版前，他还在努力说服霍金在书名前加上"时间简史"。但霍金觉得这个书名显得轻浮，特别是那个"简"字。直到古扎第说，读"简"（brief）这个词像是发出会心的微笑，霍金才最终接受了。霍金喜欢让人微笑。

霍金这一招马上派上了用场。1985 年 8 月，霍金在访问日内瓦期间突然患肺炎而窒息，生命垂危，必须切开气管才能挽救生命，但从此就彻底失声。这时书稿已经完成，正在修改阶段，幸亏霍金已经拿到部分预付款，否则这突然的变故会成为一场财政危机。失声之后，美国一位电脑专家给霍金寄了一个叫"平等者"的程序，只要霍金把句子输入电脑，就可以通过语音合成器把话说出来。这样霍金与别人的交流反而比失声前更容易了。唯一的遗憾是，输出的语音带有美国口音，因此霍金跟人打招呼往往先说："哈啰，请原谅我的美国口音。"

《时间简史：从大爆炸到黑洞》1988 年在美国出第一版。这时古扎第已经离开了矮脚鸡出版公司，由一个新任编辑接任其原来负责的图书发行工作。新编辑信心不足，把第一次印刷的册数大大缩减为 4 万册。不过这无意中又减少了麻烦。图书放到书店几天后，一位编辑发现两张图片放错了地方，赶忙通知书店收回更正错误。电话打出去才发现根本就无书可退——各书店均已售罄，正在添加印单呢。书本身的魅力加上作者的魅力，《时间简史》的发行盛况空前，荣登伦敦《星期日时报》畅销书榜达 237 周，被翻译成了 40 多国的文字，在全球到目前已经发行了 2000 多万册。总之，霍金的财政问题彻底解决了。

2018 年 3 月 14 日，霍金坐在轮椅上溘然长逝，享年 76 岁。按照当年那位医生的"死刑判决"，霍金赚了 53 岁。

第二十章　归来兮以太

一

希腊语"以太"（Ether）的词义是上层的空气，在希腊神话中，它是天上的神呼吸的空气，当然有别于我们俗人呼吸的空气，它是更精致而纯净的神性气体。这么一个神话概念，在近现代科学史上不断被赋予人们需要的内涵，挑起一次次的争论。17世纪笛卡儿学派为了对抗牛顿引力的超距作用论，引进了以太作为传递引力的媒介，但随着牛顿平方反比律（万有引力定律）在天体观测的辉煌成功，以及光粒子说的被公认，以太学说就被科学共同体所抛弃。19世纪，法拉第重新请回以太，作为光波传递的媒介，随着麦克斯韦电磁理论的成功，以太再次充斥了整个宇宙虚空。可是好景不长，由于迈克尔逊以太风观测实验的零结果，乃至爱因斯坦相对论的提出，以太再次被打入冷宫。这章将要说的是，以太也许要再次在虚空中王者归来。蹊跷的是，召唤以太归来的，不是广袤的"虚空"，而是渺小的"原子"。

我这说的是真正的"原子"。原子这个概念由于被化学家过早地占用作化学元素，已经失去了它"不可分割"的本义，而在这个本义上，物理学家只好使用一个新的概念——"基本粒子"。基本粒子可以被理解为可以构成其他物质，同时又不被其他物质构成的物质。就好比说家庭成员构成了家庭，而家庭成员不是被家庭构成的。我们现在知道，原子是有结构的——电子和原子核；原子核也有结构——质子和中子。电子、质子和中子，该是基本粒子，即真正的原子了吧？可是问题来了。比如在 β 衰变中，中子在衰变为质子的同时放出一个电子和一个反中微子，那么中子就应该是由基本粒子——质子、电子和反中微子构成的复合粒子，就是说中子是由三个成员组成的一个家庭（复合粒子）。可是又怎么解释质子在衰变为中子的同时释放一个正电子和中微子？在这里，质子又是三个成员组成的一个家庭，而中子是成员（基本粒子）之一。唉！质子和中子，到底是复合粒子还是基本粒子，真是让人摸不着头脑。历史发展到了"二战"后，物理学中心又转移到了远离思辨哲学故乡的美国，还原主义就没有那么深入人心。美国加州大学伯克利分院的一个研究小组就提出了一个"核民主"理论，认为所有的强子（参与强相互作用的粒子）都互为复合粒子，没有谁比谁更基本。但这种核民主，就如同古希腊那种无宪政约束的大民主必然导致无效政府一样，物理学在这种"民主"理论基础上无法建立起可以计算各种物理量的有效理论。

也就是说，还是要将复合粒子与基本粒子区分开来的，问题仅在于，如何确定这个区分标准？一个后来被证明是行之有效的标准就被提出来了——一个不是根据观察而是根据理论的区分标准：如果假定一个粒子是由其他粒子构成的，由此我们可以计算出它的性质，那么这个粒子就是复合粒子。马上大家就会看到：我们假设原先以为是基本粒子的质子和中子（合称"核子"）是由夸克构成的，通过对夸克的定义，我们不仅可以计算出核子的已知性质，而且对核子的未知性质也有了更深入的了解，我们就可以认定核子不是基本粒子，而是复合粒子。

乔治·茨威格（George Zweig）是 1937 年出生于苏联的犹太人，以后移民美国，1957 年大学毕业后到加州理工学院读研究生，费曼是他的博士生导师。完成博士学业后，他就开始考虑构成强子的基本粒子。1964 年，他完成了一篇长达 80 页的论文，认为所有的强子都是由他命名为"爱司"（Ace，扑克牌里的 A）的基本粒子组成的。当他刚把论文在工作的研究所作为预印本印刷出来时，就看到了同校的盖尔曼（Murry Gell-Mann）教授发表在《物理快报》上的

334

一篇两页纸的论文，尽管分量殊异，但思路基本上一致，只是盖尔曼把这种基本粒子叫"夸克"（quark）。1929 年在美国纽约出生的盖尔曼也是犹太人，在父亲那一辈从东欧移民到美国。两个犹太人就此敲响了夸克模型建设的开工钟。

所有参与强相互作用的亚原子粒子都被称为强子（hadron）。强子包括重子和介子，前者是构成物质的粒子，后者是传递相互作用的粒子。我现在仅从最常见的重子——质子和中子及其相关的相互作用来介绍强子的夸克模型。

每个重子由三个夸克组成，每个介子由两个夸克组成，组成质子和中子的夸克为上夸克（u）和下夸克（d）。夸克是服从泡利不相容原理的费米子，即两个夸克不能同处于同一量子态，因此我们首先了解构成这两种夸克量子态的"量子数"：

上夸克：重子数：1/3，电荷：+ 2/3e，自旋：± 1/2，味：u，色荷：红、绿或蓝；

下夸克：重子数：1/3，电荷：− 1/3e，自旋：± 1/2，味：d，色荷：红、绿或蓝。

质子由两个上夸克和一个下夸克组成（uud），中子由一个上夸克和两个下夸克组成（udd）。把上式中的量子数套进来，我们就"计算"出了我们业已认识到的这两个核子的性质——

质子：重子数 1，电荷 1e，自旋 ± 1/2（两个同味夸克自旋量互为反号）；

中子：重子数 1，电荷 0e，自旋 ± 1/2（理由同上）。

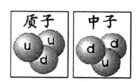

图 20.1　质子和中子的夸克模型

上夸克和下夸克构成第一代夸克，夸克总共三代共六种，一种一个味共六种味（详见后节），但色总共就有红、绿、蓝三种，每个夸克都有其中的一种色。"味"和"色荷"可是原先核子模型里没有的哟。正是夸克模型新定义的这两个量子数，帮助我们认识到核子内弱力和强力的作用机制。

所谓弱相互作用，实际上是夸克的一种"变味"机制。传递弱力的玻色子是带正电或负电的 W 玻色子（详见后节），弱作用下的 β 衰变，就是夸克吸收或释放一个 W 玻色子，从而变味为另一种夸克——由上夸克变为下夸克或由下夸克变为上夸克。例如，在中子变质子的 β 衰变中，中子（udd）内的一个夸克 d 在释放一个虚 W 玻色子后，随即衰变成一上夸克 u，于是中子就变成了质子（uud）。随后 W 玻色子衰变成一个电子和一个反中微子。

最早的夸克模型是没有"色荷"这个量子数的，但用夸克来组建某些重子时，会遇到两个夸克量子数完全相同的尴尬，于是科学家想到给每个夸克染上"色"。正如"味"并不代表夸克真的有什么味道（夸克不可能作用于人的味觉细胞），夸克也不是真的有什么颜色，因为它们的波长远短于任何可见光的波长。这只是一个为区分而贴的标签，这个标签是"水""火"和"土"或"梅花""黑桃"和"红心"也无妨。但这信手拈来的"色荷"概念用起来却是得心应手、功能神奇——光学中的三原色原理恰恰暗合了微观粒子的结构原则。强子中，重子由三个分别为红、绿、蓝的夸克组成，三色叠加正好色中性——白色，介子由一个夸克和一个反夸克组成，分别带一色的正反色荷，叠加也正好色中性，所以所有强子总色荷为 0。我五体投地地佩服科学大师们的超凡想象力！

意义远不止于此。色荷恐怕是夸克最重要的一种量子数，由此产生了一门阐明强相互作用力的理论——"量子色动力学"（QCD）。我们已经见过的描述电磁相互作用的量子电动力学（QED）是电子（费米子）交换光子（玻色子）的行为，涉及的"荷"是电荷；在 QCD 中，涉及的荷即为"色荷"，传递强力的玻色子（介子）叫"胶子"，胶子由一个夸克和一个反夸克组成，分别带一个色荷和一个反色荷。把三个夸克束缚在一起的强相互作用不过是夸克交换胶子的动力过程。胶子通过发射与吸收虚粒子，不断在夸克间进行交换。胶子在夸克间交换时，色荷就会改变。例如，一红夸克在发射出一红－反绿胶子后就会变成绿夸克，相应的一绿夸克在吸收了一红－反绿胶子后就会变成红夸克。核子内的夸克就是在不断地交换胶子和改变颜色的动态过程中紧紧地被吸引在一起。而之前物理学说的通过汤川秀树发明的介子把核子结合在一起的强相互作用，不过是核子内色动力的"剩余"。这种变色过程无论多么瞬息万变，色荷都始终守恒为 0，即永远红、绿、蓝各一，我们始终只能看到白色的核子和白色的胶子。

色守恒原理揭示出夸克的一个重要物理属性——"夸克禁闭"。夸克是被判处了无期徒刑的囚徒，理论上我们永远观察不到独立存在的"自由夸克"，夸克永远都要组团成白色才能走出禁区而与探测器发生作用。为解释夸克禁闭的机制，20 世纪 70 年代普林斯顿大学的格罗斯（David Gross）等物理学家提出了"渐近自由"理论：与引力和电磁力相反，强力与距离是成反比的。当两个夸克距离很近时，胶子的色场强度是如此之弱，以至于夸克可被视作是自由粒子；可是当距离增加时，色动束缚力会越来越强，就像橡皮筋一样，拉得越长，产生的力量就越大，以至于拴在橡皮筋上的夸克永远也不可能分离。2004 年，格罗斯等三位美国物理学家为这项发明分享了当年的诺贝尔物理学奖。

这似乎又成了黑洞一样的悖论——既然夸克无法独立存在，你又怎样观测验证夸克理论呢？正如黑洞都可能想出观测方法一样，当我们观测到只能用夸克理论才解释得通的实验现象时，就等价于观测到了夸克本身。话说束缚夸克的"橡皮筋"再强，它也会有被扯断的时候，可是当这种情况发生时，蕴藏在橡皮筋中的能量是如此之大，以至于足够产生夸克 - 反夸克对，这些新产生出的夸克与欲争取自由的夸克又束缚在一起组成强子（重子或介子），从而把分离的夸克"隐藏"了起来。图 20.2 就是从正负电子对撞机观测到的强子喷柱，这种现象只能用夸克渐近自由模型来解释。

图 20.2　证明夸克存在的对撞实验

正负电子对撞（如图右），二者湮灭的巨大能量转化为两个夸克和两个反夸克，由于夸克的"隐藏"机制，变成强子喷柱（如图左）让我们观测到。

我们回头关照一下夸克模型的二位创始者。茨威格有一百种理由说当初他的模型比盖尔曼成熟，但人们更多地把夸克理论与盖尔曼联系在一起。1969年，盖尔曼独得诺贝尔物理学奖，茨威格则一直名不见经传。费曼深感不平，1977年，他在一生中唯一一次行使他诺贝尔奖得主提名权，提名茨威格，但并没有得到瑞典诺委会的响应，茨威格至今仍与诺奖无缘。盖尔曼是个起名高手，人们甚至怀疑他的姓"盖尔曼"（Gell-Mann）都是他自己起的，因为他家族的这个姓在全世界是独一无二的。"夸克"一词是盖尔曼取自詹姆斯·乔埃斯的小说《芬尼根彻夜祭》的词句"向麦克王三呼夸克"（Three quarks for Muster Mark）。

二

根据科学的简单性原则，物理学家总希望在追根溯源中找到构成万物的尽可能少的基本元素或基本粒子，可是"二战"结束后的二三十年里，随着观测和实验条件的大大改善，从宇宙射线中观测到的、从高能对撞机中撞出来的"基本粒子"的清单非但没有缩短，反而越拉越长，现在竟达到了几百种之多！还记得兰姆吧？他的"兰姆位移"引出QED的建立，他也为此获得1955年的诺贝尔物理学奖。在一次演讲中他调侃道："以前每一个基本粒子的发现几乎都要产生一个诺贝尔奖，现在我建议，对每位发现基本粒子的科学家处以1000美元的罚款。"从泰勒斯的一个"始基"，到现在的几百个"基本粒子"，人类几千年统一世界的探索说明了什么道理？夸克模型建立的实践似乎给了我们一个启示，世界的简单性不是"发现"出来的，而是"发明"出来的。以观察为基础只能建立"核民主"的世界模型——复杂而无效，而我们一开始就从有效性出发制订理论标准，简单性就向我们发出了会心的微笑。因此科学家变得聪明起来——不要再费神去"发现"比已发现的几百种基本粒子更基本的粒子，而是去"发明"一个能解释所有这些粒子的尽可能简单优美的理论模型。这就是综合量子力学半个多世纪的理论成果，并且在厚重的经验基础之上，于20世纪60年代后逐渐建立起"粒子物理的标准模型"。

我们来做一下"本质还原"：其实世界只有两种粒子——费米子和玻色子，前者具有半整数的自旋，服从不相容原理；后者具有整数的自旋，不服从不相容原理。由于这种本质规定性，二者在建构世界中担负了不同的角色：前者负责构成有形状有硬度的物质，后者负责传递相互作用力，形象一点儿说，费米子是世界大厦的砖块，玻色子是连接这些砖块的混凝土。现在我们的思路就清晰多了，已经发现的所有粒子，不管是自然观测到的，还是用加速器制造出来的，无非费米子和玻色子两类。那么，要说明这两类粒子，我们最少需要多少个粒子呢？具体说，最基本的费米子和最基本的玻色子到底是多少？

标准模型告诉我们：最基本的费米子只有三"代"。每一代费米子都有两种重子和两个轻子。重子是上型夸克和下型夸克，轻子是电子和中微子。由于每种夸克都有三种颜色，所以每代夸克共有6个，加上2个轻子，每代费米子共8个。

第一代费米子上节已经说得很清楚了，上型夸克即上夸克（u），下型夸克即下夸克（d），夸克具有质量、电荷、味荷和色荷，分别对应于四种自然力——引力、电磁力、弱力和强力，因此是唯一参与所有四种相互作用的基本粒子。电子有一个负电荷，有质量，但没有色荷，因此不参与强相互作用。中微子的全称是"电子中微子"，因为它总是电子的伴生物，是为解释 β 衰变的能量亏损而发现的，它不带电荷，质量微小到长期以来科学家们认为它没有质量，因此除了弱力，其他的自然力对它几乎不起作用。

其实要解释自然存在的物质，第一代费米子基本上就够用了，第二代和第三代费米子解释的是加速器和宇宙射线中观测到的粒子，这些粒子一般有比较短的半衰期。

第二代费米子的上型夸克是粲夸克（c），下型夸克是奇夸克（s）。作为同型夸克，粲夸克与上夸克，奇夸克与下夸克，具有严格的对称性，除味荷（c和s）外，其他的量子数都是一样的，但质量大得多，粲夸克的质量是上夸克的约 500 倍，奇夸克的质量是下夸克的约 20 倍。第二代电子叫 μ 子，相伴的中微子自然是 μ 子中微子喽。差别也在质量上， μ 子质量是电子的 200 倍。怎么那么耳熟呀？对，就是讲汤川秀树时讲到的，安德烈于 1937 年在宇宙射线中观测到的粒子。1964 年茨威格和盖尔曼提出夸克模型时都只有三种夸克，即标准模型里的上、下和奇夸克。奇夸克是为解释从宇宙射线中发现的 K 和 Π 强子的。当年就有物理学家提出应当增加一个夸克与奇夸克构成一组，与上、下夸克对称。没见过的都是漂亮的，因此给这个假设的夸克起名"粲"（charm，魅力）。1974 年，两个研究小组同时发现了一个介子，其中一个小组的领导是华裔物理学家丁肇中，把双方起的名字合起来称为"J/ψ 介子"。起初认为是正反电子对，但质量对不上号——重达质子的 3 倍。一琢磨才恍然大悟：原来正是遍寻不得的粲夸克！ J/ψ 粒子不过是正反粲夸克对。粲夸克的发现使物理共同体相信了夸克模型。丁肇中也因这一重大发现与另一位同时发现这个粒子的物理学家分享了 1976 年的诺贝尔物理学奖。

第三代费米子是：顶夸克（t）、底夸克（b）、τ 子和 τ 子中微子。除了味荷外，最大的差别还是质量。最恐怖的是顶夸克，质量是上夸克的 70000 倍、粲夸克的 134 倍，跟一个金原子的质量相当。第三代夸克也是先起名字后生子，名字是 1975 年一位以色列物理学家起的，1977 年年底，夸克被美国费米实验室发现，而顶夸克则一直到 1995 年才同样被费米实验室发现。这全靠了对撞机无与伦比的高能量，这种出现概率极低的粒子，在 10^{-24} 秒的瞬间就衰变成了其他粒子。这就说明了它为何那么难被发现。顶夸克的发现标志着标准模型建设竣工并且得到公认。

上面所列的"最基本"的费米子总共 24 个，每个费米子还有它的反粒子，这样算来，标准模型的费米子总共 48 个。

接下来就是玻色子了，它们对应于相互作用力。我们知道，作用力总共四种，但在亚原子粒子的层面，粒子的质量都相对极其微小，引力效应不是可以忽略不计，而是你即使要"计"也探测不到。因此标准模型只关涉其他三种自然力，包括三类波色子：电磁力——光子；弱核力——W^+、W^-、Z^0 玻色子；

强核力——八种胶子。玻色子自己是自己的反粒子，因此总共是 12 个玻色子。

好了，有了 48 个费米子和 12 个玻色子总共 60 个基本粒子，我们就可以解释天上地下、一切物质和一切运动。这是一个很漂亮的模型，具有优美的逻辑流形、几乎完美的对称性，从许多粒子先起名后出生我们就可以体会到这一点，如门捷列夫的化学元素表一样，许多元素也是先"理论上应当有"，然后才在实验观测中按图索骥地补上的。奇妙的是，这个模型逻辑需要的所有粒子，全部都被观测验证，具有扎实的经验基础。粒子物理的标准模型不愧是 20 世纪物理学天空最耀眼的一颗明星！

那就收工睡觉？且慢！标准模型还有第 61 个基本粒子——希格斯玻色子，这个粒子目前还没有实验证据。

图 20.3　粒子物理的标准模型

三

偏偏希格斯玻色子这个观测缺失的基本粒子却是全部标准模型大厦的基石，没有它，整个大厦就会轰然倒塌。粒子物理学家对它是又爱又恨，美国物理学家、1988 年诺贝尔物理学奖获得者莱德曼（Leon Lederman）由衷地赞颂它是"指挥着宇宙交响曲的粒子"，同时又咬牙切齿地称之为"一个无所不在的幽灵一样的大坏蛋"。这是因为，一旦发现了它，粒子物理学家也许就拿到了上帝的最后一张底牌；而为了发现它，像莱德曼这样骄傲的科学家不得不低声下气地向政治家申请经费，以建造越来越大的加速器。唉！咱们还是从头说起吧。

标准模型可不是简单的一张基本粒子表，它凝结了量子力学半个多世纪的成果，特别是关于电磁作用和强力作用的理论 QED 和 QCD。就比如玻色子表的一号粒子，熠熠生辉的光子，就向人们讲述着一个意蕴隽永的故事：1905 年的横空出世，20 世纪 20 年代的玻色 – 爱因斯坦统计，20 世纪 30 年代的量子场论，乃至"50 后"的 QED，光子已经成长为充斥天地的一张大网，除了引力现象，我们肉眼能看到的几乎所有的运动现象都可以从光子场（电磁场）中搜索到答案。人类已经发现了几千年的"同性相斥、异性相吸"的电磁现象，标准模型才给出了它的形成机制，而牛顿力学中最重要的概念之一——"作用力（F）"，无非是亚原子层次光子承载的电磁作用的剩余，正如早期核物理学假设的强力作用不过是核子内胶子承载的强力作用的剩余。

科学家统一世界的方法，说到底都是"对称性"方法，简单说就是在异质性中发现同质性，通过变换发现不变性。比如，一把椅子，从餐厅移到卧室，其物理性质——颜色、强度、电阻等，都不会发生改变。这种空间移动，物理性质不变，称为"空间对称"。再想想，在时间变换中，这把椅子的物理性质会不会变化？同样不会。测量它的电阻，我们不需要标明是昨天、今天或明天测的，因为这都是一样的。这种时间变换中的不变性，称为"时间对称"。同理，转动这把椅子——东南西北，物理性质也不会改变，这种转动中的不变性称为"转动对称"。 1915 年德国女数学家艾米·诺特（Emmy Noether）发现，每一种对称都对应着一个守恒律：空间对称对应着动量守恒定律，时间对称对应着能量守恒定律，转动对称对应着角动量守恒定律。这就是著名的"诺特定理"。利用这个原理，我们再回头审视一下爱因斯坦启动的统一之旅：自然力之间有何变换中的不变性（即对称性）？

万有引力定律虽在牛顿体系中占据着公理的地位，但引力作用的机制却完全是个谜。牛顿假设这是一种超距作用。假如太阳在某一瞬间湮灭，地球就会在这一瞬间改变它绕日运动的轨迹。直至爱因斯坦的广义相对论，才驱除掉这种幽灵般的超距作用。引力不过是时空弯曲的效应，这种效应以光速传导，如果太阳湮灭，地球必须在 8 分钟后才能做出反应。对称性思维使爱因斯坦一辈的物理学家由电磁场而孕生出"引力场"概念。而我们游历过量子场论的朋友们已经有足够的知识假设引力场由一种无质量（否则达不到光速）的玻色子（否则不可能无孔不入）——"引力子"构成。不过这是后面的故事，我已经说了，标准模型不涵盖引力。但我们可以用这个方法来规划我们统一涉亚原子层次的三种自然力的大业。无论哪一种，都是费米子交换玻色子的行为，玻色子是传达作用信息的信使粒子。当然不同的作用力有不同的特点，也就需要不同的玻色子传递信息。

我们先看最普通的电磁力，它是通过电磁场实现的。电磁的狄拉克场有一种叫相位的信息。相位零点整体取任何值，物理结果不变，这是一种整体的对称性。这相当于说，世界上的每个国家都可以把太阳在正上方的时间定为 12 点，那么一张作息时间表可以全世界通用，生物结果是一样的，在美国符合人体的生物学规律的，在中国也会同样符合，我们就说，全球时间具有"整体规范对称性"。电磁场的这种整体的规范对称性就产生了一个守恒律——电荷守恒，正负电子对撞必产生电中性的光子，反之光子场涨落产生电子对也必须一正一负，电磁过程的初态和末态的电荷量一定严格相等。但是如果允许不同的时空点取不同的相位零点，也就是自由的选取规范呢？就相当于纽约以太阳在正上方为 12 点，北京以太阳于正上方为零点。那么将纽约的作息表拿到北京来实行，北京人就只得在暮色中起床工作，生物结果就会完全不同。那么，对称性是否就一定会崩溃呢？电磁作用是否可以违反电荷守恒定律呢？很明显，对称性一定会被破坏。但是有补救措施。科学家发现，只要引入一个规范场，抵消相位随时空变化所产生的作用，对称性就又恢复了。这种对称性叫"局域规范对称性"。相当于纽约的那份作息表传达到北京时，还附带一个规范，比如格林尼治时区表，北京人根据这个规范调整自己的时间，于是同样的生物学效果又产生了。电磁的规范场就是光子，它担负着费米子间传递电磁作用的职能，它不仅仅携带能量，还携带电磁场的"规范"——有关电荷的信息。那么费米子接到光子传达的信息，它就会做出正确的反应，是该趋近（异性）还是该远离（同性）呢？

这可能不太好懂，咱不去管它，只要知道，相互作用力就是一个规范场，在这个规范场里，不同量子态的粒子在相互作用中除满足普适规律（如能量守恒）不被破坏外，这个场的特殊规律（如电磁场的电荷守恒定律）也不被破坏。而建立这个规范场的关键，就是要找到合适的"规范玻色子"作为信使粒子（比如电磁场中的光子），以传递相互作用的规范信息。物理学家寻找规范玻色子的数学工具叫"群论"，形象地说就是有限种对称变换的一个集群。电磁场只涉及一个因子——电荷，可以建立一个最简单的 U（1）规范群，这个规范群的逻辑结果是，一个无质量的电中性的玻色子就可以建立起电磁场的局域规范对称性。

方法有了，接下来我们就该建立弱相互作用力的规范群了。弱力比电磁力要复杂一点儿，它不仅涉及电荷，还涉及味荷，相互作用的费米子，不仅是带味的夸克，还涉及不带味的电子和中微子双重态。（β 衰变中味是不守恒的！）1961 年，在玻尔研究所读博士后的 29 岁的美国科学家格拉肖（Sheldon Lee Glashow）挑战弱力模型。考虑到双重态的变换，需要用一个 SU（2）群来描述，根据这个模型，需要有三种玻色子来传递变换信息：命名为 W^+、W^- 和 W^0，第一种带正电、第二种带负电、第三种电中性。还有一种叫"弱超荷"的跟电荷有关的信息需要传递，这又需要一个 U（1）群，这个群的信息需要一个电中性的玻色子——B^0 来传递。弱力场也就是一个 SU（2）×U（1）规范群。这两个群相乘，W^0 和 B^0 就混合成两种新粒子——Z^0 和 γ。奇迹发生了——

弱力方程推导出了四种玻色子——W^+、W^-、Z^0 和 γ，但弱力的传递只需要前三种就够了，怎么多出了一个玻色子——γ？研究这个粒子的物理性质，哇！这个玻色子不是别的，它正是电磁场的光子！这就意味着，电磁力和弱力可以用同一个方程来描述，二者的数学模型是一样的。这将是一个惊人的预言，弱力和电磁力是同一种力的不同呈现，可以建立统一的电弱场。正如当年麦克斯韦用同一方程描述了电场和磁场以后，电磁统一场很快就被观测证实，人类由此掌握了电磁力，最终导致了以电力使用为标志的第二次工业革命，大大地推动了人类历史的进程。

又一次物理学的狂欢？别高兴得太早！规范群要求信使粒子是无质量的，而弱力玻色子又恰恰不能没有质量。这是一个悖论。弱力玻色子为什么不能没有质量？信使粒子是服从不确定性原理的虚粒子，能量必须在与之共轭的不确定时间内归还。信使粒子的作用范围与存活时间成正比，由 $\triangle t \approx h/ \triangle E$ 的关系式可知，虚粒子的存活时间与它的能量（质量）成反比。比如，光子没有静止质量，能量几乎为 0，因此时间几乎任意长，作用范围任意大，这就决定了电磁作用是一种长程力。弱力怎么就不能跟电磁力一样是长程力呢？如是将是一部最恐怖的恐怖片！弱力的效应是 β 衰变，一种元素变为另一种元素。弱力是长程力，这意味着世界将失去稳定性，所有物质瞬息万变，别的不说，你体内时刻刻发生的 β 衰变所产生的 β 射线就绝不会让你看到明天的太阳。幸运的是，弱力是一种短程力，弱力玻色子能存活的时间使它们只有很小的概率能使引力 β 衰变，像隧穿效应一样。逻辑上，弱力玻色子就应有一个足够大的 $\triangle E$。格拉肖的模型优美而自洽，理论上无懈可击，可就是与实验结果不符。格拉肖自己也很困惑："为什么只有光子无质量？"

希格斯该出场了。

四

1929 年，彼得·希格斯（Peter Higgs）诞生于在英格兰泰恩河畔的纽塞，父亲是 BBC 广播电台的声学工程师。儿时因父亲的工作，家庭四处迁徙，最后小希格斯跟母亲定居在了狄拉克的故乡克里斯托尔。缘分哪！在这里，他入读了狄拉克当年就读的中学，成为狄拉克的校友。在这所学校里，这位学长的量子力学著作激励小希格斯走上了物理学之路。17 岁时，希格斯转读伦敦城市中学，在这里他专攻了数学，随后考入伦敦国王学院，直至 1954 年获得物理学博士学位。毕业后他在几个大学来回走动，到 1960 年才在爱丁堡大学谋得一个稳定的讲师职位。恰好是在这个时候，日本物理学家南部阳一郎提出了一种"对称性自发破缺"的质量产生机制，看到南部论文的希格斯就确定了他的研究方向。其间还有许多惊险曲折的情节，南部机制会产生一种没有质量的被称作"哥德斯通玻色子"的粒子，而这种从未被观测到的子虚乌有的粒子让南部的理论陷入了绝境。据说有一次美国物理学家菲利普·安德森到爱丁堡大学做一个凝聚态物理学的专题演讲，恰巧被路过演讲厅门口的希格斯听到。而安德森正好讲到哥德斯通定理并不具有普适性，在特定的条件下它会失效。这就帮助希格斯突破了南部理论的"瓶颈"。总之苦熬了三年之后，1964 年，希格斯在《物理评论快报》上发表了《破缺的对称性和规范玻色子的质量》一文，提出了"希格斯机制"，并预言了这种机制的一个产物——"希格斯玻色子"（也是这本杂志，早前发表了比利时物理学家恩格勒特和布绕特的一篇论文，该文也探讨了一种可以使基本粒子获得质量的机制）。

讲着电弱统一理论，怎么突然扯到了希格斯？格拉肖的电弱统一模型信使粒子是没有质量的，但观测结果明白无误地告诉我们有些信使粒子是有质量的。你会说不符合事实的理论肯定是错误的理论，扔进废纸篓就是了。可是格拉肖模型太漂亮了，物理学家看不出这个大美女怎么会是白骨精。如果有人写一篇论文一本正经地批判牛顿第一定律——运动的物体会永恒地做直线匀速运动，理由是我们看到的都是——运动的物体速度会逐渐减慢直至静止，你一定会嘲笑他"脑残"，因为你知道运动物体的减速是由环境因素造成的，比如地面的摩擦力和空气的阻力，因此观测事实并不能否定牛顿定律。会不会这样：格拉肖模型是对的，我们观测到的与理论不符的现象——有些粒子是有质量的，是由某种我们尚不了解的环境因素造成的？

哈哈哈！这是一个更"脑残"的问题！质量怎么可能是由环境造成的呢？它是物质的内禀属性，在牛顿的最基本的假设中，物体甚至可以没有广延，是个没有大小的点，它们的唯一属性就是质量。质量之于粒子，好比生命之于人，谁听说过孩子是先被生下来，然后才获得生命的？荒谬啊，荒谬！不过我们的量子之旅走到这里，我可不敢如此放肆地嘲笑荒谬了，按惠勒的思维方式——这个提法也许已经荒谬到足以成立了。20世纪的五六十年代，在超导研究中发现一个现象，超导体会屏蔽掉外磁场，以至于磁体可以悬浮在超导体之上（这以后成为悬浮高速列车的技术）。这就意味着，作为电磁作用信使粒子的光子，在超导的内磁场中只能走很短的路程。那么，如果超导体内有一个观测者的话，根据观测，他会认定光子传递的是短程力，因此光子本身是具有很大质量的。也就是说，超导内磁场这个特殊的环境赋予了本来无质量的光子以质量。正是超导现象的启示，南部阳一郎等物理学家才提出了质量获得机制的理论设想。环境，在量子场论中就是场。物体从场中获得能量并不是一件奇怪的事情。你把一盆花从地面搬到30米高的十楼，这盆花就获得了增加的势能。我碰上在地面的这盆花顶多是伤了脚指头，但不幸碰上从十楼落下的这盆花，大家就可以为我默哀了。这个例子是物体在重力场中的位置变化而产生的能量变化。我们前面说过的塞曼效应，电子的磁方向因为与电磁场的同向、反向和平行，就分别会获得增加、减少和不变的能量，这也是场影响粒子产生能量变化的例子。而根据质能关系式（$E = mc^2$），能量与质量是可以相互转化的。当然这两个例子中的动态能量还不能完全等价于静止质量，但这些场效应的例子应该能让大家对粒子从某个场中获得静止质量不至于过于惊诧，只要这个理论是逻辑自洽的。

根据希格斯的假设，空间弥漫着一个希格斯场，希格斯粒子是这个场的量子化激发态。在早期宇宙中，希格斯场是各向同性的，在大爆炸之后，由于不确定性微扰，这种对称性很快地就自发破缺掉了，在时空上分化出了四个极化分量——两个带电的两个中性的。这种情形就像磁铁，在极高的温度下，磁铁分子是没有磁方向性的，表现出来就是没有磁性，我们说这时的磁铁具有旋转对称性（任何方向、性质都是一样的）。当温度降低到一定的程度，磁铁分子就开始具有了磁方向性，我们说这块磁铁的旋转对称性就破缺了，于是磁铁就具有了磁性。对称性自发破缺后的希格斯场就是所有粒子的质量来源，粒子有质量或无质量，质量大或质量小，均取决于与希格斯场的耦合方式。形象地比喻一下，希格斯场就像一锅黏稠的糖浆，粒子就像在糖浆里游的鱼儿，由于皮肤的粗糙程度不同，有的鱼儿沾上了许多糖浆（质量大），有的沾得很少（质量小），有的压根儿就不沾（无质量）。希格斯场与粒子耦合赋予粒子质量后，还会有剩余——这就是希格斯玻色子，一种电中性、有质量、自旋为 0 的粒子。

1967 年，格拉肖中学和大学的同学温伯格（Steven Weinberg）和巴基斯坦物理学家萨拉姆（Abdus Salam）把希格斯的对称性自发破缺机制引入格拉肖模型，构造了一个成功的电磁力与弱力统一的理论，这个理论被命名为"温伯格－萨拉姆模型"，解决了电弱力玻色子质量不对称的问题。根据这个模型，在早期宇宙各项同性的希格斯场中，电弱玻色子是严格对称的，希格斯场对称性破缺后，电弱玻色子场与希格斯场耦合，"吃掉"两个带电的分量和一个中性的分量，从而获得质量（比质子质量大 80~90 倍），形成三种分别带正电、负电和中性的玻色子，命名为 W^+、W^- 和 Z^0 玻色子，而不与希格斯场发生耦合的玻色子依然没有质量，这就是光子。所以三个弱力玻色子和光子本来都是一个班的同学，进入希格斯场这个社会后，由于融入（耦合）与不融入的区别，W 和 Z 粒子为质量所累而步履蹒跚，只能传递短程的弱力，光子出淤泥而不染，保持无质量本色而秒行三十万公里，负责传递长程的电磁力——对称性就是这样自发破缺了。希格斯场被"吃剩"的一个中性极化分量，就是希格斯玻色子。格拉肖的基本原理还是正确的，弱力玻色子与电磁玻色子并无本质区别，我们观测到的区别是环境因素（希格斯场）造成的，剥离掉这个环境因素，弱力玻色子的动力学特征就会向理想状态的光子靠拢，正如运动的物体，只要剥离掉摩擦力和空气阻力等环境因素，它们就会向牛顿第一定律靠拢。

电弱统一理论被视作与麦克斯韦统一电场和磁场同样的科学奇迹，是现代科学统一大业自爱因斯坦以来第一次取得实质性的进展，迈出了踏踏实实的一大步，瑞典皇家科学院一激动就把 1979 年的诺贝尔物理学奖以"对基本粒子弱相互作用理论的贡献"的名义授予了格拉肖、温伯格和萨拉姆。一向处事谨慎的诺奖委员会这次可是冒了个天大的风险——"温伯格－萨拉姆模型"预言的 $W^\pm$ 和 Z 粒子还没有被实验证实呢！ 1983 年，位于日内瓦的欧洲核子研究中心

（CERN），意大利物理学家鲁比亚（Carlo Rubbia）领导下的100多位世界各国科学家协作，通过质子 - 反质子对撞机发现了这三种玻色子，诺委会的委员们这才如释重负，长嘘了一口气。下一年，就神速地把1984年的诺贝尔物理学奖授予了鲁比亚，这大概也包括了感谢他对诺委会的救赎。

相比之下，希格斯应该得到十个诺贝尔奖！莱德曼写过一本有关量子力学的科普著作，初稿书名叫作《该死的粒子》（*Goddamn Particle*）。编辑觉得goddamn这种骂人的话出现在书名上太有失斯文了，所以最后出版时将其改成了《上帝粒子》（*God Particle*）。歪打正着，"上帝粒子"这个雅号却也十分传神。被爱因斯坦驱逐的以太又以新的形式王者归来，希格斯场就是赋予我们这个宇宙生命的、神性的空气，它无时不在、无处不在。宇宙之初，混沌的宇宙种子正是在希格斯场的规划下对称性自发破缺，分化出了性质各异的基本粒子，这些基本粒子又构成了宇宙万物，不同功能的信使粒子又把万物维系为一个整体，从而构成我们这个多姿多彩而灵动活泼的宇宙。现在我坐在电脑桌前，沐浴在希格斯场中，构成我人体的基本粒子呼吸着希格斯玻色子而获得质量，我才得以在重力场中获得重量。遥望夜空，目光在希格斯场中穿巡，满天的星斗，空中的尘埃乃至每一个空气分子，都被希格斯场神赐了质量。如果说费米子是宇宙大厦的砖块，玻色子是混凝土，那希格斯玻色子则既不是砖块，也不是混凝土，但它负责这些建筑材料的成型，是这座大厦的总设计师和总工程师。它挥动着上帝之手，指挥着宇宙威武雄壮的交响曲！

为了寻找希格斯玻色子，科学家需要建造巨无霸式的粒子对撞机，那巨额的投资连美国财政部部长的手都要打哆嗦，因此只好由各发达国家凑份子建造，由多国科学家合作攻关。2008年9月CERN（欧洲核子研究中心）启动的大型强子对撞机（LHC），其首要任务就是找寻这种粒子。世界科学家都为此激动不已。这一年已经79岁的希格斯说，如果发现了希格斯玻色子，他将打开一瓶香槟，还说希望能用这一好消息来庆祝自己的八十大寿。而霍金则在接受BBC电台采访时说他跟美国密歇根大学的戈登教授打了个赌，出资100美元赌LHC不会发现希格斯玻色子。

LHC 启动后的第 4 年，2012 年 7 月 4 日，CERN 举行专题讨论会与新闻发布会宣布，大型强子对撞机（LHC）已经检测到酷似希格斯玻色子的两个质量分别为 126.5GeV 和 125.3 ± 0.6GeV 的新粒子，但还有待物理学者进一步分析，最终确定。但此时霍金心里已经明白败局已定，宣称已经给戈登教授寄出了 100 美元的支票。2013 年 3 月 14 日，CERN 发布新闻稿表示，经过严谨的数据分析，完全确定先前探测到的新粒子是希格斯玻色子。

瑞典诺奖委员会的反应几乎如乒乓球打到墙壁反弹回来那么迅疾，2013 年当年，就把 2013 年的诺贝尔物理学奖授予英国物理学家希格斯和比利时物理学家恩格勒特，奖励他们将近半个世纪前的伟大理论预测。19 世纪末的以太观测零结果的魔咒被破除，一种充盈宇宙的"以太"——希格斯玻色子合法地在标准模型中落户，填补上最后一个空位。

道别词

朋友们：

　　追随量子精灵的足迹，我们已经走过了百年，我们这个旅行团也到了收团时刻，It's time to say goodbye!

　　这是一曲威武雄壮的交响曲，一部波澜壮阔的史诗。宛如穿越三千年时空，回到地中海文明的英雄时代，那些神性的勇士，驰骋高桅巨帆的战船，轧平爱琴海的狂涛巨澜，劈开飓风垒起的铜墙铁壁，大力神赫拉克勒斯不能阻滞他们的速度，海妖塞壬妩媚的歌声不能使他们迷失航向，铠甲在身，利刃在手，信念于胸，英气四射，为了爱情和尊严，为了财富和梦想，朝着乌云翻滚的天边，奔赴胜负难测的战场。量子物理那百年智力搏击的战场，其诡异和神奇、艰辛和困苦、磨难和惨烈，一点儿也不亚于远古的英雄时代。多少歧路踟蹰，多少愁肠百结，多少曲径探幽，多少绝境求生。黄尘古道，孤烟大漠，冷月崇山，凛冽长河，于无路处蹚出大道，于荒芜处开发绿洲，于无声处期待惊雷，从虎穴龙潭探求那颗耀眼的明珠。而驱动物理英雄们前仆后继的，是宇宙无限幽深的谜。"我宁可要一个因果性的说明，也不愿做波斯的王。"对，这是两千多年前德谟克利特的格言，也是现代物理英雄们的执着。

　　量子力学不仅是科学史上最成功的理论，同时也是技术运用最成功的科学。牛顿力学体系为18世纪以大机器使用为特征的第一次技术革命提供了理论工具，从法拉第到麦克斯韦的电磁理论和克劳修斯等创立的热力学推动了 19 世纪以电力运用和内燃机使用为标志的第二次技术革命。而量子力学和相对论共同构成的现代科学范式，更直接引发了人类的第三次技术革命，原子能利用、电子计算机、微电子技术、新材料技术、纳米技术、航天技术、分子生物学、遗传工程、信息技术乃至于现在铺天盖地的互联网，魔力般地改变了人类的社会生活，其深度和广度都是前两次技术革命远不能及的。

量子力学何以有如此巨大的威力呢？这么说吧，经典力学的研究对象，作用力、热力、电磁力等，都不过是量子世界电动力的"剩余"。如作用力，不过是原子或分子间外层电子在交换光子；电磁力不过是电子跃迁辐射的光子。微观世界是一个亿万富翁，经典力学分享到的只是这位富翁施舍给宏观世界的九牛一毛的慈善，而它富可敌国的巨额财富，只能靠量子力学去探究和发掘。

比方说，在经典电磁力学中，规定电流方向是从正极（阳极）流向负极（阴极）的。之所以说是"规定"，是因为经典力学研究的只是宏观的电磁现象，并不了解这些现象产生的内在机制（或称其为"本质"），硬性规定一个方向，只是为科学共同体统一口径、便于交流，与真实的运动状态无关。

之后科学家在实验中偶然发现，电子会从加热的阴极导体中逃逸，而被一个空间分立的阳极导体接收，从而形成电流。也就是说，在电流现象内在机制，是电子从负极向正极流动，与"规定"方向正好相反。尽管规定与现实有点儿拧，科学家还是利用对这个运动规律的认识做出了第一只真空二极管，其功能是单向导电性。在加热的阴极输入电子，它们就会脱离阴极而飞向阳极，形成电流；相反，从阳极输入电子，这种飞离现象就不会发生，没有电流。二极管可起整流作用，把交流电变为直流电。在阴极和阳极之间加一个"栅极"，在栅极加一个负电压，加速电子的迁移活动，这就是起放大电流作用的真空三极管。用这样的真空管，就可以做成早期的收音机、电视机和计算机。

现在有了量子力学，事情就变得简单多了。原子的核外电子的分布和运动都由"原子家政管理官"泡利的"不相容原理"来掌管。原子最外层轨道（或电子云）的电子房间数是固定的，如果住不满就形成"空穴"，这种物质就倾向于从外界吸收电子（相当于真空管的阳极）；如果住不下，没有房住的电子就成为"自由电子"，倾向于向外逃逸（相当于真空管的阴极）。利用这个原理，科学家就选择或人为制造倾向于吸收电子的 P 型半导体和倾向于释放电子的 N 型半导体，把这两块半导体拼在一起就形成一个"PN 结"。给 PN 加上一个正向电压（P 端接正极，N 端接负极），PN 结就成为一个导体，电子就源源不断地从负极流向正极；反之，加上一个反向电压，PN 结就变成一个电阻或绝缘体，电流减小或完全不发生。这就相当于起整流作用的真空二极管。把两个 PN 结拼在一起，做成一个 NPN 结或 PNP 结，就相当于起放大作用的真空三极管。这就是晶体二极管和晶体三极管。

两相比较，真空管要把阴极导体加热到几百上千摄氏度才会有电子飞出；半导体 PN 结，电子自然就会从 N 体流向 P 体，而维持其源源不断所需电量小到可以忽略不计。宏观运动与微观运动所需的空间也是天壤之别，晶体管之于真空管，目测体积就小了几个数量级。

这仅仅是个开端！晶体管时代，电子元件在空间上是分离的，通过导线连接在一起。随着研究的深入和技术的进步，人们发现，还可以把所有的电子元件：晶体管、电阻和电容等，通过"光刻""集成"在一片半导体晶片上。这就是集成电路。随着光刻技术的提高、材料技术的发展，同等面积的晶片集成的电子元件指数化地增加。1970 年，1 平方厘米的集成电路芯片的晶体管数量就达到几千个，到 2010 年，同样的面积，晶体管数量更不可思议地达到几千万个，四十年增长了一万倍！ 1965 年提出的"摩尔定律"——计算机芯片集成度每 18 个月翻一番，同时价格减半，至今似乎仍未失效。因此我们使用的电器——电脑、手机和电视机等，每隔几年就要升级换代，并且从奢侈品店被下放到路边摊。

当然摩尔定律终有失效的时候。当芯片的线条宽度小到纳米级的时候，量子力学那些魔幻般的定律（例如，不确定性效应、隧穿效应）就会产生可测量的结果，从而使电路的稳定性下降，差错率上升。

然而量子力学的潜能还大得很呢，魔幻般的定律也会有魔幻般的功效。

"薛定谔的猫"，本来是薛定谔为讥讽量子力学的哥本哈根诠释的荒谬性而构想出的一个思想实验，没想到现在的科学家正在用这个原理来研制量子计算机。先说信息存储量，经典计算机是"牛顿的猫"，其基本计量单位"一比特"只能有一种状态，因此只能存储或0或1的一位信息。正如我们观察到的猫，它只能是或死（0）或活（1）。而量子计算机是"薛定谔的猫"，每一个量子比特都是两个量子态的叠加，因此可以同时存储0和1两位信息，正如观测前的"薛定谔魔盒"里是活猫和死猫两个波函数的叠加。随着量子比特的增加，考虑到量子态的各种叠加态，信息存储量将指数化地增加。比如，达到250个量子比特，其信息存储量就不是250乘以2那么简单，它也许是2的250次方的信息——这是一个比宇宙原子数量的总和还要大的数字。也就是说，如果用一个原子做一个经典计算机1比特的载体，要存储下这个数字，用上全宇宙的原子都不够。再说运算速度，经典计算机是对一个数做运算，而量子计算机是对一个集合做运算；因为从一开始，"牛顿的猫"只有一个，而"薛定谔的猫"有两个。一个量子比特就相当两个数学家在同时运算，并且还互相通报运算结果（量子态叠加）；随着量子比特的增加，运算速度也呈指数化地增加，比如达到250量子比特时，计算机就可以对2的250次方种可能性同时运算。当然这些运算都是"薛定谔的猫"干的事，是未被观测的（未输出的），答案也许无限多。正如最后我们观测到什么（波或粒），是由实验条件决定的（双缝实验或光电效应实验）；我们需要什么样的运算结果，就按某一原则（如最小作用量）编写一个程序作用于"薛定谔魔盒"，波函数叠加态就按这个原则坍缩，输出一个你需要的结果——通往罗马的道路千万条，我只要用时最短的那一条。

　　因此集成电路的技术限制并不是人类运算能力的末路。如果说集成电路计算机与真空管计算机的巨大差别已经让你大跌眼镜的话，那么经典运算与量子运算的巨大差别会让你惊掉下巴——据说是万亿倍级的。比如，在1994年，被称为RSA129的129位数的分解，需要1000多台传统计算机做8个月，而理论上只需要一台与传统计算机速度相当的量子计算机，在几秒钟内就可以完成这个任务。现在多国已有实验型量子计算机的喜讯传来，商用时代的到来应该不会太远。至于其发展趋势，看来又需要一个新的"摩尔定律"。

量子力学的技术奇迹还多了去啦，例如，玻尔量子化原子模型的吸收激发和退激辐射原理，最终导致激光技术的产生，被广泛运用到通信、工业、医疗、军事等各个领域；泡利不相容原理成为人类了解原子和分子结构的钥匙，从而产生了分子生物工程和遗传工程；隧穿原理使核能利用、原子测量、纳米技术成为可能；如此等等。这是一部专著的任务，我们就此打住。

量子力学的理论和实践如此成功，这场历时百年的量子革命是否可以偃旗息鼓了？也许我们又回到19世纪的最后几年，宣称只能在小数点后6位寻找真理；或者如19世纪30年代玻恩的"悲观"预测，量子物理学家除了改行就无事可干啦？这里也许存在着一个认识论定律：乐观与无知成正比，悲观与有知识成正比。现在站在空前高度的物理学家，恰恰充满着悲观情绪而缺乏"理论自信"。

相对论和量子力学的双栖功臣爱因斯坦有句名言："至今还没有可能用一个同样无所不包的统一概念，来代替牛顿的关于宇宙的统一概念。"相对论可以担纲主演"统一概念"的演员是"四维时空"。我们领略过它在广袤宇宙的精彩表演，特别是对牛顿万有引力的现代诠释。但四维时空一旦把触角伸到普朗克长度的极小空间，马上会被鼎沸的量子涨落冲得支离破碎。广义相对论时空是连续平滑的优美曲线，有序而必然，量子涨落场则分立而无序——广义相对论在量子尺度失效。量子力学的实力演员当然是"量子"，它在微观世界的绝技已经让我们神魂颠倒，但是它也有致命的"阿喀琉斯之踵"——量子方程不能自然地导出动态的时空结构，标准模型不包括引力作用正由于这个难言之隐。唉，广义相对论进不去量子世界，量子力学出不了牛顿时空！

看来还需要一个更基本的概念来统一量子力学和相对论，以实现物理学"无所不包"的"万有理论"的终极梦想。从20世纪70年代起，一条蹊径被逐渐开辟出来，那就是"超弦理论"，并且在20世纪80年代和90年代发动了两次"超弦革命"。这个理论的基本概念"超弦"内禀着时空属性，并且具有量子化特征，能把标准模型的基本粒子当作超弦的振动模式从基本理论中自然导出，并且能够逻辑性地形构出广义相对论时空，展示出很诱人的理论前程。

20世纪80年代"第一次超弦革命"，物理学界又回到了20世纪30年代量子革命式激情燃烧的时代，几乎是全民动员、全员参战，不懂超弦都会被当作异类。一次超弦革命产生了五个超弦模型，就像量子革命之初有矩阵和波函数两个模型一样，但找不到五个模型的等价性证明。如此，每个模型各有理论缺陷不说，五国分立，内战频仍，自己人跟自己人还打不清楚呢，何以一统天下？

20世纪最后几年，也许超弦物理学家要结束战争迎接新世纪，"第二次超弦革命"爆发。这次革命不仅用对偶性方法统一了一次革命的五个模型，还发展出一个把引力包含在内的超引力模型，建构出一个六个模型大一统的"M理论"。这样M理论有了六大主力——五个10维的超弦理论加上一个11维的超引力理论，各大主力凭着对偶性的密码本互相联络，各自在不同的战区作战，分别解释各种不同极限条件下的物理现象。

二次超弦革命的成果又让某些物理学家欣喜若狂——一个能回答所有物理问题的"万有理论"终于诞生！有人对物理学发展做了这样的分期：牛顿力学是"经典物理"，相对论和量子力学是"现代物理"，超弦理论是"后现代物理"。然而超弦理论的理论完备性暂且不说，其艰涩而庞杂的体系似乎也不符合科学的简单性的审美观，最要命的是，超弦理论至今未能推导出一个可供实验检验的经验性预言，因此有物理学家甚至将它与中世纪神学相提并论。

问题还不止于此。从20世纪中期开始，天文观测就发现了暗物质的迹象，从恒星轨道推算出来的星系总质量和实际观测到的星系的所有恒星、气体和尘埃的总质量不符。天文学家观测了100多个星系，观测值与推算值都不一致，而且还不是微小的不符，而是相差好几倍！到了20世纪70年代，科学界就普遍认同了暗物质的假设，即认为还存在着既不发光也不反射光的暗物质。宇宙还没有就此让科学家消停。20世纪90年代，天文观测发现，那些遥远的星系正在以越来越快的速度远离我们。换句话说，宇宙是在加速膨胀！但是按照广义相对论方程，137年前由大爆炸驱动的宇宙膨胀，按可见物质加上假设的暗物质算，其膨胀速度都应该是减速的！因此只能再假设一种观测不到的暗能量，只有这种能量的内禀斥力大于宇宙质量的内禀引力，才能合理地解释一个加速膨胀的宇宙。现在科学家给我们提供的宇宙模型是：可见物质——4%，暗物质——22%，暗能量——74%。对占我们宇宙96%如此大份额的世界，现有的科学范式，尤其是号称"万有理论"的超弦理论，却对此没有任何预言，更不要说经验发现和理论解释。

似曾相识燕归来。19世纪末，物理学朗朗晴空突然飘起两朵乌云——以太观测和黑体辐射，最终导致现代科学革命，产生了相对论和量子力学；20世纪末，物理天空同样飘荡着两朵乌云——暗物质和暗能量，这难道又是革命的前兆？美国科学哲学家库恩认为，科学是以范式革命和范式整固交替的形式发展的。经典物理的范式于17世纪在革命中崛起，过了二百年安定团结、和谐稳定的范式整固的好日子，到19世纪末才发生危机。现在以相对论和量子物理为标志的现代科学革命已经一百余年，暗物质和暗能量是否意味着科学危机？"后现代科学革命"的窗口是否已经打开？乌云蓄积着雷电，我们似乎又闻到了革命的味道！

这是旧世纪物理学的终篇，也是新世纪物理学的序言。光辉的新篇章由新一代人书写，谋篇布局，遣词造句，作者也许有你！我能预言的只有：人类永远有梦，科学家永远有谜，因此一定会有新的荒唐、新的疯狂、新的石破天惊、新的惊世骇俗、新的异彩纷呈和新的波澜壮阔！

主要参考书目

世界著名科学家传记（Ⅰ～Ⅳ），钱临照、许良英主编，科学出版社

诺贝尔物理学奖明星故事，郭豫斌主编，陕西人民出版社

普朗克之魂，赵鑫珊著，文汇出版社

爱因斯坦：生活和宇宙，艾萨克著，张卜天译，湖南科学技术出版社

尼尔斯·玻尔，罗森塔尔编，翻译组译，上海翻译出版公司

量子力学的丰碑——纪念德布罗意百年诞辰，何祚庥、侯德彭主编，广西师范大学出版社

海森堡传，卡西弟著，戈革译，商务印书馆

我的一生——马克斯·玻恩自述，玻恩著，陆浩等译，东方出版中心

薛定谔传，穆尔著，班立勒译，中国对外翻译出版公司

狄拉克：科学和人生，克劳著，肖明、龙芸、刘丹译，湖南科学技术出版社

原子舞者——费米传，塞格雷著，杨建邺等译，上海科学技术出版社

费米传，劳拉·费米著，何兆武等译，商务印书馆

奥本海默传——"原子弹之父"的美国悲剧，伯德等著，李霄垅等译，译林出版社

迷人的科学风采——费恩曼传，格里宾著，江向东译，上海科技教育出版社

孤独的科学之路：钱德拉塞卡传，瓦利著，何妙福等译，上海科技教育出版社

霍金传，怀特等著，邱励欧等译，湖南科学技术出版社

量子史话，霍夫曼著，马元德译，科学出版社

量子物理史话——上帝掷骰子吗，曹天元著，辽宁教育出版社

窥探上帝的秘密，杨建邺著，商务印书馆

量子世代，克劳著，洪定国译，湖南科学技术出版社

新量子力学，安东尼·黑等著，雷奕安译，湖南科学技术出版社

物理世界奇遇记，伽莫夫等著，吴伯泽译，科学出版社

时间简史，霍金著，许明贤等译，湖南科学技术出版社

果壳里的宇宙，霍金著，吴忠超译，湖南科学技术出版社

物理学的困惑，斯莫林著，李泳译，湖南科学技术出版社

看不见的世界——碰撞的宇宙，膜，弦及其他，韦伯著，胡俊伟译，湖南科学技术出版社

量子物理，张三慧主编，清华大学出版社

原子物理，郑乐民编著，北京大学出版社

文明之源，吴翔等编著，上海科学技术出版社

后　记

　　我其实就一文科男，写出这么一本书，其奇异程度，绝对超过物理学家卢瑟福得了化学奖。

　　想来这也许始于一个儿时的情结。读到小学四年级，"文革"爆发，上课就开始不正常，后来压根儿就不用上学了。就在这么个时期，我读了第一本科普书。书名和内容都忘了，只记下了一句话，说一位科学家做风筝实验触电，"他倒下去了，再也没有醒来"。不知为何，这个句子在我脑子里萦绕了半个世纪。现在想来，大概叫"悲壮美"吧。

　　1969 年春，"武斗"的硝烟刚散，上面号召"复课闹革命"，我们这些已经玩了几年的孩子就排上队浩浩荡荡地从小学走进了中学。一切都要"革命"，新课本一时接续不上，许多课本都用的是油印教材（令人啼笑皆非的是，9 年后上大学又是同样情形）。我的思想也"革命"了，自己"文革"前那段学习成绩优秀，年年三好学生的历史让我十分羞愧——那时这叫作"白专道路"。

　　但是我还是不可遏制地热爱上了数学和物理，有时自己解数学题时都会激动得浑身发抖。爱因斯坦第一次见到指南针时，"为事物背后的绝对秩序激动得浑身发抖"，大概也是同样的心理、生理机制。这大概叫作"结构美"吧。

　　不过也就到此为止。读完两年初中，我就"上山下乡"到了中越边境的军垦农场。"插队"7 年唯一能吹牛的是，赶在"自卫反击战"之前，我们就已经用拳头和木棒跟越南军人干过仗了。

恢复高考的消息对我来说是中性的，想想满世界的高中生，心中还生出了自卑和绝望。直到 1978 年高考，我才在家人的期望和鼓励下鼓足勇气走进了考场。但是理科，尽管无限热爱，却是万万不敢考的。结果我以总分全县第二名的成绩考取了广西大学哲学系，其中数学成绩居然也是全县第二名。真不知该不该"感谢"刚刚结束的那场"革命"帮我挫败了竞争对手。

在广西大学哲学系，用老师的话说，"数理化天地生"都要学。给我们开高等物理课的阳兆祥老师当时刚从工厂"改造"归来，没名没分，物理学和哲学造诣却是了得，所以能把对我们这些文科生而言高深莫测的课讲得深入浅出、生动活泼。其中讲到的爱因斯坦相对论更是迷人。以后这门课的结业论文我写的就是相对论，记得还煞有介事地画上了"爱因斯坦火车"。

而在讲物理课中的量子力学部分时，还专门请来了侯德彭老师。侯老师是 20 世纪 50 年代北大物理系的高才生，大三时还进了一个叫"546 信箱"（为培养核物理人才而组建的一个教研单位）的神秘班级，师从朱光亚等物理大师。侯老师北大毕业后在于光远领导的中宣部科学处工作。1957 年"反右"，被打成右派后被贬到了"南蛮之地"的广西大学。本来也没有资格上课，无奈学校教员奇缺，只好让他以"戴罪之身"执教，结果一发不可收，他的课堂每每爆满。侯老师给我们上课时还是一名普通教师，到我们毕业时就已经是广西大学的校长，之后更任职广西壮族自治区党委的常委。量子力学听得很过瘾，尽管云里雾里，但那种神秘莫测和惊心动魄的美感始终挥之不去。

大学毕业，我以优异的成绩得以避免被遣回农垦系统而留校任教。之后不久又考上了武汉大学哲学系，由硕士研究生到博士研究生，师从陈修斋教授和杨祖陶教授，攻读西方哲学史。我个人的兴趣，主要集中在西方近现代哲学认识论。如果说，西方古代哲学的本体论和认识论是现代科学的渊源的话，那近现代哲学认识论就是对现代科学的回应和反思。

不过又到此为止了。20 世纪 90 年代初，出于不得已的原因，我下海经商了。西方哲学史上有一个经典的问题："是做一个痛苦的哲学家呢，还是一头幸福的猪？"漂泊商海多年，我的感受正好相反，当我打工挣钱时，我是一头痛苦的猪，而闲暇下来读读书，我是一个幸福的"哲学家"。

2010年，量子概念诞生110周年之际，我开始在网上写《量子村的年轻人》。毕竟业余时间写作，所以时作时辍地写一段发一段。文章还没有发完的时候，就被《法治周末》的编辑看上，辗转从网上联系上我。于是这篇两三万字的文章在该报上分十几期连载。之后我们长期合作，到目前我在该报发表的关于量子力学的科普文章也有三十来篇了。

朋友萧远看过我的文章，鼓励我将其扩充为十几万字的小册子出版。这就形成了近40万字的《宇宙的精灵——通俗量子力学史》（笔名：无功）。该书由广西师范大学出版社于2013年3月出版。感谢出版社领导肖星明和编辑唐丹宁！

前两个月承蒙出版人白丁的厚爱，他建议将《精灵》一书修改再版，于是利用春节期间我又折腾出了这本《量子世界》，局部做了比较大的改动甚至重写，篇幅也做了一定的压缩，但基本结构和基本内容还是原来的。

从某种意义来说，我们现在生活的时代也是量子力学的时代。近几十年几乎所有重大的科学发明和创新都有量子力学的功劳。它已经像空气一样弥散于整个世界，不断提高我们的工作效率，提升我们的生活品质。尽管吃鸡蛋不一定要看见母鸡，但对母鸡做一些常识性的了解还是一件很有意思的事情。况且量子力学艰难曲折的发展史，洋溢着悲壮美和韵律美；这条历史长河大量涌现的量子英雄和物理大师，一个个身怀绝技、性格鲜明，嬉笑怒骂，皆是文章。这些都很有审美价值。

奉上这部拙作，心中不胜惶恐。作为非专业人士，量子力学又是如此艰涩的学问，差谬之处在所难免，望各路方家不吝赐教！

李海涛

2019年3月于无功斋

上架建议：畅销书/科普

ISBN 978-7-5142-2632-4

9 787514 226324 >

定价：49.80元